权威·前沿·原创

皮书系列为
"十二五""十三五"国家重点图书出版规划项目

U0205953

高水平地方高校试点建设项目——上海海洋大学资助

海洋社会蓝皮书

BLUE BOOK OF
OCEAN SOCIETY

中国海洋社会发展报告
（2018）

REPORT ON THE DEVELOPMENT OF OCEAN SOCIETY OF
CHINA (2018)

主　编／崔　凤　宋宁而

社会科学文献出版社
SOCIAL SCIENCES ACADEMIC PRESS（CHINA）

图书在版编目（CIP）数据

中国海洋社会发展报告.2018／崔凤，宋宁而主编
.--北京：社会科学文献出版社，2019.6
　　（海洋社会蓝皮书）
　　ISBN 978 - 7 - 5201 - 4966 - 2

　　Ⅰ.①中…　Ⅱ.①崔…②宋…　Ⅲ.①海洋学-社会
学-研究报告-中国-2018　Ⅳ.①P7-05
　　中国版本图书馆 CIP 数据核字（2019）第 110679 号

海洋社会蓝皮书
中国海洋社会发展报告（2018）

主　　编／崔　凤　宋宁而

出 版 人／谢寿光
责任编辑／赵　娜
文稿编辑／高欢欢

出　　版／社会科学文献出版社·群学出版分社（010）59366453
　　　　　　地址：北京市北三环中路甲29号院华龙大厦　邮编：100029
　　　　　　网址：www.ssap.com.cn
发　　行／市场营销中心（010）59367081　59367083
印　　装／三河市龙林印务有限公司

规　　格／开　本：787mm×1092mm　1/16
　　　　　　印　张：19.75　字　数：295千字
版　　次／2019年6月第1版　2019年6月第1次印刷
书　　号／ISBN 978 - 7 - 5201 - 4966 - 2
定　　价／108.00元

皮书序列号／PSN B - 2015 - 478 - 1/1

本书如有印装质量问题，请与读者服务中心（010-59367028）联系

▲ 版权所有 翻印必究

《中国海洋社会发展报告（2018）》
编辑部成员

主　　编　崔　凤　宋宁而

执行编辑　宋宁而

助理编辑　（以姓氏笔画为序）

王甘雨　王钧意　刘娅男　宋枫卓　张　聪

张安慧　张坛第　陈　梅　岳晓林　周媛媛

秦　杰

主编简介

崔　凤　1967 年生，男，汉族，哲学博士、社会学博士后，上海海洋大学海洋文化与法律学院教授，博士生导师，研究方向为海洋社会学、环境社会学。入选教育部"新世纪优秀人才"、教育部高等学校社会学类本科专业教学指导委员会委员。学术兼职主要有中国社会学会海洋社会学专业委员会理事长、山东省社会学学会副会长等。出版著作主要有《海洋与社会——海洋社会学初探》《海洋社会学的建构——基本概念与体系框架》《海洋与社会协调发展战略》《海洋发展与沿海社会变迁》《治理与养护：实现海洋资源的可持续利用》等。

宋宁而　1979 年生，女，汉族，海事科学博士，中国海洋大学国际事务与公共管理学院副教授，硕士研究生导师，研究方向为海洋社会学，主要从事日本"海洋国家"研究。代表论文有《群体认同：海洋社会群体的研究视角》《社会变迁：日本漂海民群体的研究视角》《日本"海洋国家"话语建构新动向》《从"双层博弈"理论看冲绳基地问题》《"国家主义"的话语制造：日本学界的钓鱼岛论述剖析》。出版著作有《日本濑户内海的海民群体》等。

摘 要

《中国海洋社会发展报告（2018）》是中国社会学会海洋社会学专业委员会组织高等院校的专家学者共同撰写、合作编辑出版的第四本海洋社会蓝皮书。

本报告就 2017 年度我国海洋社会发展的状况、所取得的成就、存在的问题、总体的趋势和相关的对策进行了系统的梳理和分析。2017 年度，我国海洋事业继续稳步发展，海洋社会的体系化发展特征显著，海洋开发、利用和保护的实践活动与国家顶层设计更趋一致，海洋事业在制度化建设中呈现纵深化发展趋势。然而，我国海洋社会体系的诸多环节仍不完善，海洋硬实力和海洋软实力中的短板仍然明显，海洋社会各领域因发展不同步而呈现结构性矛盾。实现海洋社会的良性运行和协调发展，必须进一步加大海洋事业的社会参与力度，持续推进海洋社会的体系化建设，注重海洋事业的基础性建设。

本报告由总报告、分报告、专题篇和附录四部分组成，以官方统计数据和社会调研为基础，分别围绕我国海洋环境、海洋管理、海洋教育、海洋法治、海洋公益服务、海洋民俗文化、近海与远洋渔业、海洋生态文明示范区、海洋督察、沿海区域规划、海上丝绸之路、海洋执法与海洋权益维护等主题和专题展开了科学描述、深入分析，最终提出具有可行性的政策建议。

前　言

2017 年 10 月，十九大胜利召开。十九大报告不仅描绘了中国未来发展的宏伟蓝图，而且为海洋强国建设指明了方向，即"坚持陆海统筹，加快建设海洋强国"。经过近五年的时间，海洋强国建设取得了非常明显的成效，2017 年的中国海洋社会呈现了一番新景象。

本书是对 2017 年度中国海洋社会发展的总体描述和分析，与以往一样，描述虽然不求全面，分析却求深入，既总结了成功经验，又提出和剖析了问题，更献言献策，为加快建设海洋强国提供学术支撑和智力支持。

本书承继了海洋社会蓝皮书前 3 年的总体结构，即由总报告、分报告、专题篇、附录四个部分组成。与前面几本相比，本书在内容上没有大的变化，只是增加了两个新的报告。这表明经过几年的探索和努力，海洋社会蓝皮书的基本内容和写作队伍已经基本稳定，开始走向成熟。我们完全有理由相信，海洋社会蓝皮书的质量会越来越高，其影响将会越来越大。

本书的出版，首先要感谢各位作者的无私奉献，在没有任何报酬的情况下，以及在现有科研成果评价标准下，还能为海洋社会蓝皮书贡献其辛勤劳动，是非常难能可贵的和令人敬佩的。还要感谢编辑部的各位老师和同学们，他们也是义务劳动者，为海洋社会蓝皮书的出版付出了大量的时间和精力。海洋强国建设，不仅需要一线工作者，而且需要我们这种人。

崔　凤

2019 年 3 月 3 日

目 录

Ⅳ　附　录

皮书数据库阅读**使用指南**

总 报 告

General Report

B.1
中国海洋社会发展总报告

崔 凤 宋宁而*

摘 要： 2017 年，我国海洋社会的各领域事业继续呈现稳步发展的态势，海洋社会体系化持续加强，海洋事业的发展与国家顶层设计保持同向，海洋事业的制度化建设有了长足进展，海洋事业在各领域的实践活动趋向纵深化发展。与此同时，我国海洋社会的体系化建设由于起步伊始，仍然面临诸多困难和挑战；海洋硬实力和海洋软实力的短板仍然明显；海洋社会各领域之间发展不同步，各种结构性矛盾有所凸显。为此，我国海洋事业的发展需要进一步加大社会参与力度，持续推

* 崔凤（1967 ~ ），男，汉族，吉林乾安人，哲学博士、社会学博士后，上海海洋大学海洋文化与法律学院教授，博士生导师，主要从事海洋社会学、环境社会学研究；宋宁而（1979 ~ ），女，汉族，上海人，海事科学博士，中国海洋大学国际事务与公共管理学院副教授，研究方向为海洋社会学，主要从事日本"海洋国家"研究。

进海洋社会的体系化建设，并且必须致力于各方面海洋事业的基础性建设，以激发海洋社会活力，推动海洋事业的持续性发展。

关键词： 海洋社会　体系化建设　持续性发展

一　动向与特征

2017年，我国海洋事业继续呈现稳步发展的态势，以及制度化与体系化等发展动向，海洋事业的发展与国家顶层设计保持同向。

（一）海洋事业稳步发展

2017年度，我国海洋公益服务、海洋执法、远洋渔业等海洋事业均呈现稳步发展的趋势，海洋生态环境总体稳中趋好，海洋民俗文化保护出现新亮点，海洋教育在非沿海省份也有突破。

2017年度，我国海洋公益服务开始呈现海上搜救范围扩大等服务事业拓展的趋势。我国以海军为海上搜救主力，为海上航行等海洋实践活动提供海上搜救、反海盗等公共产品。在扩大服务活动范围的同时，我国海洋公益服务还拓展了公益服务种类，以国家相关机构的电视、广播、网站、微博、微信为平台，增加了海洋预报节目，全方位提升了服务的效果。2017年海洋执法能力获得显著提升，我国海警加大了对各海域的渔业执法力度，有效打击了相关海域的海砂非法挖采行为，加强了相关海域的环境监测力度。

2017年，虽然传统海洋捕捞业的产量和产值持续降低，但海水养殖产量与产值不断增加，较大程度地弥补了海洋捕捞产量的下降所带来的空缺，为社会提供了其所需要的水产品供给。我国正式出台海洋渔船的更新改造实施方案，对装备落后、污染性较大的渔船进行了严格的捕捞强度控制和减船转产，也因此使得2017年全国渔船的保有量相比2016年有所减少。2017

年海洋渔业从业人员的户数和人数相比 2016 年都有所减少，但渔民人均收入相比 2016 年有所增长。

我国远洋渔业在 2017 年度也实现了稳定中提升。目前，广东省正在尝试兼并与重组，引入基金，以期建设成数家规模化企业，以从事远洋渔业的相关事业，并建设海洋渔业生产加工的基地，推动远洋渔业向深远海与外海拓展。山东省日照市出台鼓励远洋渔业发展的新方案，对相关远洋渔业企业给予多种情形下的资金补贴，规范远洋渔业的专项资金申请和管理流程。

2017 年，海洋民俗传承保护事业也有了稳步发展。我国目前发现的仅存的国家最高规格的海洋祭祀仪典——"辞沙"祭祀大典于 2017 年首次获得海洋民俗研究者的关注。"辞沙"祭祀大典是明代官方出使西洋的最高规格的海神和海洋祭祀大典。大典中，国家符号的隐喻以及大典的祭祀对象从海神扩展至海洋，都丰富了海洋民俗的内涵。2017 年度我国部分沿海地区的海洋民俗发展获得了较为瞩目的成果。广西北部湾地区和海南潭门成了海洋民俗研究发展的后起之秀。同年，我国海洋民俗资源的产业化也有了进一步的发展。浙江省政府对全省文化产业发展空间进行了逐一落实，引导海洋旅游、海洋节庆与会展等事业的发展；环渤海的即墨、日照、羊口等地均举办了有史以来最大规模的开海节；江浙一带的象山、舟山的海洋文化已成为展现当地特色的文化品牌。

2017 年，我国海洋生态环境整体上呈现稳中改善的趋好发展态势。2017 年度相关部门对我国入海排污口邻近海域的环境治理进行监测的结果显示，尽管绝大多数排污口附近海域的环境治理均无法满足海洋功能区的环境保护要求，但相比 2016 年的数据，海洋环境已略有改善。2017 年，我国对海洋垃圾的监测覆盖更为全面，监测区相比 2016 年有所增加。从监测结果看，2017 年，我国海面漂浮垃圾、海滩垃圾、海底垃圾的分布密度相比 2016 年均有较大幅度的降低，相应海域的水体环境得到了有效改善。同年，我国海域生物的多样性水平与 2016 年基本保持一致，浮游植物和造礁珊瑚较 2016 年有所增加，大型底栖生物数量略有下降，与 2016 年基本持平。从 2007～2017 年的十年变化来看，我国海域沉积物的质量正在持续好转。但

海湾环境却有明显恶化趋势，情况不容乐观。2017年度"湾长制"的实施正是为了明确海湾管理的责任认定，管控陆海污染物的排放，整治海湾生态景观。

2017年度，海上丝绸之路倡议和海洋强国等战略的提出与实施，对海洋生态环境保护提出了更高的要求。我国已于当年在沿海各省完成海洋红线划定工作，致力于将全国各海域和海岸带纳入红线管控范围。

2017年度，我国坚持长期以来对青少年海洋教育的重视态度，通过海洋文化宣传、海洋知识普及，致力于提高中小学生的海洋观念和海洋意识。海南、浙江等沿海省份以课堂形式开展具有针对性的海洋意识教育活动；非沿海的湖南、江西等省份也以报刊、图书的形式提升了当地少年儿童的海洋意识，开展了很多海洋公益活动。高校海洋教育在2017年度也有新进展。海洋高等院校的校长和专家分别指出，应开发高校的海洋特色专业，将海洋知识、文化、法律纳入通识教育体系中，设立海洋意识基地，强化学生海洋意识，培养海洋领域短缺人才。

（二）海洋社会体系化持续加强

2017年度，我国海洋社会的体系化发展特征显著，各领域海洋事业的体系化建设态势持续加强。

首先，体系化表现为从中央到基层的一体化制度建设。2017年，我国各项海洋管理的法律、法规与政策不断获得立法、修订和完善，为海洋事业法治化提供了法律依据和保障。当年，海洋空间规划布局响应国家"十三五"规划所提出的建设国家空间规划体系的要求，推进海洋空间布局优化。同年，我国海岸带保护在体系化建设上有了显著的发展。当年11月修订完成的《中华人民共和国海洋环境保护法》明确将海岸带的保护列入国家海洋环境保护事业的整体规划之中；在国家层面进行制度建设的同时，广东、青岛、浙江等多地政府也针对海岸带保护出台了必要的政策。2017年度，国家海洋局获得授权，对具备海洋事务相应管辖权的有关部门和执法机构进行下沉式督察，海洋督察制度并未停留于省级层面，而是下沉至设区的市级人民政府、海洋主管部门与海洋执法机构层面，形成了纵向到底、横向到边的格局。

其次，体系化表现在综合能力的提升上。2017 年，我国海洋局出台了海洋防灾减灾的工作方案，提出了中央与地方结合的综合协调工作思路，并于下半年开始为期五年的首次沿海大规模警戒潮位核定工作，公布了红橙黄蓝四色警戒潮位值，有效提升了我国防灾减灾能力。2017 年度海洋执法同样更趋综合化。在海洋督察中，为掌握海洋环境资源的一手数据，督察人员随身携带各种专业设备，记录现场情况，充分利用船舶、车辆、卫星、无人机等工具配合，确保实行"海陆空"全方位立体式督察。此外，2017 年度我国多次实施海洋联合执法，各地的海洋综合化治理也有了长足进展。

再次，体系化也表现在跨领域、跨地域、跨部门之间的合作态势上。2017 年度，水利部与海洋局出台加强水利与海洋事业合作发展的备忘录，强调贯彻海陆统筹理念，实现两部门之间的信息共享、政策协调与深度合作。跨省沿海区域规划也在 2017 年取得了一定进展。广东省政府就珠江三角洲的一体化建设设定了 2017 年的工作重点，致力于推进珠海、深圳、广州间的智慧城市群建设和机场港口联盟建设。

最后，这一动向也表现为相关学术研究的体系化发展。2017 年，关于海洋非物质文化遗产的学术化研究也呈现新的进展，出现了从学理上对海洋非物质文化遗产进行探讨等值得关注的研究动向。同年，海洋民俗研究也呈现跨学科研究趋势，在民俗学与历史学，民俗学与社会学的跨学科视角下均取得了重要研究成果。

（三）海洋社会实践与顶层设计更趋一致

2017 年度，我国海洋开发、利用和保护的实践活动与国家事业的顶层设计基本保持了同步性和一致性。

2017 年我国海洋执法充分反映了国家安全的统筹指导作用，海洋权益维护与国家发展战略保持同向同力，海洋管理相关政策也与国家海洋发展战略保持步调一致。该年度，我国积极参与国际事务的大国形象已经在各方面

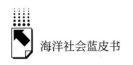

收获效果，显示出我国积极提供海洋事务的公共产品，以及维护世界和平的决心和态度。我国海洋督察在2017年的实施成效之一正在于完成了海洋环境资源层级督察制度的顶层设计，以期从根本上解决海洋资源环境的监管体制机制问题。

2017年5月，在北京召开的"一带一路"第一届国际论坛上，国家海洋局与国家发改委共同提出了"一带一路"建设的海上合作设想，提出了海洋公益服务与海上丝绸之路的共建共享计划，推动我国与海上丝绸之路沿线国家共同致力于海洋防灾减灾的合作机制建设。同年6月，中国与芬兰签订了中芬两国合作备忘录，提出了极地公益服务新框架，致力于海洋公益服务产品的常态化供给和共建共享，为北极航道提供海冰与航线预报等公益服务。同年9月，我国在与岛屿国家海洋部长举办的会议上声明，共同建设海洋观察预测基础设施，实现海运公益服务的深度合作。我国在参与全球治理的过程中，一直坚持和平利用的原则，致力于国际极地数据共享的建设，为航道适航和资源利用提供基础性的海洋公益服务。

（四）海洋事业的制度化建设

2017年度，我国海洋事业的制度化建设有了长足进展。2017年度，我国海洋环境保护的相关法规取消了入海排污口的事前审批，将其改为事后备案，以期进一步简政放权；海洋倾废的相关法规条例也进一步优化了相关监管，并完善了配套制度。与此同时，2017年度，针对海洋观测站点和海洋观测资料的管理办法的审议通过与公布，也意味着海洋观测活动得到了进一步规范。2017年，我国海洋生态文明示范区的海洋环境状况总体良好。我国政府在2017年颁布了《关于开展"海洋生态文明示范区"建设工作的意见》，明确提出建设海洋生态文明示范区需要发展循环经济和低碳经济，以生态文明理念指导滨海旅游业和海洋文化产业发展。

2017年，有关海洋非物质文化遗产的保护事业，也在制度化建设方面呈现稳步推进的态势。2017年初，国家文化厅组织召开会议，会上明确指出要认真履行保护非物质文化遗产的国际公约，贯彻非物质文化遗产的国内法的落实。同时，相关政策也在 2017 年有了新的建树。2017 年初，我国国务院印发了关于优秀传统文化传承的实施意见，设立了传承人制度，共有 13 个海洋非物质文化遗产项目入选了 2017 年度的国家级代表性传承人名单，显示了国家保护海洋非物质文化遗产的决心和行动力。2017 年度的制度化建设还体现在相关节日的设定上。2017 年，我国"文化遗产日"正式更名为"文化和自然遗产日"，时间定在 6 月的第二个周六，足见我国政府对文化遗产和自然遗产给予的高度重视。

（五）海洋事业的纵深化发展

2017 年，我国海洋事业在各领域实践活动中都呈现纵深化发展的特点。

2017 年度，我国沿海规划事业在制度建设上呈现纵深化特征。我国农业部公布了《国家级海洋牧场示范区建设规划（2017—2025 年)》，建设沿海一带和环渤海、东海、南海共同形成的"一带三区"新格局，旨在推进国家生态文明建设在海洋领域的应用。在国家级海洋牧场建设的同时，我国海洋局还发布了省级海岸带保护利用工作安排，推进省级海岸带保护的整体规划，形成了陆海统筹的海岸带综合管理模式。

我国海洋科技领域的制度安排与规划布局也更趋向于纵深化发展，在海洋执法、海底勘探、远洋渔业、极地科考等领域都取得了令人瞩目的成果。同时，2017 年度我国为维护国家海洋权益的海洋事务国际合作也呈现更趋深入、务实、开放、专题化的发展态势，实现了与南海地区各国多边关系和双边关系的有效推进，也在中美、中日等涉及海洋事务的双边关系建设中起到了积极推动作用。

2017 年，我国沿海各地对海洋教育事业的建设也更趋专题化。厦门市的海洋生态文化宣传教育重点在于推动海洋文化遗产保护工作；而厦门市 2017 年每季度举行的海洋科普，则重点组织市民参观中华白海豚救护繁育基地等，海洋教育与宣传专题鲜明。

2017 年度，我国海洋文化传承事业呈现更趋扎根社会，加大社会参与

力度的特征。非物质文化遗产的传承与保护并非只依靠国家法规和政策，而是在政策的指引、法律的保护下，依靠社会的运行来使这项事业获得持续性的发展动力；而动力正来自社会的广泛参与和产业化的推动发展。2017年，在文化产业的发展下，传统海洋民俗文化在产业化的推动下进行传承的特征日益凸显。当年，各地的祭海节等节庆活动引起了社会更多的关注和参与，成为招商引资的热门对象，逐渐形成具有区域特色的海洋文化品牌，收获了文化效益。相关事业获得了从生产到销售的市场优势，海洋非物质文化遗产的产业化保护模式显示出强大的生命力。

二　存在问题

我国海洋事业在2017年稳中提升，体系化建设成果显著，但必须看到：我国海洋社会的体系化建设仍然起步伊始，面临诸多困难和挑战；海洋硬实力和海洋软实力的短板仍然明显；海洋社会各领域发展不同步，各种结构性矛盾不容忽视。

（一）体系化建设仍然任重道远

2017年，我国虽然在海洋事业的体系化建设上取得了长足进步，但体系化建设的事业仍然处于起步阶段，诸多环节还存在缺陷，体系化建设道路仍然任重而道远。

我国海洋渔业管理的难点主要集中在渔政管理部门统筹管理的执行力不足，渔业法规不健全，因而导致"三无渔船"的清理整治难，小型渔船存在安全隐患等问题的出现。

我国海洋权益维护与国家发展规划的契合度仍有待进一步提升。如何将海洋执法、海洋权益维护事业与21世纪海上丝绸之路等国家倡议及相关政策规划有效融合？这依然需要更为细致深入的设计。我国海洋事业的国际合作仍然存在诸多变数，需要进一步开放，向着更多元化的方向发展，以满足国家发展的各方面需求。此外，尽管我国沿海区域规划的体系化格局已初见成效，但依然存在显著的不完善。环渤海的功能规划除了河北省进行了政策制定外，各省份都未见规划，北方沿海省份在规划上显然落后于珠江三角洲等南方沿海省份。

海岸带开发带来的问题在2017年同样显著。国家对海域使用金的减缴补贴有着相应的政策规定，但地方政府却未能严格执行；有的地方政府，为求经济效益对海洋功能区进行违规调整；在各地的海岸带整治过程中，地方政府的整治速度往往跟不上海岸带的破坏速度。海岸带保护的制度体系建设不完善，同样表现在审批制度的不完善上。地方政府对围湖填海的违规审批，以及未对填海项目进行有效跟踪和监管，都使得海岸带破坏未能得到及时、有效的管制。同时，地方政府各部门在海岸带管理领域职责交叉、界限不清，致使政策制定与执行相脱离，甚至出现了一边审批一边填海，或未获审批私自填海等现象，严重阻碍了海岸带保护工作的有效推进。

同时，海洋非遗的保护也面临体系化方面的新问题。在法制建设和政策指引下，海洋非遗的申请日益标准化和流程化，然而标准化的海洋非遗保护模式又在相当程度上掩盖了文化的真实内涵，为社会准确认识海洋非遗制造了障碍；而文化产业化的海洋非遗保护模式也使得各地的海洋传统文化出现了被过度包装的现象。我国各沿海区域对海洋民俗的挖掘仍然不平衡，海洋文化传承保护离制度化、体制化还有相当的距离。综观我国目前的海洋教育状况，海洋教育的相关政策大多具有原则性规定，但内容相对空泛，尚未建立起海洋宣传的长效机制。

（二）海洋事业短板依然明显

海洋事业的体系化建设中，消除海洋硬实力和海洋软实力中存在的短板是当务之急。

海洋硬实力中的短板是海洋事业发展的瓶颈。我国海洋科技在2017年度虽然取得了长足发展和瞩目成果，但短板依然明显，将重点领域的突破攻关和海洋科技的多元化发展相结合，是我国海洋科技领域的重要课

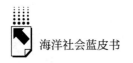

题。我国远洋渔业的装备、渔具、船舶等硬实力同样短板明显，新建的远洋渔船的机械化程度仍然偏低，海产品保险技术较差，相比国外同类渔船缺乏国际竞争力。

制度中的漏洞无疑给我国海洋软实力的提升造成了障碍。我国海洋民俗发展不平衡，除海神信仰和祭海仪式之外，其他海洋民俗发展并不繁荣。并且大部分海洋民俗文化的内涵挖掘还不够深入，目前相关研究仍然偏重于知识性介绍，这样的状态无疑将限制海洋民俗研究的发展。

2017年，我国海洋综合管理的体制建设进度仍然缓慢，海洋管理体制的职能交叉等矛盾依然存在，我国海洋督察的一体化程度仍然有待加强。目前海洋督察以沿海省区的海洋资源环境保护为督察对象，但省际、省区之间，甚至区域之间，在海洋环境资源保护的协调机制、一体化机制方面尚待进一步建设。这一短板的存在会为各地带来全力获取海洋资源开发的权利，但对海洋环境保护互相推诿的情况，体系化建设仍然有很多工作需要做。同时，海洋督察的实施缺乏完备的法律依据，不足以对地方党委和地方政府构成足够的约束力，成为影响海洋督察的重要因素，相关立法的短板应尽快消除。此外，海洋督察机构与国家海洋局等海洋管理部门之间的权利义务没有明确的界定，海洋督察权的独立性仍然受限较多，阻碍了海洋督察工作公正、客观地开展。

目前，我国海洋教育短板也较为明显，基础教育的教学方式仍然比较单一，缺乏具有针对性的教育方法。我国海洋高等教育尽管在2017年获得了较快的发展，但海洋人才总量不足，各地海洋高等教育的发展显著不均衡，人文社会科学的海洋教育内容相比自然科学、工程技术科学明显薄弱。我国海洋高等教育的人才培养与海洋强国建设需求仍然相去甚远。目前，相比海洋专业教育，我国海洋职业教育力量相对薄弱，致使海洋技能型人才处于短缺状态。

我国远洋渔业的管理同样缺乏统筹兼顾。2017年度的发展显示，我国远洋渔业对国内市场的关注远不及海外市场，国内消费市场不够开拓，致使海外市场的各种变动很容易对我国远洋渔业及渔业加工业造成影响。

（三）海洋社会发展呈现结构性矛盾

2017 年度，我国海洋事业相关联的各领域之间发展不同步，致使各种结构性矛盾有所凸显。

2017 年度，我国渔业生产结构不合理问题突出。除远洋捕捞外，海洋捕捞产量持续下降，海水养殖业则呈上升趋势，且两者间的差距越来越大。捕捞业的下滑影响了我国海洋渔业产量，对渔村社会的发展也会造成深远影响。而无论海洋捕捞业还是海水养殖业，均在各地表现出较大的不平衡。各地在作业船只、捕捞作业方式、渔民人口等方面仍然存在诸多突出问题，且相比 2016 年没有取得较明显的改善。我国远洋渔业的发展尽管在部分沿海省份取得了一定成绩，但各省份间发展不均衡，致使前景不明，可持续性存疑，因此需通过加大供给侧结构性改革力度予以必要的扶持。

2017 年，海洋渔业的发展与海洋文化传承保护之间也存在不同步问题和结构性矛盾，传统海洋文化的传承保护由此面临挑战。由于技术的进步，海洋开发、利用的实践活动正在发生前所未有的巨大变化。渔业捕捞活动的机械化发展使得渔号等海洋非物质文化几乎失去了生存的空间；海水养殖业的兴起和近海捕捞业的衰退，更使传统捕捞作业的空间发生不可逆转的改变，传统海洋民俗文化的生存空间堪忧。对海洋民俗文化的传承和保护必须寻找新的社会基础，海洋非物质文化遗产的保护事业仍面临诸多变数。

三　对策建议

从 2017 年度的海洋社会发展动向、特征及其存在的问题进行分析可知，我国海洋事业的发展需要加大社会参与力度，持续推进体系化建设，并且必须致力于各方面海洋事业的基础性建设，以激发海洋社会活力，推动海洋事业的持续发展。

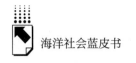

（一）进一步加大海洋事业的社会参与力度

提升海洋公益服务的质量，还应重视第三方力量的介入。由于海上事故的不确定性和瞬间性，更靠近事发海域的海上救援力量显然更具有救援优势，因此，受过正规训练的渔民、船员等海上救援志愿者应成为重要的第三方力量。我国海洋公益服务尚处在起步阶段，各类民间智库对海洋公益服务所贡献的智慧和力量无疑是不可或缺的。重视民间智库对国家政策的建策建言，将会对海洋公益产品的有效提供起到重要作用。

海洋民俗文化的传承与发展，政府、市场、社区缺一不可，需要政府对海洋民俗文化进行适当资助和科学规划，促使海洋民俗与地方经济协调发展，以及社区与民俗研究协同发展。同样地，海洋生态文明建设具有实践的系统性，需要政府、企业、社会组织、社区等主体的广泛参与。建设海洋生态文明示范区，需要拓展社会公众的参与渠道，发挥社会公众的基础性作用。

为提升我国国民海洋意识，设立各类海洋宣传日是一个行之有效的好方法，可将宣传日作为宣传载体，经由媒体宣传，引导舆论关注。福建省莆田市于2017年12月举办的妈祖文化与海洋减灾主体论坛，将妈祖文化与海洋防灾减灾相结合进行宣传，既因新颖的宣传形式引起了公众的关注，也提升了公众对海上安全的认知，是宣传海洋公益服务的有效方法。

（二）持续推进海洋社会的体系化建设

海洋社会的体系化建设起步伊始，需要持续性推进。我国要实现对海洋资源环境的一体化督察，必须对区域海域内的海洋行政管理和海洋执法力量进行协调与整合，针对跨省份的区域海洋环境保护或资源管理问题进行责任认定。我国海洋督察不应只停留在政策层面，而应实现海运督察的法治化。海洋局应对海洋督察各操作层面制定配套法规，形成法律、行政法规、部门规章共同组成的完备法律法规体系；同时，应界定海洋督察机构与地方政府及其海洋行政管理部门的权力关系，确保海运督察权的独立性。

建立海洋综合管理体制需要改变"重陆轻海"的理念，贯彻陆海统筹管理理念。海洋生态文明示范区的建设也应坚持区域统筹、部门联动、协同管理的原则，加强各部门合作，进一步整合政府资源，统筹示范区的建设工作。在海洋生态文明示范区的建设实践中，应建立起理性的工作指导框架，发挥主导性作用，解决建设中的具体问题，探索适合示范区整体性发展的制度体系。海岸带保护事业并非成就于一朝一夕，必须多项措施并举，对治理体系进行整体性建设，加强立法的同时，设定生态红线的制度，对海域试用金的征收进行有效规范，建立生态补偿相关机制，加强区域海域的统筹管理，完善落实各级政府责任的湾长制，切实促进各部门间实现高效合作。

我国沿海区域规划也应以区域统筹和空间协同治理为导向，优化资源配置，致力于海岸带和海湾带建设，统筹管理满足同一空间中的各类需求，同时加大生态红线的执行力度，使沿海区域规划有效地为我国海洋强国发展提供保障。

同样，我国渔业发展应加大海洋渔业体制机制改革的力度，转变政府职能和理念。渔业生产结构应进一步优化，注重优化生产要素的配置，合理调整远洋与近海渔业的发展结构，对远洋越洋进行规划布局。此外，应切实提高我国海洋渔业资源的监测能力和水平，合理开发利用海洋渔业资源。

海洋民俗的发展也需要处理好多组社会关系，包括海洋民俗发展与区域文化生态保护的关系、海洋民俗与移民的关系、海神信仰与区域宗教信仰之间的关系，以及海上丝绸之路与海洋民俗文化的关系。实施海洋教育，还应强化与国家战略的同步性，借助国家引进人才的平台，聘请海洋领域的国际领军学者和团队，参与学科发展，拓展国内外涉海高校教师间的交流渠道，确保海洋教育目标的实现。

（三）注重海洋事业的基础性建设

保护海洋生态环境，必须立足长远，树立全球性意识，致力于全球范围内的国际合作，促使合作主体多元化，多措并举，改善和修复海洋生态环境。国家海洋督察应尽快改变目前临时组建团队的状况，建立起常规运转的

组织和稳定的人事关系，以确保海洋督察发挥持久性效力。

我国远洋渔业的发展规划也应放眼未来，与"一带一路"等国家倡议相契合，积极与沿线国家建立信息、技术共享合作机制，推进养殖、捕捞、加工、基建等方面的综合渔业合作。鉴于目前国际社会对公海渔业相关管理要求日趋严格，我国应提升远洋渔业的国际合作能力，提升企业的国际渔业合作能力，以使我国远洋渔业企业尽快脱离不利的竞争环境。

教育事业的推进最需要长远眼光，以及制定长期性战略。海洋教育事业应立足长远，制定国家和地方层面的海洋教育政策规划，将教育主管部门与海洋主管部门之间的协作关系落实为制度，培养国家海洋事业各领域需要的人才。

海洋社会的基础性研究同样是海洋事业基础性建设的一部分。海洋民俗文化的传承需要注重基础性研究的积累，注重海洋民俗的中外互译，在促进我国海洋民俗文化对外传播的同时，也要积极引入国外译著，为比较研究提供参考。另外，对海洋民俗文化的研究应关注当前大多数沿海渔村面临的城镇化问题，思考海洋民俗文化传承与保护的长远方案，分析如何避免海洋民俗文化在此过程中遭遇的破坏，以及产业化升级中的商业化包装带来的破坏。海上丝绸之路的建设需要汲取中国历史上丝绸之路的智慧与精神，因此非常需要从社会史、中外文化交流史等史学视角进行审视，也需要定量与定性等多元化研究方法的结合使用，同时也需要跨学科、跨领域的智库研究提供有效的建策建言。

我国海洋社会各领域在 2017 年整体稳中提升。同时，各项事业存在的问题中，有的是发展过程中必然需要面对和解决的困难，有的是全球化时代人类社会需要共同致力于解决的问题。立足长远，注重基础积累，重视体系建设和制度建设，是促进海洋社会良性运行，推动海洋事业持续性发展的必由之路。

分 报 告

Segment Reports

B.2

中国海洋公益服务发展报告

崔凤 沈彬*

摘　要：　2017年是实施"十三五"规划的重要一年，海洋公益服务事业发展开创了海上搜救能力不断增强，海洋调查预报全面铺开，海洋防灾减灾体系不断完善的新局面，表现出顶层设计不断完善，部门协作不断密切，国际合作更加彰显中国智慧，海洋新疆域不断被开拓的发展特色，也面临着国民海洋公益服务意识需要提高，第三方支持力量发展需要细化和专业化的挑战。

* 崔凤（1967~），男，汉族，吉林乾安人，哲学博士、社会学博士后，上海海洋大学海洋文化与法律学院教授，博士生导师，主要从事海洋社会学、环境社会学研究；沈彬（1992~），女，浙江嘉兴人，中国海洋大学公共政策与法律专业博士研究生，研究方向为社会政策与法律。

关键词： 海洋公益服务　海上搜救　海洋防灾减灾

我国作为一个名副其实的海洋大国，海洋已经成为国家发展的重要空间和物质资源宝库，近年来我国海洋事业不断发展，"因海而兴、依海而强"成为全社会的共识，建设海洋强国是实现全面建成小康社会的目标，实现中华民族伟大复兴的重要手段。海洋公益服务事业是海洋强国建设不可分割的一部分，蓬勃发展的海洋公益服务事业可以有效推进海洋强国建设。

一　海洋公益服务事业发展状况概览

（一）海上搜救

从数千年前人类扬波海洋开始，意外与事故就如影随形。中国海上搜救中心的海上搜救统计月报显示，2017 年度全国各级海上搜救中心共接到各类海上遇险报警 3305 起，其中险情得以核实的有 2053 起，占报警次数的 62.12%，遇险的主要原因大多都是船舶碰撞和搁浅。其中发生在沿海海域的海上事故共有 1580 起，占核实险情总数的 76.96%（见表 1），平均每天有超过 4 起险情发生，而江河干流湖泊水库则平均每天发生 1 起险情。其中 8 月下旬，在珠海登陆的强台风"天鸽"使得珠江口水域多艘船舶失控，造成 200 多人遇险，其中 13 人不幸遇难，4 人失踪。这充分说明，在面积更为广阔、水文条件更加复杂的海洋上发生的事故数量更多，这对我国的海上搜救工作提出了严峻的考验。

表 1　2017 年中国海上搜救中心接警情况

单位：起，%

月份	核实险情	沿海海域发生险情	占比
1 月	154	114	74.03
2 月	129	99	76.74
3 月	145	116	80.00
4 月	161	128	79.50

月份	核实险情	沿海海域发生险情	占比
5 月	132	91	68.94
6 月	131	102	77.86
7 月	160	110	68.75
8 月	239	154	64.44
9 月	194	168	86.60
10 月	232	199	85.78
11 月	190	157	82.63
12 月	186	142	76.34
合计	2053	1580	76.96

资料来源：根据中国海上搜救中心的海上搜救统计月报信息整理。

　　我国于1973年组建了专门负责海上搜救工作的海上安全指挥部。1989年，隶属于交通运输部的中国海上搜救中心正式成立，主要负责海上搜救的统一组织与协调工作。基于海上搜救工作的特点和难度，由交通部牵头，联合公安部、农业部、卫生部、海关总署、民航总局、安全监管总局、气象局、海洋局、总参谋部、海军、空军和武警部队等13个部委于2005年组建了国家海上搜救部际联席会议。目前我国的海上搜救力量主要由交通运输部救助打捞局、军队和地方力量以及民用商渔船构成。其中救助打捞局是我国唯一的国家级海上专业救助打捞力量，下辖三个救助局、三个打捞局和四个救助飞行队。与此同时，地方上也建立了相应的海上搜救中心，以保证海上搜救工作的及时性和高效性。开展海上搜救工作时，由国家海上搜救部际联席会议负责统筹研究与组织协调，由中国海上搜救中心统一领导，在《国家海上搜救应急预案》的指导下，根据海上事故的发生地点和具体情况，由地方海上搜救中心实时指挥，对海上事故做出及时有效的搜寻和救援，在第一时间挽救人民生命，确保人民的财产安全，将造成的海洋污染损失降到最低。

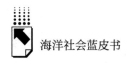

　　2 月 24 日清晨，浙江海上搜救中心接到"冀黄渔 02698"号渔船在舟山附近海域沉没的报警后迅速上报中国海上搜救中心，在中心的指挥下启动预案，集结了来自浙江海事局的"海巡 22"、东海救助局的"东海救 117"、海洋与渔业局的"中国渔政 33006"和"中国渔政 33001"、海警局的"中国海警 2303"、中海油东海分公司的"勘探 211"和一架直升机，还有海军、东海舰队的三艘军舰和无人机前往失事海域提供海上救援帮助。从这个海上搜救案例中可以看出，近海海域的海上搜救工作主要由中国搜救中心牵头，以海事救助为专业救助力量，整合军队和社会力量，协调过往船只，鼓励多方力量共同参与，从而有效提高搜救成功率。在具体搜救过程中，中国搜救中心很好地发挥了总指挥的调度作用，充分调动地方力量，以实现纵横联动，在最短的时间内以最快的速度调动最大的力量实施最有效的搜救，极大地保障了遇险人员的生命财产安全。

　　我国的海上搜救工作范围不仅局限于我国领海，也包括我国各类船只经过的公海海域。由于远离大陆，海况复杂，远洋海上搜救工作对船只综合能力提出了极高要求。因此，在公海上能够提供最为即时的海上搜救服务的救援力量往往是过往的商船和渔船。6 月 16 日，远在南印度洋海域进行远洋捕捞作业的江苏籍渔船"源友 516"成功救出因船体失火而危在旦夕的台湾籍渔船"金展祥 3 号"所有船员。

　　同时，公海海域的海上搜救工作内容也更加丰富，其中一项主要工作就是反海盗，这样的海洋公益服务需求对海上搜救力量提出了武力要求，是一般海上搜救力量所不具备的，因此我国在公海海域的海上搜救的主要力量是海军部门。中国海军护航编队是我国根据联合国安理会有关决议从 2008 年开始向亚丁湾海盗频发区域派遣执行护航军事行动的海军舰队，在护航过程中，中国海军护航编队切实地保护了中外商船和人员安全，保护了世界粮食计划署运送人道主义物资船舶的安全，有效履行了我国作为一个负责任大国向全世界提供高质量公益服务的义务。2017 年度的 4 月、8 月和 12 月，我国继续常态化地向有关海域派出了第 26、27 和 28 批护航编队。4 月上旬，正在亚丁湾海域执行护航任务的第 25 批护航编队接到图瓦卢籍 OS35 号货船于亚丁湾索科特拉岛西北海域遭海盗劫持的消息后，派出战斗人员在舰载机空中掩护下发起营救行动，最终成功解救出所有船员。

2008年服役东海舰队的和平方舟号医院船是专门为海上医疗救护打造的专业型医院船，也是世界上第一艘超万吨级大型专业医院船。拥有较为完整的医疗设备和治疗科室，设备配置水平相当于国内三甲医院，还搭载了便于运送伤员的直升机，是名副其实的航行在海上的医院。8月17日，正在执行"和谐使命－2017"任务的和平方舟号医院船在护航途中接到"腾达"号货轮的救助信息，为工伤的轮机长顺利进行了眼角膜清创手术，及时挽救了受伤人员，避免其因治疗延迟而失明。

海洋占地球表面积的71%，其中公海面积约为2.3亿平方公里，约占海洋总面积的63.89%。随着经济发展和社会进步，每天往来于公海上的各类船只络绎不绝，但海洋自然地理条件的复杂性和恶劣性使得海上险情频频发生。为了保证海上人的安全，由国际海事组织牵头，多国签订了《国际海上人命安全公约》，我国于20世纪80年代就参加了这项海洋公益服务的供应。为了更好地落实《南海各方行为宣言》，深化我国与东盟国家在海上搜救方面的工作交流与合作，进一步探讨联合搜救机制的建立，"中国—东盟国家海上联合搜救实船演练"于10月30日在湛江外海海域举行。本次海上搜救演习出动了7支专业海上搜救力量、1支潜水部队、20艘舰船和3架飞机，包括海空搜救、船舶消防、水下探摸、船舶堵漏、人员转移和医疗救助等六项科目，涵盖了整个海上联合搜救过程，是我国与东盟国家之间首次举行的大规模海上搜救演习。[①] 在演习期间，我国还与柬埔寨和老挝分别签署了国家海上紧急救助热线建设协议，使得中国与东盟国家海上搜救信息共享平台的搭建工作取得突破性进展。与周边国家的深入合作，有利于提高海上搜救的应急反应速度和地区间的联合搜寻救助能力，有效降低海上险情可能带来的人命和财产损失。

---

① 《中国—东盟举行史上最大规模海上联合搜救实船演练——携手打造海上联合搜救命运共同体》，人民网，http://society.people.com.cn/n1/2017/1031/c1008－29619080.html，最后访问日期：2018年9月26日。

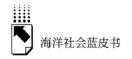

（二）海洋观测调查与预报

"十三五"规划明确提出了四项海洋重大工程，其中第四项是建立"全球海洋立体观测网"，具体内容包括海洋环境实时在线监控系统建设、海外观测站点建设，建立全球海洋立体观测系统，最终系统地提升我国对海洋的观测能力，有效提高海洋公益服务基础业务能力。太平洋是世界上最大的大洋，也是地震海啸灾害发生频率最高的区域。分别位于夏威夷的太平洋海啸预警中心和日本的西北太平洋海啸预警中心，长期以来从事着泛亚太地区的海啸预警工作。南中国海位于环太平洋地震带的边缘，是海啸潜在发生集中地区，且周围有许多国家环绕，一旦发生海啸就会对人民生命和财产安全造成极大的威胁。南中国海区域海啸预警中心在2012年时发布海啸预警的应急性需要30~40分钟，2017年上半年这个时间被成功地压缩到10.3分钟，① 已经接近世界顶尖海啸预警中心的响应速度。

在联合国海洋研究科学委员会的协调下，先后召开了多次太平洋海啸预警与减灾系统政府间协调组南中国海区域工作会议，在2017年3月的第6次会议上，各参会国一致同意由中国牵头建立南中国海区域海啸预警系统，各成员国将会加大数据共享力度，共同建设南中国海区域地震海啸观测网。在2017年年末，南中国海区域海啸预警中心开始投入业务化运行，将与太平洋海啸预警中心、西北太平洋海啸预警中心协调共同发挥观测预警职能，为周边南中国海的所有对象提供全天候、高质量、实时的海洋公益服务。

海洋调查的推进是不断提高海洋公益服务水平的重要支撑与保障。海洋卫星能够对关注海域实施全天时、全天候监测，在台风及风暴潮遥感监测中发挥独特的作用，可以有效为海洋公益服务提供重要的技术支撑。经过在轨

---

① 国家海洋局：《南中国海区域海啸预警中心投入试运行》，http：//www.soa.gov.cn/xw/dfdwdt/jgbm_155/201802/t20180209_60336.html，最后访问日期：2018年9月26日。

运行测试,"高分三号"卫星于 1 月 23 日正式投入使用,这是我国首颗分辨率达到 1 米的 C 频段多极化合成孔径雷达卫星,预计后期将会继续投放海洋卫星,完善我国海洋卫星体系,同时通过地面站和数据中心的建设,提高我国立体海洋监测能力。

除了传统的海面和外层空间海洋调查布局,随着世界各国对深海空间的不断探索,深海已经成为人类探索的"新疆域"。"向阳红 09"试验母船搭载"蛟龙"号载人潜水器于 6 月 23 日完成了中国大洋 38 航次科学考察任务,这也是"蛟龙"号试验性应用航次的最后一次测试,在长达五年的测试实验周期中,"蛟龙"号完成了 152 次下潜,取得了丰硕的实验成果,为我国深潜事业的发展积累了宝贵的经验。"向阳红 03"船在 7 月 12 日开始执行中国大洋 45 航次科学考察任务,在 4 个月的科考周期中完成了深海调查的相关科目,继续推进我国深海战略的实施。深海海洋新疆域的开拓为更大范围的海洋公益服务供给工作的展开抢占了先机。

海洋预报是海洋公益服务的重要组成部分,及时的海洋预报可以有效规避和防范海洋灾害,保护人民生命财产安全,将灾害损失降到最低。逐步提高海洋预报的智能化水平,能有效提升海洋预报的准确性和地域针对性。中国近岸海域基础预报单元预报指导产品于 11 月 29 日正式上架,从此,对应岸段 72 小时海洋预报服务已经全面细化落实到沿海的 213 个县级行政单位。为了满足海洋公益服务对象对海洋预报的多样化需求,实时海洋预报将会登录门户网站和海洋预报手机软件,使有需求的人员能够更加方便直观地查看海洋预报结果。

紧跟时代步伐,面向对象开发人民有需求的海洋预报产品,可以扩大海洋公益服务的覆盖范围,显著提升服务效果。国家海洋预报中心设有公共产品服务部,主要负责海洋预报相关的电视、广播节目制作,海洋预报门户网站运行和新媒体产品发布工作。中央电视台新闻频道、中国教育电视台、凤凰资讯频道和旅游卫视每日共同发布 7 档海洋预报节目;海洋预报广播节目登央广中国之声和乡村之声的 5 个时段。与此同时,以国家海洋预报为中心的海洋预报业务主体还高度关注新媒体的发

展，建立了微博账号和微信公众号，入驻包括今日头条、网易新闻和央视新闻等知名新闻客户端，在这些新媒体渠道始终保持着较高的海洋预报信息发布频率，致力于海洋公益服务形式和内容两方面质量的共同提高。多元化的海洋预报产品引起了社会广泛关注，使得海洋公益服务的服务效果和宣传效果十分突出，比如2017年7月的海洋预报服务内容在今日头条客户端的总阅读量超过67.4万次，在网易新闻客户端的总阅读量则达到127万次。

随着人们海洋活动范围的扩大，海洋预报服务的覆盖区域也在不断扩充。为了满足人们在南海海域日益增长的海洋公益服务需求，由国家海洋局主持，在永暑岛、渚碧岛和美济岛建立了海洋观测中心，从2017年度开始，南海地区的立体海洋监测完成了试验性调试正式投入业务化运营，海洋预报网将每日更新覆盖南沙三大岛礁的海洋预报，预报内容包括常规海况、72小时预报和海洋灾害警报等。

（三）海洋防灾减灾

海岸带侵蚀、大型藻类暴发和风暴潮等是2017年度主要的海洋灾害类型，对我国人民生命健康安全造成了伤害，共有17人死亡和失踪；导致直接经济损失63.98亿元，对社会发展和自然环境造成了不利影响。[1] 风暴潮是我国遭受的最严重的海洋灾害，在2017年因风暴潮而死亡（包括失踪）的人数为11人，占海洋灾害总死亡人数的65%，共造成了55.70亿元的直接经济损失（见图1），占海洋灾害总损失的87%。[2] 海洋防灾减灾是我国海洋公益服务事业的基础性工作，全面做好海洋防灾减灾工作，可以有效地保障人民生活，保障沿海地区社会经济可持续发展，为海洋强国建设提供重要保障。

---

[1] 国家海洋局：《2017年中国海洋灾害公报》，http：//www.soa.gov.cn/zwgk/hygb/zghyzhgb/201804/t20180423_61097.html，最后访问日期：2018年9月26日。

[2] 国家海洋局：《2017年中国海洋灾害公报》，http：//www.soa.gov.cn/zwgk/hygb/zghyzhgb/201804/t20180423_61097.html，最后访问日期：2018年9月26日。

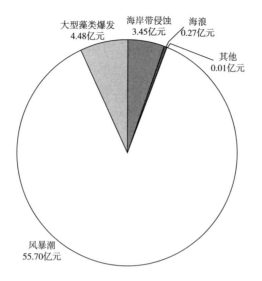

图1　2017 年海洋灾害造成的直接经济损失

资料来源：国家海洋局《2017 年中国海洋灾害公报》。

2017 年度海洋防灾减灾服务的机制改革继续大踏步前进。2016 年 12 月
《中共中央 国务院关于推进防灾减灾救灾体制机制改革的意见》出台，提出
了对我国防灾救灾工作的总体要求："坚持以人民为中心的发展思想，正确
处理人和自然的关系，正确处理防灾减灾救灾和经济社会发展的关系，坚持
以防为主、防抗救相结合，坚持常态减灾和非常态救灾相统一，努力实现从
注重灾后救助向注重灾前预防转变，从应对单一灾种向综合减灾转变，从减
少灾害损失向减轻灾害风险转变，落实责任、完善体系、整合资源、统筹力
量，切实提高防灾减灾救灾工作法治化、规范化、现代化水平，全面提升全
社会抵御自然灾害的综合防范能力。"[1] 2017 年 7 月中下旬在全面落实相关
意见的基础上，国家海洋局出台《贯彻落实〈中共中央　国务院关于推进
防灾减灾救灾体制机制改革的意见〉工作方案》，制定了海洋防灾减灾的总

---

[1] 《中共中央 国务院关于推进防灾减灾救灾体制机制改革的意见》，新华社，http：//
www. gov. cn/zhengce/2017－01/10/content_ 5158595. htm，最后访问日期：2018 年 9 月 26
日。

体改革框架，全面推进海洋防灾减灾体制机制改革，为海洋防灾减灾业务体系建设提出了"央地结合、综合协调、有法可依、广泛参与、布局完整、支撑有力"的总体目标。

自然环境的变化和社会经济的迅速发展使得近年来沿海地貌海况发生了不小的变化，用以确定防护区沿岸可能出现灾情需要进入戒备或救灾状态的警戒潮位值已经无法匹配当下防灾减灾工作的推进。2017 年下半年，为期 5 年的首次沿海大规模警戒潮位核定工作终于结束，沿海的 259 个警戒潮位值全部核定完毕并公布了新的红、橙、黄、蓝四色警戒潮位值。科学的新标准的建立奠定了海洋防灾减灾工作的科学性和有效性，切实提高了我国防灾减灾能力。

普及海洋防灾减灾宣传教育，提升基层自主海洋防灾减灾能力是海洋防灾减灾工作的重要出发点，2017 年主题为"减轻社区灾害风险 提升基层减灾能力"的全国海洋防灾减灾宣传周将主场搬到了全国海洋减灾综合示范区——山东寿光（首批全国海洋减灾综合示范区还有广东大亚湾、福建连江和浙江温州）。在宣传活动上，主办方向公众普及了海洋防灾减灾基本知识，倡导大家学习自救技能，不断提高海洋防灾减灾最前线民众的防灾减灾意识和能力。与此同时，海洋防灾减灾微信公众号"平安之海"也正式上线，该公众号有三个主要功能："灾情速递"使有需要的对象可以随时随地获取海洋灾情的即时信息；"我要报灾"功能可以将身边发生的海洋灾害上报到相关国家机构，完善了海洋防灾减灾信息共享体系；"减灾知识"则向公众提供了详细的防灾减灾知识和实用技能。

我国沿海在 2017 年度发生蓝色及以上预警级别的风暴潮共 17 起，受灾最为严重的省份是广东省，直接经济损失高达 53.61 亿元，占全国总损失的 96%。①第 9 号台风"纳沙"和第 10 号台风"海棠"分别于 7 月 30 日和 31 日在间隔不到 24 小时内登陆福建省，罕见的双台风登陆使得其破坏能力被

① 国家海洋局：《2017 年中国海洋灾害公报》，http：//www.soa.gov.cn/zwgk/hygb/zghyzhgb/201804/t20180423_61097.html，最后访问日期：2018 年 9 月 26 日。

大大提高。7 月 28 日，国家海洋预报台首次发布等级为强热带风暴"纳沙"带来的风暴潮蓝色预警，海浪橙色预警。随着"纳沙"的升级和"海棠"的到来，国家海洋预报台即时将海浪预警升级为黄色，国家海洋局于当月 29 日上午根据《风暴潮、海浪、海啸和海冰灾害应急预案》将海洋灾害应急响应升级为 II 级。在地方各防汛抗旱指挥部的统一领导下，相关海域航行作业的船只适时停航回港撤离作业人员，并停止一切海上休闲活动通知，在基层政府的动员组织下，受台风影响较大的福建和浙江两省迅速转移安置人口共约 7800 人。

2017 年第 13 号超强台风"天鸽"于 20 日在西北太平洋洋面上生成，国家防汛抗旱总指挥部在当天的部署会上通过对台风发展趋势的预判，向地方防总通报要求密切监视台风动态，及时发布预警，按照防台风预案把人民的生命安全放在第一位，尽快落实各项防范措施。次日，国家海洋预报台发布了海浪黄色警报，提醒在相关海域作业的船只注意安全，并通报沿海有关单位提前采取防护措施。随着"天鸽"的进一步逼近，风暴潮和海浪预警不断升级。22 日晚间，国家海洋局召开"天鸽"风暴潮、海浪灾害防御紧急工作部署会，发布了 2017 年首个红色海浪预警，并启动海洋灾害 I 级应急响应。23 日早晨，香港天文台发布 5 年来首颗 9 号风球警报，随后立即升级为 10 号。8 月 23 日在广东省珠江市登陆时中心风力达到 14 级的超强台风"天鸽"是 2017 年威力最大的台风，也是新中国成立以来登陆广东的最强台风。面对如此严峻的灾害形势，广东省出动现役部队、武警部队、消防部队和民兵共 5000 多名参与抢险救灾，启用超过 7000 处庇护场所，安全转移人口达 53 万人。[1] 在此期间，政府保持畅通的灾害信息发布机制，共计分发超过 3 万份宣传单，发布台风预警信息 108597 条，有效地拓宽了信息发布渠道，确保公众知情权，提高公众防灾避险的主动性。风暴潮与天文大潮的相互叠加，使得本次台风灾害的威力更加巨大，对包括香港和澳门在

---

[1] 《粤警全力以赴战"天鸽"》，《南方法治报》，http://www.gdga.gov.cn/jwzx/jsyw/201708/t20170825_796790.html，最后访问日期：2018 年 9 月 26 日。

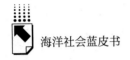
内的我国华南地区造成了巨大的人员伤亡和经济损失。其中在广东省共造成6人死亡和51.54亿元的直接经济损失,占广东省全年风暴潮受灾总损失的96%。

2017年我国大型藻类暴发的主要种类是浒苔和马尾藻,严重影响了海洋渔业、滨海旅游业,造成了巨大的社会经济损失。2017年2月在江苏沿海爆发的马尾藻使得当地约9000公顷的紫菜养殖区受到污染,紫菜大量减产,造成直接经济损失超过5亿元。在受灾期间,国家海洋环境监测中心对马尾藻动态保持实时监测、实时通报,为养殖户的生产自救提供信息保障。江苏省海洋与渔业局及下属各级渔业部门对此做出专题研究,指导养殖户开展安全教育和后期补救行动,并组织专业力量打捞马尾藻进行陆地无害化处理以防止二次危害。

5月中旬浒苔出现在苏北浅滩海域,此后浒苔分布范围不断扩大,6月上旬由浒苔形成的绿潮面积影响到山东沿海海域,覆盖面积峰值达到281平方公里。国家海洋局于6月13日召开黄海跨区域浒苔绿潮灾害联防联控工作协调组会议,提出浒苔治理整体方案,计划建立一体化和立体化的防控与资源化利用的浒苔处置模式。在浒苔爆发时期,国家海洋环境监测中心及时做出灾情通报和发布,保障地方海上打捞工作的高效进行,有利于阻止浒苔的进一步扩张。在国家海洋局的领导下还建立了浒苔打捞处置平台,积极引导社会力量参与浒苔打捞与资源化利用工作。

二 发展特色与重点领域

(一)注重顶层设计与部门协作

我国海洋公益服务水平的提升离不开政府的顶层设计和整体布局,在"十三五"规划中,为"十三五"周期中的海洋强国建设指明了大方向,即"坚持陆海统筹,发展海洋经济,科学开发海洋资源,保护海洋生态环境,维护海洋权益,建设海洋强国"。在2017年度,为了全面提升海洋公益服务和综合管理质量，由国家海洋局牵头实行了一系列管理计划。11月，国家海洋局办公室向下级单位，涉海研究所和高校等相关单位下发了纲领性文件《国家海洋局办公室贯彻落实〈加强海洋质量管理的指导意见〉的行动计划（2017—2020年)》，将会在这个周期内的海洋公益服务所有行动中实施。

国家海洋局是海洋管理的主要行政机构，但在海洋公益服务建设过程中，政府内部只发挥国家海洋局的主导作用是远远不够的，部门之间的亲密协作可以实现资源共享，提供覆盖范围更广、质量更高的海洋公益产品。4月6日，国家海洋局与中国农业发展银行签署《国家海洋局、中国农业发展银行促进海洋经济发展战略合作协议》，以此为基础全面推进公共服务平台的金融合作。水利部与国家海洋局于5月5日签订了《中华人民共和国水利部、国家海洋局关于加强水利和海洋事业发展合作备忘录》，在海陆统筹的大理念下，两部门实现深度合作、信息共享、联合会商和政策协调，有利于为海洋公益服务提供更为有利的技术支撑。海洋局与气象局一直保持着密切的合作关系，在2017年度的合作中进一步完善了公益服务产品共建共享平台，实现了产品的联合发布，从而实现了资源的有效利用，避免了相关设施的重复建设，阻止了人力物力的浪费。除了与行政业务部门保持通畅的信息交流和密切的合作关系，国家海洋局于11月10日和中国科学院签订了战略合作框架协议，建立了长期战略合作关系，为海洋公益服务的发展引入了国家科研机构的最新科学技术。

（二）开创全球海洋治理新局面

海洋占地球表面积的71%，为人类发展提供了宝贵的空间资源和物质资源。随着全球化的发展，海洋成为联通世界的新空间，海上合作已经成为大势所趋，海洋公益服务的共建共享也已经成为全世界的共识。近年来，中国不断加大国际合作的力度，致力于打造相互尊重、平等合作、互利共赢的"蓝色伙伴关系"，在全球海洋治理和海洋公益服务供给中不断提出中国方案，贡献中国智慧。2017 年 5 月 14 日，第一届"一带一路"国际合作高峰论坛在北京召开，其中由国家发展和改革委员会、国家海洋局共同发布的《"一带一路"建设海上合作设想》入选了论坛成果清单，在设想中提出了海洋公益服务合作要同心协力共筑安全保障之路，倡议发起了 21 世纪海上丝绸之路海洋公共服务共建共享计划；开展海上航行安全合作；加强与沿线国信息交流和联合搜救，建立海上搜救力量互访、搜救信息共享、搜救人员交流培训与联合演练，提升灾难处置、旅游安全等海上突发事件的共同应急与行动能力；共同提升海洋防灾减灾能力，包括共建重点海域的海洋灾害预警报系统，研发海洋灾害预警报产品，推动与沿线国共建海洋防灾减灾合作机制。①

在海洋公益服务的全球化进程中，常态化的全球合作机制是提升全球海洋公益服务水平的重要动力之一。博鳌亚洲论坛是专门讨论亚洲事务，增进亚洲各国之间以及与世界其他地区和国家之间交流与合作的高级别论坛。在 2017 年 3 月下旬召开的 21 世纪海上丝绸之路岛屿经济分论坛上，我国提出了要基于不断巩固的蓝色伙伴关系，守望相助、共同抵御来自海洋的风险，加强在海洋预测预警、抗灾减灾和灾后评估等方面的合作与交流，推动海洋防灾减灾"责任共同体"的建设。以"经略海洋，共享共建"为宗旨的东亚海洋合作平台于 9 月 7 日召开了黄岛论坛，这是一个面向中日韩和东盟国家打造的开放合作平台，加强海洋公益服务合作，提升服务能力是平台的主要议题之一。2005 年创办的厦门国际海洋周既是一个面向全球的海洋交流平台，也是一个宣传海洋知识、唤起海洋意识的海洋文化节。在 11 月召开的 2017 厦门国际海洋周上，我国着重强调了蓝色伙伴关系的建设，在海洋公益服务建设中要通过亲密合作以实现互利共赢、成果共享、携手共进。中国与欧盟都是全球海洋治理的重要力量，相互之间也一直保持着良好的合作关系，"中国—欧盟蓝色年"是双方以

---

① 《"一带一路"建设海上合作设想》，新华网，http://www.xinhuanet.com/politics/2017 - 06/20/c_1121176798.htm，最后访问日期：2018 年 9 月 26 日。

"开放包容、具体务实、互利共赢"为原则构建中欧蓝色伙伴关系的最重要平台。"中国—欧盟蓝色年"于12月结束，在这一年的深化合作与交流中，长期的蓝色伙伴关系被确定下来，双方合作内容更加全面综合，为国际社会树立了海洋合作的榜样。

9月21日召开的"中国—小岛屿国家海洋部长圆桌会议"是我国加强与岛屿国家间海洋合作交流的高规格平台，我国在会议期间表态，为了构建更加稳固的蓝色伙伴关系，共同促进区域发展，这一会议机制将会常态化，在海洋公益服务主题上将会建立更加稳定的对话机制实现信息共享，在政府的推动下，实现企业、社会非营利组织和科研机构的多主体、多层次合作，共同落实联合国2030海洋可持续发展目标。在会议中共同发表的《平潭宣言》指出：加强中国与岛屿国家开展应对海平面上升、海啸、风暴潮、海岸侵蚀、海洋酸化等方面的合作研究和调查。接下来，我国将与小岛屿国家一同建设海洋观察预测基础设施，分享风暴潮、海浪、海啸、海平面上升综合预报技术和服务，供给海洋灾害风险评估产品，以实现海洋公益服务中的深度合作。

我国在海洋公益服务建设中历来都十分重视与国际组织、区域组织的关系，以积极的姿态参与联合国海委会、国际海底管理局和大陆架界限委员会等涉海国际组织的运营。联合国海委会于4月17日在青岛召开以"海洋知识的推广及可持续发展——从印太地区走向全球"为主题的西太平洋分委会第十届国际科学大会。我国代表在会上表示：将西太平洋分委会的工作与我国的"21世纪海上丝绸之路"建设相结合，可以更好地发挥双发优势，在区域海洋实现海洋公益服务的合作共享和能力提升。在5月23日与国际水道测量组织的会谈中，就水文气象数据共享、海洋预警预报和防灾减灾等合作领域进行商讨。

2017年6月5日至10日，联合国海洋可持续发展会议在纽约总部召开，各参会国围绕联合国2030年可持续发展目标14展开了有效的沟通和交流，一致认为在现行的法律框架中，需要更加有效的政治领导力，需要建设更加共享创新的合作伙伴关系。我国提倡不论国家强弱、国际组织规模

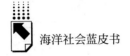

大小都应平等地表达自我意愿，尤其要注意来自发展中国家的声音，我国十分愿意在海洋公益服务领域建立开放包容、具体务实、互利共赢的蓝色伙伴关系。

为了更好地落实目标14，联合国海洋会议期间还召开了多场伙伴关系对话会议。我国在主题为"增加科学知识，培养研究能力和转让海洋技术"的会议中呼吁各方应在全球海洋治理体系中加强合作与共享，通过创新的方法来应对问题与挑战。会议提出应重视科学技术对政策的支撑与转化；在公共服务全球供给方面要重视服务的标准化与信息共享；另外，还要充分帮助发展中国家提升服务能力，实现全球海洋公益服务的总体进步。

海洋公益服务领域的双边合作是我国实现国际合作、参与全球海洋治理的重要手段之一。在2017年度我国通过签署文件、建立合作平台、共建基础设施等方式不断推动与世界主要海洋国家的合作，发挥了我国在海洋双边合作中更大的影响力。

我国历来与东亚各国保持着友好的外交关系，随着海洋公益服务全球化的推进，在这个全新领域中的合作也逐渐增多，极大地推动了以印度洋和西太平洋海域为核心海域的海洋公益服务发展。柬埔寨王国位于中南半岛，与中国距离较近，为了更好地加强海洋观测预报方面的合作，双方于5月16日签订了《中国国家海洋局与柬埔寨王国环境部关于建立中柬联合海洋观测站的议定书》，这一协定也被一并纳入《"一带一路"国际合作高峰论坛成果清单》。8月21日中国和印尼副总理级对话机制如约启动，双方在海上执法、海上反恐和海上公益服务等多方面交换了合作意见，突出了共同维护南海地区和平稳定的决心。马尔代夫是印度洋上的一个岛国，也是中国蓝色伙伴关系的重要国家之一，双方在海洋经济、海洋科技和海洋文化等领域已经展开了颇见效果的多层次合作。12月7日又与马方签订了《中国国家海洋局与马尔代夫环境能源部关于建立联合海洋气象观测站的议定书》，将由中方援助在马尔代夫的马库努都岛等地建立海洋与气象联合观测站，共同推动合作的深入与细化。

我国与韩国在海洋领域的合作是长期且频繁的，常态化的双边合作机制已经建立。中韩海洋科学技术合作联合委员会第十四次会议于 11 月 3 日在厦门召开。在会议上，双方重申了应不断推动《中韩海洋领域合作规划（2016—2020 年）》的落实。此外，海洋公益服务领域的双边合作机制还需要进一步探讨和创新，应早日实现海洋公益服务合作中的体制创新，为全球海洋治理打造合作典范。

6 月上旬，中芬第三届极地海冰－气象－气候双边研讨会在芬兰的赫尔辛基举行，在会议上双方签署了《中国国家海洋环境预报中心与芬兰气象研究所合作谅解备忘录》，备忘录的签订为中芬双边极地公益服务建设指明了新方向，提出了新框架。共建共享的海洋公益服务产品将会实现常态化供给，为逐渐打开的北极航道提供航线预报保障和海冰气象预报预警等公益服务。

2017 年是我国与葡萄牙在海洋合作领域实现新突破的里程碑式的一年。早在 3 月 22 日，海洋局局长王宏会见了葡萄牙驻华佩雷拉大使，围绕 2016 年签署的《中葡关于海洋领域合作的谅解备忘录》展开会谈。10 月 30 日在中葡蓝色伙伴关系与 21 世纪海上丝绸之路研讨会上，双方提出要加强海洋公益服务方面的深层次交流与合作，商讨了部分学术交流和人才互派细节。11 月 3 日，中葡签署了《中华人民共和国国家海洋局与葡萄牙共和国海洋部关于建立"蓝色伙伴关系"概念文件及海洋合作联合行动计划框架》，葡萄牙成为首个与中国建立正式蓝色伙伴关系的欧盟国家。根据协议要求，中葡即将召开首次双边联席会议，对未来时间内的具体合作项目进行协商。

（三）开拓海洋公益服务新疆域

《国民经济和社会发展第十三个五年规划纲要》提出了建设四项海洋重大工程的计划，其中第二、三项分别针对深海的"蛟龙探海"工程和极地海域的"雪龙探极"工程。极地与深海都是人类刚刚触及的新疆域，自然环境存在巨大的独特性，储藏着丰富的自然资源，是人类未来发展的新空间，关注这些新疆域对我国的海洋强国建设至关重要。为了更好地服务海洋新疆域的建设，中国极地科学技术委员会于12月28日成立，这是以两院院士为主体的高级专家组成的，提供国家级重大战略、政策和规划等顶层业务咨询，评估国家级重点项目，组织国际性极地论坛的高级别咨询机构。

在海洋强国建设的"十三五"周期内，极地大洋公益服务布局被不断完善。在基础平台建设方面，不断深化"一船五站一基地"① 国家极地战略的基本格局。在南极第33次考察过程中，科考人员在罗斯海完成了新建站选址工作，这是一座与长城站和中山站一样的常年科考站，弥补了我国缺少西南极地区科考站的不足，一旦建成可以有效提高覆盖西南极地区和南太平洋海域公益服务能力。1月18日，搭载多套先进遥感设备"雪鹰601"固定翼飞机在冰穹A这一南极冰盖的最高区域成功起降，对超过30万平方公里的南极地区和相关海域进行了数据采集和遥感观察，为今后的科学研究和公共产品供给积累了大量有用素材。在第8次北极科学考察过程中，"雪龙"号首次穿越北极中央航道和西北航道，实现了我国首次环北冰洋科考，极大地拓展了我国在北极海域的调查范围，为我国对北极西北航道适航性的评估工作提供了第一手材料，为更大范围的公益服务供给奠定了技术基础。

目前，南北极北斗卫星导航系统基准站体系已经得到了全面部署，初步构建了极地综合立体观测监测系统和信息共享平台。其中，极地海冰和大气数值预报系统每天都可以向全社会提供南北极的大气数值预报和海冰数值预报产品，为相关海域的航行船舶提供航线规划参考和冰区航行导航公益服务。在全球海洋治理过程中，我国积极参与国际极地数据共享平台的建设，积极共享极地科学数据和标本资源，为新航道试航和极地资源利用提供基础公益服务。

我国在开拓海洋新疆域时，始终坚持和平利用的原则，愿意为全球

① "雪龙"船、南极长城站、中山站、昆仑站、泰山站、北极黄河站和极地考察国内基地。

海洋治理提供公共产品和公益服务，在 2017 年度，我国以各种形式积极参与各类国际会议和国际谈判，表现出积极参与全球海洋治理的热情和能力，愿意为构建"人类命运共同体"而不懈努力。4 月，第四届"北极—对话区域"国际北极论坛在俄罗斯召开，中方明确表示："中国是北极事务的参与者、建设者、贡献者，有意愿、也有能力对北极发展与合作发挥更大作用。"论坛期间，中俄双方探讨了在北极领域的深度合作，将会联合开发北海航线，对合作公共产品供给的可能性进行了讨论。中国—北欧北极合作研讨会是我国与挪威、瑞典、丹麦、芬兰和冰岛这些北欧国家进行北极事务合作与交流的最高级别平台。2017 年的第五届研讨会以"面向未来：北极开发与保护的跨区域合作"为主题，从亚欧互联互通、北极航运、跨北极互动与域内外国家北极政策的兼容性、北极地缘政治发展、北极可持续发展、探索北冰洋治理的发展路径等六个议题出发进行了深入探讨。在 6 月初召开的第 40 届南极条约协商会议上，中国首次牵头联合美国、英国和德国等十多个国家提出了南极地区的"绿色考察"决议。

三 海洋公益服务事业发展存在的不足与相关建议

（一）提高公众的海洋公益服务意识

海洋强国建设离不开全民海洋意识的提升，海洋意识也是发展海洋公益服务事业的思想基础和精神动力，对"十三五"期间海洋意识培养起总纲性作用的《提升海洋强国软实力——全民海洋意识宣传教育和文化建设"十三五"规划》肯定了海洋意识的重要地位，文件指出提升全民海洋意识是建设海洋强国和 21 世纪海上丝绸之路的重要组成部分。但是《国民海洋意识发展指数（MAI）研究报告（2017）》显示，2017 年全国海洋意识发展指数平均得分为 63.71 分，约 80% 的省份超过了 60 分，和 2016 年相比有所进步，但是整体得分仍然偏低。

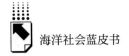
各类宣传日是非常好的宣传载体，再经由媒体进行主题宣传，可以起到较好的舆论引导作用。5月12日是海洋防灾减灾宣传开放日，2017年特意将宣传日扩充为宣传周，通过向大众开放国家海洋环境预报中心，举办科普展览和公益宣传片的活动，展示公益服务产品和供给流程，增强了国民的海洋认知能力，唤起了民众热爱、关心海洋的积极情绪，起到了很好的宣传作用。世界海洋日暨全国海洋宣传日是我国海洋宣传的最重要品牌之一，举办10年来已经取得了较大的宣传成果。在2017年的第10个海洋宣传日上，举行了海洋公益形象大使授予仪式，中国女排队长惠若琪和著名主持人孟非担任首届"海洋公益形象大使"，还为当选为"2016年度海洋人物"的杰出个人和团体颁奖。形式愈加多样化的海洋日活动极大地提升了海洋宣传的吸引力和影响力，从而有效地扩大了宣传效果，有利于公众了解海洋，提高海洋公益服务意识，增强海洋公益事业的服务效果。福建省莆田市于12月2日举办了第二届世界妈祖文化论坛"妈祖文化与海洋减灾"主题论坛。将海洋防灾减灾宣传活动与妈祖信仰相结合的新颖的宣传形式吸引了大量社会注意力，引起了公众的关注兴趣，与海洋公益服务需要提高公众对海上安全的认知程度，增强海上突发事件应对能力的需求不谋而合。

但是公众的海洋公益服务意识的提高仅靠宣传活动是不够的，还需要海洋公益服务意识教育的投入，海洋公益服务教育要从娃娃抓起，渗透进基础教育中去，但是就目前的状况来看，这一领域的发展状况是有所欠缺的。首先是海洋教育师资力量存在巨大缺口，海洋教育在基础教育体系中处于无足轻重的尴尬地位，其中一个重要原因就是缺少海洋教育的专兼职教师，因为不懂所以不能讲，没有老师的常态化授课，导致目前的海洋教育仅停留在偶尔观看教育片、参加海洋活动等运动式的海洋活动层面，无法保证对青少年进行长期的、阶段性的海洋公益服务教育。其次是海洋意识的社会教育体系尚未完全建立，海洋公益服务教育对象单一，教育内容和教育形式呆板。海洋公益服务意识教育是一个面向全年龄段、覆盖全社会的社会教育体系，而非只针对部分人群，因此根据不同群体的需求因材施教才是海洋公益服务意识教育的当务之急。

（二）壮大形式多样的第三方力量

海洋公益服务的发展离不开第三方力量的加入，专业性、地域性的第三方力量可以使海洋公益服务更加切合受众需求，也在一定程度上增加了服务的专业性，有利于海洋公益服务产品的升级和服务质量的提升。作为海洋公益服务主要内容之一的海上搜救，尽管以政府搜救为主体，但是由于海上事故发生的地域上的广阔性和时间上的不确定性与瞬间性，使得靠近事发海域的专业搜救队更具救援优势。不仅如此，接受正规训练能实施一定程度的简单海上救援行动的海上作业人员，比如渔民、船员等，应该成为海上救援的志愿者主力之一。

海洋公益服务发展是我国海洋事业的新兴事业，尚处于发展的初级阶段，目前如雨后春笋般不断成立的各类民间智库能为海洋公益服务事业贡献出智慧的力量。中国海洋发展基金会作为首个专注于海洋事业的公募型基金会，拥有海洋公益救助、海洋人才培养和国际合作交流等多个品牌项目，到目前为止捐赠总额已经达到了 5.82 亿元，[①] 为海洋公益服务提供了多样化的资金支持。中国海洋发展研究中心是国家海洋局和教育部共同创办的海洋发展研究国家级高端智库，以对海洋事业的全局性战略研究为主要研究方向。中国海洋发展研究会作为国家一流海洋智库是研究海洋重大问题的学术性非营利组织，近年来为国家海洋公益服务事业提出了许多有用建议，在政策决策中发挥了重要作用。

尽管第三方力量的确在海洋公益事业发展中发挥了重要作用，但是不难发现，这些第三方力量大多仍由政府牵头，研究方向大多集中在海洋公益事业的顶层设计上。在海洋公益服务的第一线仍然难见第三方力量的身影，但事实上，这些一线领域对第三方力量支持的需求量是巨大的，因此根据地域需求和受众需求，发展更具有针对性的专业第三方力量更符合现阶段海洋公益服务事业的发展现实。

---

① 中国海洋发展基金会，http://www.cfocean.org.cn/，最后访问日期：2018 年 9 月 26 日。

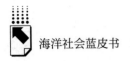

参考文献

《中国—东盟举行史上最大规模海上联合搜救实船演练——携手打造海上联合搜救命运共同体》，人民网，http：//society. people. com. cn/n1/2017/1031/c1008 – 29619080. html，最后访问日期：2018 年 9 月 26 日。

国家海洋局：《2017 年中国海洋灾害公报》，http：//www. soa. gov. cn/zwgk/hygb/zghyzhgb/201804/t20180423_ 61097. html，最后访问日期：2018 年 9 月 26 日。

《中共中央国务院关于推进防灾减灾救灾体制机制改革的意见》，新华社，http：//www. gov. cn/zhengce/2017 – 01/10/content_ 5158595. htm，最后访问日期：2018 年 9 月 26 日。

《"一带一路"建设海上合作设想》，新华网，http：//www. xinhuanet. com/politics/2017 – 06/20/c_ 1121176798. htm，最后访问日期：2018 年 9 月 26 日。

B.3
中国海洋民俗发展报告[*]

王新艳[**]

摘　要： 2017 年，随着我国海洋强国战略的深入实施和国人海洋意识的不断增强，海洋民俗的发展呈现四个新态势：海洋民俗的内涵更加丰富；广西北部湾地区与海南潭门成为海洋民俗发展的后起之秀；海洋民俗产业发展迅速，发展空间较大；海洋民俗研究的跨学科现象明显。但是也存在海洋民俗符号的意义阐释不够、区域发展仍不平衡、除海神信仰及祭海仪式外的其他海洋民俗事象发展较弱等问题，需要在接下来的发展中逐一解决。未来海洋民俗的发展要与海洋社会的发展紧密结合，做到多主体共同参与，深挖、保护与传承齐推进；避免"建设性破坏"与"发展性破坏"；重视并处理好多组关系；加强海洋民俗文化翻译等，充分利用大数据和现代网络技术，促进海洋民俗的发展。

关键词： 海洋民俗　海洋祭祀　海洋文化产业化

一　2017年海洋民俗发展态势

2017 年，随着我国海洋强国战略的深入实施，国人的海洋意识也在不

* 山东省哲学社会科学规划专项项目"山东省海洋民俗资源化发展的路径研究"（17CQXJ17）的阶段性研究成果。
** 王新艳（1984~），女，汉族，山东日照人，中国海洋大学文学与新闻传播学院讲师，民俗历史资料学博士，主要研究方向为民俗学、海洋社会学。

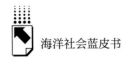
断增强，同时在探索海洋文化方面也表现出极大的热情，作为海洋文化重要组成部分之一的海洋民俗也呈现出新的发展态势。

（一）海洋民俗的内涵更加丰富

自1994年海洋民俗文化一词被提出以来，海洋民俗的内涵不断丰富和发展，被认为包含生产习俗、饮食起居、节庆礼仪、婚礼习俗、服饰、海洋信仰等。关于海洋民俗与海洋文化、民俗文化之间的关系，金光磊曾用图1予以表示。

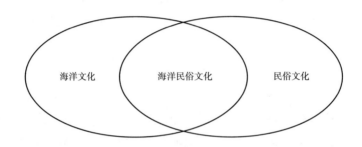

图1　海洋民俗与海洋文化、民俗文化的关系

资料来源：金光磊、张开城：《广东海洋民俗文化论析》，《天地人文》2013年第1期，第424页。

不仅如此，海洋民俗文化及其研究在"人类文化—国别（民族）文化—区域（海洋、大陆、省区等）文化—行业（类别）文化—民俗文化"[1]的文化系列中处于最基础的位置。而且，海洋民俗的研究对象是海洋民俗事象，其本身所承载的内容又是海洋文化中最基础、最深层的文化信息。尤其作为海洋民俗重要内容之一的海神（洋）信仰及相关表现形式更是传达渔民群体精神世界的重要途径。因此，海洋民俗内涵的丰富程度和认知视角直接关系到海洋民俗的发展。

首先，从海洋民俗的内容来看，2017年，我国目前发现的唯一仅存的

---

① 曲鸿亮：《关于海洋民俗文化的几点认识》，载《中国海洋文化研究》（第一卷），文化艺术出版社，1999，第28页。

古代国家最高规格的海洋祭祀仪典——"辞沙"祭祀大典进入海洋民俗研究的视野。"辞沙"大典是指明朝以来，国家使节率船队出使各国之前在天后古庙前的沙滩上（在今深圳市赤湾）举行的祭祀。"辞"通"祠"，意为祭祀；"沙"，为沙礁，古代渔民认为"沙"的出现是因为海底鬼神在作祟，故航海者们会在港口举行祭祀仪式，祈求海神的保佑，即为"辞沙"。"辞沙"大典早在2006年就相继被列入深圳市非物质文化遗产、广东省非物质文化遗产，但直到2017年才首次获得海洋民俗研究者的关注和研究。①"辞沙"祭祀大典是明代国家官方出使西洋的最高规格的海神和海洋祭祀大典。其一，"国家"的参与和国家符号象征的隐喻使得海洋民俗的内涵更加丰富，"国家"的意义也通过"辞沙"大典存在于海洋，是国家意识形态的海洋社会的表达。其二，与传统对海洋民俗信仰中持续关注的海神祭祀不同，"辞沙"大典的祭祀对象从海神扩大至海洋，丰富了海洋民俗的内涵。

其次，从认知视角上来看，2017年崔凤提出了"海洋实践"的视角，为认识海洋民俗及其变迁提供了新的解释。崔凤认为，"海洋实践就是指人类利用、开发和保护海洋的实践活动的总称"，② 具有全面性、高风险性、发展性和嵌入性的特征。因为海洋实践尤其是生产方式随着时代的推移不断变化，由海洋实践所产生的包括海洋民俗在内的海洋文化自然也会处于不断变迁的过程。祭海习俗为什么会演变为祭海节庆，造船技术为什么会成为艺术品加工技术，渔民号子为什么会从海滩转到舞台，海草房为什么丧失了居住功能仍然能够继续保留……海洋实践的视角给了这些问题一个合理的阐释。

（二）广西北部湾地区与海南潭门成为海洋民俗发展的后起之秀

长期以来，我国海洋民俗研究区域自北向南主要集中在环渤海地区、江浙沿海、闽台地区、珠江三角洲等地。相较于上述沿海各区域，广西北部湾

---

① 陈文广、龚礼茹：《"辞沙"祭祀与中国海洋祭祀之探析》，《特区实践与理论》2017年第6期，第43~47页。

② 崔凤：《海洋实践视角下的海洋非物质文化遗产研究》，《中国海洋社会学研究》2017年第5期，第176页。

因地处祖国的边陲，经济发展也相对滞后，加之文化传统较少受到中原因素的影响，因此，其丰富又独具特色的海洋民俗在很长一段时间内都没有被外界所熟知。然而，近年来随着北部湾经济区建设和中国—东盟自由贸易区建设的推进，北部湾地区逐渐成为受关注的热点地区。《北部湾城市群发展规划》（2017—2020 年）提出要"研究建设北部湾 21 世纪海上丝绸之路博物馆、中国—东盟文化产业基地等。挖掘'南海一号'品牌价值，弘扬北部湾海洋历史文化"。在此规划的推动下，具有海洋性、民族性（京族）和跨国性等鲜明特征的北部湾地区民俗成为 2017 年海洋民俗发展中的新秀。

广西北部湾地区拥有风格独特的海洋渔业生产习俗、海味十足的渔民生活风俗、热闹且庄严的海洋节庆活动、神秘复杂的海神信仰与海神祭祀，为海洋民俗研究提供了新的田野调查地，并不断拓展海洋民俗的研究领域。尤其是位于北部湾的京族海洋民俗研究对拓展区域民俗研究、丰富海洋文化内容具有重要意义。长期以来对于京族的研究难以突破史料的限制，带有少数民族特色又极具南海海洋文化特色的海洋民俗也受到制约。而今，北部湾经济区的开放性发展，将京族的海洋民俗发展也推向一个新的阶段。据统计，2017 年，经北部湾东兴口岸的出入境人员就达千万人次。[1] 频繁的人员流动也将推动区域文化的传播。然而，目前京族海洋民俗的研究视野主要集中在"京族三岛"的几个渔村，具有很强的地域局限性。可是北部湾地区不仅仅是国内的一个区域，更是一个空间整体，如何打破国家疆域界限，对地理上同处一个区域但领土归属分属中越两个国家的京族民俗文化进行跨国比较研究显得尤为重要。[2] 毕竟，北部湾地区的京族海洋民俗拥有我国其他区域海洋民俗所不具有的天然区位优势，也形成了集海洋性、民族性、跨国性于一体的特征。故深入挖掘和阐释北部湾地区的海洋民俗，对丰富我国海洋民俗

---

[1] 《坚定不移将北部湾经济区作为广西开放发展优先方向着力建成落实"三大定位""五个扎实"核心示范区》，2018 年 4 月 13 日，《广西日报》，http：//www.wzljl.cn/content/2018 – 04/13/content_ 307800. htm，最后访问日期：2019 年 10 月 3 日。

[2] 黄安辉：《北部湾地区中越京族海洋民俗研究的价值及对策探析》，《钦州学院学报》2017 年第 11 期，第 7 页。

具有重要价值。

此外，海南地区的海洋民俗在 2017 年也获得了较大发展，尤其潭门地区。2008 年，潭门等地自编自用的《更路簿》入选第二批国家级非物质文化遗产名录后，潭门镇逐渐被人熟知。随后，"一带一路"倡议、海南"海洋强省"战略被提出，潭门镇独特的海洋民俗文化更加引人关注。2017 年 3 月，国家南海博物馆投入使用，其馆址就位于潭门。潭门海洋民俗的热带海洋民俗文化的区域性特征明显，在发展过程中，当地传统节日与海洋民俗实现了较好的融合。2017 年，升级为赶海季的潭门赶海节，将传统民间祭出海仪式、送渔灯等活动融入节庆中，以赶海季为平台，海南地区的海洋民俗被更多人了解。与其他地区不同，以潭门为代表的海南地区，海神众多，与此相关的祭海习俗也丰富多彩。除妈祖信众众多之外，每年正月十五、五月初五和七月十五共三次祭拜"108 兄弟公"的习俗；三江晶信夫人又是海南琼海地区信奉的海神，每年七月二日被祭祀；船菩萨（又称船关老爷）通常被安放在渔船后舱的神龛中，以保佑平安丰收等。这些极具地域特色的海神信仰随着海南地区的经济开发和对海洋文化的重视，逐渐以各种形式获得了保护和传承。

（三）海洋民俗产业发展迅速，空间较大

2016 年的《中国海洋民俗发展报告》中曾指出海洋民俗的资源属性不断加强，2017 年则将资源进一步转为产业。伴随着文化产业化的发展，沿海区域均积极探索海洋文化与产业发展相结合的路径，积极发挥政府的引导作用，其中以浙江省最为突出。2016 年，浙江省人民政府印发了《浙江省文化发展"十三五"规划》，规划为保护浙江省的文化资源，大力发展文化产业提供了正确导向。2017 年，这一规划逐一得到落实：在空间布局上，构筑起了"一核二极三板块"的全省文化产业发展格局；以宁波市和温州市带动舟山市、台州市的一体化发展方式，引导各市发展海洋节庆会展、海洋旅游、海洋文化创意等行业。其他沿海地区的政府也同样意识到海洋文化产业化对区域经济、社会发展的重要性，并在未来发展规划中将海洋文化产

业摆在了重要位置。2017 年，环渤海地区的即墨田横祭海民俗节、日照渔民节、羊口开海节均达到有史以来最大规模；连云港地区的西连岛渔村文化保护与发展的建设规划顺利完成，江浙地区的象山海洋渔文化音乐活动以更加丰富和开放的姿态展现在当地人与外地游客面前；舟山群岛海洋文化旅游，尤其是渔民画艺术节和海洋文化节成为舟山展现地方特色的文化品牌。

此外，2017 年在海洋民俗与文化产业相结合方面取得的另一重要进展在于海洋文化资源价值与产业化开发条件评估指标体系被确立。① 国外关于海洋文化资源产业化的研究多是以定量实证的方法进行探讨，而国内关于海洋文化资源的市场价值、产业化条件、产业发展战略等方面的研究非常匮乏。高乐华等确立的海洋文化资源价值判断评估指标体系②有利于促进海洋文化资源价值在市场中更加合理、高效地呈现。在其所建立的指标体系指导下，高乐华等抽取山东半岛蓝色经济区内的青岛、烟台、威海、日照、潍坊、滨州、东营等七市共计 49 项海洋文化资源价值进行了评估。③ 49 项海洋文化资源，分为"海洋景观资源""海洋民俗资源""海洋遗迹资源""海洋文艺资源""海洋科技资源""海洋娱教资源"6 大类，其中海洋民俗占 12 项，占所有海洋文化资源的 24.5%，在数量比例上高于各项海洋文化资源所占比例的平均值。具体海洋民俗资源可参考表 1。通过表 1 可以看出，虽然海洋民俗资源在整个海洋文化资源中占有较高比重，但在产业化开发条件综合评估中，12 项海洋民俗资源，只有即墨田横祭海节、日照渔民节、荣城海草房民居建筑技艺三项排名较为靠前，而其他 9 项排名都比较靠后。所以如何进一步拓展海洋民俗产业的发展空间是一个重要问题。

表1　山东半岛蓝色经济区七地市海洋民俗资源明细及综合评估排名列表

地市	海洋文化资源数量	海洋民俗资源数量	海洋民俗资源名目	海洋民俗资源综合条件评估排名（有排名并列的情况）
青岛	7	2	即墨金口天后宫	4
			即墨田横祭海节	2
烟台	7	2	毓璜顶庙会	5
			长岛海洋渔号	7
威海	7	2	荣成海草房民居建筑技艺	3
			荣成海参传统加工技艺	5
日照	7	2	踩高跷推虾皮技艺	6
			日照渔民节	2
潍坊	7	2	寿光卤水制盐技艺	4
			羊口开海节	6
滨州	7	2	碣石山古庙会	6
			百万公亩盐田	4
东营	7	0		

资料来源：高乐华、刘洋：《基于 BP 神经网络的海洋文化资源价值及产业化开发条件评估》，《理论学刊》2017 年第 5 期，第 99～100 页。

总体来说，2017 年我国海洋文化产业进入了"大发展"时代，并逐渐形成了集聚发展的格局，这离不开"海洋强国"战略的推进，更离不开国家对特色文化产业发展的支持。

（四）海洋民俗研究的跨学科现象明显

2017 年海洋民俗的跨学科研究明显增多。首先是海洋民俗与历史学的结合，如鲁西奇在《汉唐时期王朝国家的海神祭祀》[1] 中，大量引用《史

---

[1] 鲁西奇：《汉唐时期王朝国家的海神祭祀》，《厦门大学学报》2017 年第 6 期，第 65～74 页。

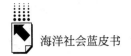

记·封禅书》《周礼正义》《礼记》《汉书》《秦汉国家祭祀史稿》《后汉书》
《册府元龟》《太平御览》等历史古籍和文献资料。其次是海洋民俗与社会
学的结合。其目的在于探讨海洋民俗在海洋社会可持续发展过程中的位置和
作用。一方面海洋民俗文化产业的发展可以促进海洋经济和海洋社会的繁
荣，但与此同时也对海洋生态环境带来了污染和破坏等问题。因此探讨海洋
民俗文化产业与海洋生态系统之间的互动，对提升海洋民俗文化产业发展的
质量、优化我国海洋社会经济发展结构具有重要意义。

除此，海洋民俗与非物质文化遗产、海外移民研究等课题也逐渐结合。

综上，无论是海洋民俗的内涵，还是其外延——海洋民俗所衍生的海洋
民俗产业，在 2017 年都获得了较大突破。海洋民俗所涉及的各个区域发展
也因北部湾地区的蓬勃发展而渐趋平衡。海洋民俗研究也真正可以用"虽
然还只是初具一些基础，但它却也是中国民俗学中成长较快的领域和专业方
向之一"① 来概括。

二 海洋民俗发展存在的问题

2017 年，海洋民俗的发展虽然呈现出以上积极的态势，但也存在不足，
亟须完善。

（一）海洋民俗符号的意义阐释不够

从上文图 1 中可以看出，海洋民俗是海洋文化与民俗文化重合的部分，
但目前只有在海洋文化的研究中，海洋民俗才会作为分支内容予以考虑。但
在民俗学的研究视野中，海洋民俗一直处于边缘位置，甚至并没有明确将其
列入民俗学研究的分支学科中。2017 年公开发表的海洋民俗研究成果中，
大部分都还停留在民俗事象的记录和描述层面，在描述中并没有系统论证

---

① 周星：《海洋民俗与中国的海洋民俗研究》，载《海洋文化研究》（第二卷），海洋出版社，
2000，第 163～164 页。

"海洋民俗"与"非海洋民俗"的本质区别在哪里,更不用说对民俗事象的意义阐释和学理分析了。就广度而言,海洋民俗的内涵在不断丰富,但从深度上来讲,对海洋民俗文化的内涵挖掘还需要进一步深入。因为"在民俗学研究中,我们不能满足于古典学派的论述以及民族志范式的现象描述,而是要深入到现象内部,探究其'意义'"。① 尤其,不同于陆地民俗的海洋民俗更具"特殊性",如果只偏重于知识性介绍的研究取向,既不利于海洋民俗自身的意义阐释,也会限制海洋民俗研究的发展。

因此,海洋民俗的研究应首先对纷繁复杂的动态民俗现象进行分析,然后探讨这些现象在民俗文化中的象征意义,进而揭示其发展的内在逻辑和规律,以便深入挖掘其蕴含的文化内涵,从而构建出兼具广度与深度的"海洋民俗"。

(二)各沿海区域对海洋民俗的挖掘仍然不平衡

总体而言,我国海洋民俗的区域发展成效是值得称道的,尤其自 2016 年以来,国家不断倡导弘扬优秀传统文化,加之海洋强国战略的背景,各沿海区域都对各自的海洋民俗文化进行了挖掘和开发,系统规范的海洋民俗调查也广泛开展,但同时也存在区域研究不平衡等问题。从 2017 年的发展态势来看,胶东半岛、江浙沿海、珠江三角洲、闽台地区的海洋民俗的挖掘已基本完成,其发展重点在于开发利用和传承保护。而开发利用过程,也已经从简单的观赏发展至以人文体验为主的模式,对海洋民俗的保护、利用和传承渐趋成熟。但对于新兴的北部湾及海南部分地区,海洋民俗仍处于新兴发展阶段,祭海及海神信仰属于发展最好的民俗事象,《更路簿》因为被列入非物质文化遗产保护名录也获得了极大关注,但除此之外的民俗事象还有很大的发展空间。

地域性是海洋民俗文化的显著特征之一,不同区域的海洋民俗特色是其

---

① 黄孝东、杜实:《从描述到解释:民俗研究的路径演进》,《中北大学学报》2014 年第 2 期,第 110 页。

他区域所难以涵盖和替代的。因此，充分调动各区域挖掘各自海洋民俗的积极性对于丰富我国海洋民俗的内容非常重要。也只有在各个区域的海洋民俗获得充分发展以后，才能对我国海洋民俗的整体图景进行描绘和分析。

（三）除海神信仰及祭海仪式外，其他海洋民俗事象发展较弱

2017 年海洋民俗的内涵虽然得到了丰富和发展，但可以看出仍然集中在海神信仰与祭海仪式上，而海神信仰中又尤以妈祖为主，妈祖因其显赫神迹而受历代册封，最终成为我国海神的典范，同时又随海外移民不断在世界范围内得以流播。然而，除妈祖信仰外，还有很多其他区域性的海神信仰应值得关注，比如胶东半岛地区的海神龙王信仰、京族渔民信仰的海神镇海大王、舟山群岛的观音信仰等，虽然其影响力均不如妈祖，但它们各自都在本区域内的海洋神灵体系中占有重要位置，内涵丰富，同样需要调查研究。

除与信仰相关的其他海洋民俗事象外，生产习俗、生活习俗、服饰民具等都是今后海洋民俗可进一步拓展的领域。学界也应该综合运用民俗学、民族学、人类学、社会学等学科的理论与方法，既要深入开展各项海洋民俗事象的调查，又要深挖其内涵及与当地社会的相互关系，从而丰富和提升我国海洋民俗文化。

三 趋势与建议

综上所述，2017 年海洋民俗从内涵阐释到衍生的文化产业，从胶东半岛、江浙沿海、珠江三角洲、闽台地区至广西北部湾等地区，都取得了突破性进展。伴随着国家对文化发展的持续重视，海洋民俗在渔村振兴中的作用也日趋重要。如何在乡村振兴的国家战略背景下更好地激活海洋民俗的基因，如何充分调动有利于海洋民俗发展的各方力量，处理好海洋民俗传承与发展中的多组关系，使其有序、有效地参与到区域发展的布局中，是今后特别要重视的课题。

（一）多主体共同参与，深挖、保护与传承齐推进

在推动海洋民俗的发展过程中，政府、市场、社区（会）三者缺一不可。首先，政府适当的资助和科学的规划与支持，为海洋民俗的发展指明方向。2017 年北部湾区域的海洋民俗文化之所以可以取得大的进展，其中的推力之一就是《北部湾城市群发展规划（2017—2020）》中提出的"弘扬北部湾海洋历史文化"。其次，充分将海洋民俗与地方产业和区域经济发展相结合，利用市场激发海洋民俗的活力是保证可持续发展的重要途径。海洋民俗所包含的祭海仪式、海神信仰、生产习俗、生活习俗等大部分都已经成为"遗产"。对"遗产"的保护，过去很长一段时间，我们更多强调"原生态""原汁原味"等，然后伴随着海洋实践的推移，海洋民俗必然也要不断更新。如何让一部分"遗产"继续"活"下去，甚至还能继续为区域发展发挥作用，让当地渔民继续感受到海洋民俗的存在更加重要。比如山东蓬莱长岛的"木帆船"，虽然已经失去了其实用价值，但作为凝聚渔业生产智慧的制造技艺却可以通过工艺品的"木帆船"继续保留下来。祭海仪式，则被各地政府与社会通过规划、组织等发展成了一批海洋节庆活动，如田横祭海节、妈祖文化节、潭门开渔节等。将海洋民俗与节庆、旅游、体验等相结合的产业群发展模式是未来海洋民俗发展的重要出路之一。最后，要建立社区发展与地方高校协同发展的新机制，用研究推动发展，用发展丰富研究，如此，海洋民俗的内涵和外延才会不断得到丰富和深化。比如，以琼海高校为代表的海南地方院校的研究人员积极参与收集整理潭门老船长的口述海洋民俗文化资料，并为潭门海洋民俗文化的陈列与展演建言献策的做法就值得肯定。其他各地也都在探索产学研基地、传习所等不同形式，将高校研究与社区发展结合起来。

（二）要避免"建设性破坏"与"发展性破坏"

目前大部分沿海渔村都面临"就地城镇化"，村落的基础设施发生了重大变化，在建设过程中应尽量避免"建设性破坏"，避免对历史遗址、风俗

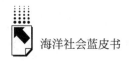

习惯的破坏。在调查中发现，胶东半岛的妈祖庙、龙王庙就曾因为渔村迁址或建筑物的需要而遭到破坏。要避免"发展性破坏"，在文化产业开发逐渐由低端的渔家宴等2.0模式向体验式、观赏性等4.0模式的转化过程中，诸多要素被吸收进来，对海洋民俗的原生态带来很大冲击，如何有机结合，是未来发展中不可忽视的问题。比如，海南省全年节庆100有余，节庆收入约占海南省旅游总收入的30%。因此，如何将具有地域特色的海洋文化与休闲旅游结合起来，综合利用各地博物馆、节庆展演，或举办丰富的海洋民俗文化活动，对海洋民俗文化的"活态"传承与区域特色海洋民俗文化的可持续发展都具有重要意义。

（三）重视并处理好多组关系

海洋民俗在发展的过程中，还应重视并处理好以下四组关系。一是要处理好海洋民俗自身发展与本区域文化生态保护和开发的关系。在传承与保护海洋民俗方面，毛海莹就曾提出文化生态学的视角，要意识到海洋民俗的自然生态与人文生态。二是要处理好海洋民俗与移民之间的关系。尤其在明清以后闽南人大批移居海外，他们在海外侨乡保留并形成了很多具有兼容两民族特性的海洋性习俗，而且在海外移民的路线上，我国海洋民俗也得到传播、发展和认同，这组关系是在海洋民俗研究中非常值得关注的。三是要处理好海洋民俗中海神信仰与区域宗教信仰的关系。比如疍民妈祖信仰的传播与海外传教士之间就有密切关系。四是要处理好海洋民俗文化与"海上丝绸之路"的相关性。海洋民俗文化为"海上丝绸之路"的建设提供了理论支撑，而"海上丝绸之路"的建设也为海洋民俗的发展提供了更广阔的空间和视野。

（四）加强海洋民俗文化翻译

随着我们"文化自觉"意识及文化自信心的增强，文化输出是未来发展的趋势之一，与"海上丝绸之路"、海洋强国战略紧密相连的海洋民俗在其中的分量会逐渐增强。海洋民俗的中外互译，既可以促进我国海洋民俗文化对外传播，也可以在译入国外作品的同时，为比较研究提供参考。

当然，与其他海洋社会元素一样，海洋民俗的发展还要关注新媒体、网络、信息、大数据等带来的影响，要积极运用信息技术与大数据，建立数据库，大胆寻求新思路等。同时，海洋民俗的研究也要在研究对象和研究视角上不断创新，如超越单项民俗解释重在探讨文化事项间的整体关联；打破传统的历时研究，更加注重文化空间的探索；既要沿袭民俗的功能研究，还要深入剖析文化的内在结构等。

参考文献

曲鸿亮：《关于海洋民俗文化的几点认识》，载《中国海洋文化研究》（第一卷），文化艺术出版社，1999。

崔凤：《海洋实践视角下的海洋非物质文化遗产研究》，载《中国海洋社会学研究》，社会科学文献出版社，2017。

周星：《海洋民俗与中国的海洋民俗研究》，载《海洋文化研究》（第二卷），海洋出版社，2000。

陈文广、龚礼茹：《"辞沙"祭祀与中国海洋祭祀之探析》，《特区实践与理论》2017年第6期。

黄安辉：《北部湾地区中越京族海洋民俗研究的价值及对策探析》，《钦州学院学报》2017年第11期。

高乐华、刘洋：《基于BP神经网络的海洋文化资源价值及产业化开发条件评估——以山东半岛蓝色经济区为例》，《理论学刊》2017年第5期。

鲁西奇：《汉唐时期王朝国家的海神祭祀》，《厦门大学学报》2017年第6期。

黄孝东、杜实：《从描述到解释：民俗研究的路径演进》，《中北大学学报》2014年第2期。

白丽梅：《民俗的符号学诠释》，《光明日报》2004年8月17日。

《坚定不移将北部湾经济区作为广西开放发展优先方向着力建成落实"三大定位""五个扎实"核心示范区》，2018年4月13日，《广西日报》，http：//www.wzljl.cn/content/2018－04/13/content_ 307800.htm，最后访问日期：2019年10月3日。

B.4
中国海洋环境发展报告[*]

赵　缇[**]

摘　要： 2017 年，中国海洋环境质量呈现稳中趋好的发展趋势。本文
根据国家海洋局发布的《2017 年中国海洋生态环境状况公
报》中各项指标数据，分别从我国海洋环境清洁程度、海洋
生物资源量、海洋生态健康状况、自然形态稳定程度四个方
面详细分析了 9 个主要指标的年度发展状况。与 2016 年相
比，其中有 2 个指标改善显著，1 个呈恶化趋势，6 个呈现稳
定或稳中趋好的态势。随着海洋生态环境监测工作经验的丰
富，2017 年度我国对海洋生态环境的保护有了更深层次的认
识。这不仅体现在对公报名称的修改上，也体现在监测内容
更加精细化和系统化上。虽然我国海洋生态环境保护工作正
朝着更加全面、细致的方向推进，但当下海洋环境依然处于
十分严峻的状态。努力寻求国际海洋环境的多边合作，加强
海洋环境的区域合作可能是突破这一瓶颈的有效途径。

关键词： 海洋环境　生态环境保护　环境监测　《2017 年中国海洋生
态环境状况公报》

---

* 本文系国家社会科学基金一般项目"我国海洋渔村生态环境变迁的环境社会学研究"（项目
　编号：14BSH043）的阶段性研究成果。
** 赵缇（1992～），女，汉族，山东淄博人，中国海洋大学法学院博士研究生，研究方向为海
　洋社会学、公共政策与法律。

1992 年，忧思科学家联盟（UCS）召集了全世界 1700 名科学家向各国政府及公众发表了《世界科学家对人类的警告》。当时，科学家给出结论，如果对环境问题不善加审视，努力解决，我们的许多行为将在未来给人类社会带来严重威胁。这一警告旨在激励公众并同时向各国政府施压以共同面对和解决各类环境问题。2017 年 11 月，来自 184 个国家和地区的 15000 多名科学家再次签署了《世界科学家对人类正式警告：第二次通知》，这次的努力可以看作对第一次警告的延续，然而第二次警告的签署也进一步说明，尽管在过去的 25 年里人们曾对环境的破坏行为进行了广泛讨论，但当下全球的环境形势仍然令人担忧。

在这一全球背景下，中国作为世界上最大的发展中国家，改革开放以来的经济增长所付出的环境代价是巨大的。今天，中国特色社会主义的建设步伐已经迈入新时代，社会的主要矛盾发生了重要转变，[①] 人们对美好生活的追求显得更加迫切。人们对"美好生活"的追求首先就是对"美好的生活环境"的追求，也是对优美环境、良好生态的追求。中国是一个海洋国土面积 300 万平方公里的国家，海洋环境一旦破坏所带来的消极影响将会是普遍性的，也是难以挽回的。因此，海洋环境问题作为环境问题的重要议题之一深受关注。自 20 世纪末，我国开始系统性、周期性地对海洋环境的质量状况进行监测，并将监测报告向社会公开公布。通过对报告中海洋环境若干指标的历时性考察，可大致归纳出我国海洋环境的发展趋势和未来走向。

一　中国海洋环境状况年度概述

"2017 年，我国海洋生态环境状况稳中向好"。[②] "稳中向好"可以从两

---

① 2017 年 10 月 18 日，习近平同志在十九大报告中强调，中国特色社会主义进入新时代，我国社会主要矛盾已经转化为人民日益增长的美好生活需要和不平衡不充分的发展之间的矛盾。

② 国家海洋局：《2017 年中国海洋生态环境状况公报》，http://www.soa.gov.cn/zwgk/hygb/zghyhjzlgb/201806/t20180606_ 61389. html，最后访问日期：2018 年 9 月 8 日。

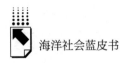

方面进行解读，一方面，"稳"意味着过去已经存在的许多问题仍在延续，尚未从根本上得到解决，海洋生态环境仍然面临着诸多艰难的考验。例如，近岸局部海域污染依旧严重，入海河流的水质状况不容乐观；海水入侵、土壤盐化和海岸侵蚀也依然严重，没有显著改观；浮游生物、底栖生物的主要类群无明显变化，海洋生态系统的健康状况基本保持稳定；海洋功能区的环境状况与往年基本持平。

另一方面，2017 年度海洋生态环境的部分指标也呈现"向好"趋势，我国海洋环境保护工作取得了一些进步。例如，2017 年我国海水环境质量总体上有所改善，夏季一类海水水质面积连续三年持续增加，占管辖海域面积的 96%；沉积物的质量状况总体保持在良好水平；陆源入海排污口达标排放次数比例较 2016 年提高了两个百分点；赤潮年度累计面积比 2016 年减少了 51%，而绿潮分布面积也达到五年来的最低值。但是"冰冻三尺非一日之寒"，在取得成绩的同时我们也必须清醒地认识到海洋环境的破坏并非在一朝一夕，并且破坏活动仍在延续，若要从根本上改善海洋生态环境，我们的保护工作必须持之以恒地进行下去。

二　2017年我国海洋环境质量现状

根据《2017 年中国海洋生态环境状况公报》的内容，我们归纳出评估海洋生态环境的四大类指标，即海洋环境清洁程度、海洋生物资源量、海洋生态健康状况、海洋自然形态的稳定程度。首先，海洋环境清洁程度主要是指海水水体的质量状况及其海域的污染状况，如海水质量、海湾环境状况、排污状况、海洋垃圾的数量等都是对这一指标的操作化。其次，海洋生物资源量不仅关涉海洋生物的数量，也包含对海洋生物种类的测量，直接关系着海洋生物的多样性。再次，海洋生态健康状况是指海洋生态系统的各个组成部分的健康状况，如海洋沉积物的健康状况、滨海湿地的健康状况等。当海洋生态系统处于亚健康或不健康状态时，则容易爆发海洋灾害，其中最常见的海洋灾害就是赤潮和绿潮。最后，海洋自然形态的稳定程度也是衡量海洋环境的重要指标。一般来说，经过亿万年的自然演变，海洋与陆地之间的界限是相对稳定的，沿海陆地和近岸海洋的物理化学性质也是相对稳定的，或处于有规律的变化之中，学者们将这种稳定状态称为海洋自然地理形态。[①]目前，破坏海洋自然形态稳定的因素主要是海水入侵和海岸侵蚀，自然形态稳定性的破坏也必将伴随着海洋生态环境的破坏。

（一）海洋环境清洁程度

1. 海水

2017 年，我国海洋环境的清洁程度总体有所改善。从全海域范围来说，与2016 年同期相比，2017 年夏季符合第一类海水水质标准的海域面积有所增加，劣于第四类海水水质标准的海域面积减少了 3700 平方公里（见表1）。就近岸海域来说，水质较为一般，主要污染物为无机氮和活性磷酸盐。在监测的 417 个点位中，第一类海水占比 34.5%，较 2016 年提高了 2.1 个百分点；第二类海水占比为 33.3%，较 2016 年下降了 7.7 个百分点；第三类海水占比 10.1%，较 2016 年下降了 0.2 个百分点；第四类海水占比 6.5%，较 2016 年提高了 3.4 个百分点；劣于第四类海水占比 15.6%，较 2016 年提高了 2.4 个百分点。[②]

表 1　2016～2017 年夏季我国管辖海域未达到第一类海水水质标准的海域面积

单位：平方公里

年份	第二类水质 海域面积	第三类水质 海域面积	第四类水质 海域面积	劣于第四类 水质海域面积	合计
2016	49310	31020	17770	37420	135520
2017	49830	28540	18240	33720	130330

资料来源：国家海洋局：2016、2017 年《中国海洋生态环境状况公报》，http://www.soa.gov.cn/zwgk/hygb/zghyhjzlgb/201806/t20180606_61389.html。

2. 海湾

2017 年我国海湾环境不容乐观，有明显的恶化趋势。在 44 个面积大于

[①] 吕霞：《对渤海环境保护特别法建设的新思考》，《政法论丛》2018 年第 4 期，第 39 页。

[②] 《2017 年中国生态环境状况公报》（摘录三），《环境保护》2018 年第 13 期，第 70 页。

100 平方公里的海湾中，20 个海湾四季均出现劣于第四类海水水质标准的情况。对比 2016 年四季均出现劣于第四类海水水质标准的 17 个海湾，数量增加了 3 个。与近岸海水污染物相似，海湾环境中主要超标元素为无机氮和活性磷酸盐。在海湾沉积物中，43 个海湾沉积物质量状况良好，泉州湾沉积物质量状况一般，主要超标元素为铅、锌、铜。为进一步整治日趋严峻的海湾环境，2017 年 9 月，国家海洋局印发了《国家海洋局关于开展"湾长制"试点工作的指导意见》。"湾长制"试点工作率先在河北秦皇岛、山东胶州湾、江苏连云港、海南海口市以及浙江全省开展实施。该项指导意见旨在加快建立责任明确的海湾管理运行机制，重点管控陆海污染物排放，强化海湾生态景观整治，推进海洋生态系统的保护与修复。

3. 入海排污口及邻近海域环境质量

与往年状况相似，2017 年我国入海排污口邻近海域环境质量状况总体仍处于较差水平。2017 年的监测结果显示，90% 以上都不能满足海洋功能区的环境保护要求。但与 2016 年同期相比，2017 年我国入海排污口邻近海域水质稍有改善。各入海排污口附近海域的水质监测结果显示（见表 2），2017 年 5 月，排污口附近劣于第四类海水水质的区域有 53 处，占监测结果的 67%，与 2016 年同期监测结果相比，数量减少了 4 处，比例降低了 3%；2017 年 8 月，排污口附近海域劣于第四类海水水质的区域增至 56 处，占比 70%，与 2016 年同期相比，数量减少了 5 处，占比下降了 5%。因此，从整体来看，2017 年排污口附近海域水质较 2016 年有所提升。

表 2　2016～2017 年入海排污口邻近海域水质劣于第四类海水水质的规模

单位：处，%

2016 年				2017 年			
5 月		8 月		5 月		8 月	
数量	比例	数量	比例	数量	比例	数量	比例
57	70	61	75	53	67	56	70

资料来源：国家海洋局：2016、2017 年《中国海洋生态环境状况公报》，http：//www.soa.gov.cn/zwgk/hygb/zghyhjzlgb/201806/t20180606_ 61389.html。

4. 海洋垃圾

我国对海洋垃圾监测的覆盖范围更广。2017 年, 国家在 49 个区域开展了海洋垃圾的监测工作, 与 2016 年相比, 新增了 4 处监测区域。主要针对海面、海滩和海底垃圾进行监测。其中, 大块和特大块的海面漂浮垃圾平均个数为每平方公里 20 个, 数量与 2016 年持平。另外, 中小块漂浮垃圾的数量和海底垃圾的数量均较 2016 年有所增加, 而海滩垃圾的数量较 2016 年显著降低, 由每平方公里的 70348 个下降到 52123 个, 降幅约 26% (见表 3)。在垃圾分布的密度方面, 2017 年我国海面漂浮垃圾、海滩垃圾、海底垃圾的密度均大大降低, 降幅分别为 66%、28%、94%。由于海洋垃圾密度较高区域通常集中在旅游休闲娱乐区、农渔业区和港口航运区, 因此海洋垃圾密度的明显降低也意味着以上区域的水体环境得到了有效改善。

表 3　2016～2017 年我国海洋垃圾的状况

	2016 年		2017 年	
	个数(个/km²)	密度(kg/km²)	个数(个/km²)	密度(kg/km²)
海面漂浮垃圾(中/小)	2234	65	2845	22
海滩垃圾	70348	1971	52123	1420
海底垃圾	1180	671	1434	43

资料来源: 国家海洋局: 2016、2017 年《中国海洋生态环境状况公报》, http://www.soa.gov.cn/zwgk/hygb/zghyhjzlgb/201806/t20180606_ 61389. html。

(二) 海洋生物资源量

海洋生物资源量是反映海洋生态环境健康状况的重要指标, 其中海洋生物多样性状况又是生物资源量的重要方面。一般情况下, 海洋生物资源量越丰富, 说明海洋生物多样性状况越好, 海洋生态环境越健康。因此透过海洋生物多样性状况也可判断出海洋生态环境的发展变化。

2017 年我国海域生物多样性整体水平与 2016 年度基本持平。表 4 数据显示，我国海域的海草种类有 6 种，红树植物有 10 种，与 2016 年监测结果相同。浮游植物和造礁珊瑚的种类数较 2016 年有所增加，其中浮游植物种类由 2016 年的 720 种增至 755 种，造礁珊瑚种类由 2016 年的 81 种增至 83 种。浮游动物和大型底栖生物种数有所下降，其中浮游动物种类数降幅较大，由 2016 年的 889 种降至 724 种，降幅约 19%，而大型底栖生物种类数下降不明显，基本与 2016 年持平。

表 4　2016～2017 年我国海域生物多样性状况

单位：种

	浮游植物	浮游动物	大型底栖生物	海草	红树植物	造礁珊瑚
2016 年	720	889	1764	6	10	81
2017 年	755	724	1759	6	10	83

资料来源：国家海洋局：2016、2017 年《中国海洋生态环境状况公报》，http://www.soa.gov.cn/zwgk/hygb/zghyhjzlgb/201806/t20180606_ 61389. html。

（三）海洋生态健康状况

1. 沉积物

海底沉积物是海洋生态系统的重要组成部分，沉积物的质量状况能够反映出海洋生态系统的健康状况。国家海洋局发布的 2017 年《中国海洋生态环境状况公报》的数据显示，2017 年度我国海域沉积物质量水平总体"良好"。其中渤海、黄海海域沉积物监测站位达到"良好"水平的比例为 100%，东海和南海次之，分别为 97% 和 94%。通过对比历年我国沉积物质量的监测数据可以发现，2007～2017 年十年间，我国管辖海域沉积物质量持续好转，"良好"所占比例逐年上升（见图 1），这是我国海洋生态环境保护工作取得的重要进步。

2. 典型海洋生态系统

典型海洋系统主要包含河口、海湾、滩涂湿地、珊瑚礁、红树林和海草床等几种生态类型。2017 年海洋生态系统监测结果显示（见表 5），我国大

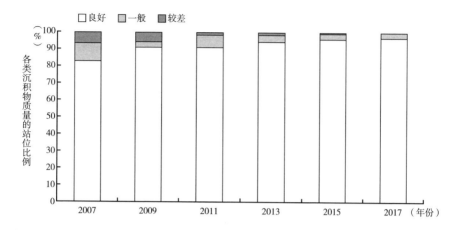

图1 2007～2017年我国管辖海域沉积物质量变化趋势

资料来源：转引自国家海洋局《2017年中国海洋生态环境状况公报》，http：//www.soa. gov. cn/zwgk/hygb/zghyhjzlgb/201806/t20180606_ 61389. html。

部分典型海洋生态系统处于亚健康状态，监测到的河口和滩涂湿地生态系统全部呈现亚健康状态。处于健康状态的海洋生态系统只有四处，集中在珊瑚礁、红树林、海草床这三类生态系统中。处于不健康状态的海洋神态系统有两处，分别是锦州湾和杭州湾生态系统。与2016年相比，2017年我国典型海洋生态系统的健康状况并无明显改善，各类生态系统健康水平与2016年基本持平。究其原因，海洋生态系统保护的成效比较容易体现在海洋污染要素的变化上，比如海洋垃圾的数量、排污口附近的水质状况等。但海洋生态系统是一个综合系统，内部各要素相互交织、错综复杂，因此生态系统的健康水平是一项综合性指标，部分要素的变化很难影响生态系统整体的健康水平。只有生态系统内部各要素得到整体改善，生态系统整体健康水平才会有所提高。因此，改善生态系统综合健康水平并非一日之功，而是需要我们持久的努力。

3. 滨海湿地

滨海湿地是海洋向陆地过渡的地带，也是海洋空间的重要组成之一。在以往海洋生态系统监测过程中，人们往往忽视了滨海湿地之于海洋生态系统的重要价值。因此，长期以来对滨海湿地的保护力度比较小，使其受到的威

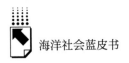

表5　2016～2017年典型海洋生态系统健康状况

生态系统类型	生态监控区名称	2016年健康状况	2017年健康状况
河口	双台子河口	亚健康	亚健康
	滦河口－北戴河	亚健康	亚健康
	黄河口	亚健康	亚健康
	长江口	亚健康	亚健康
	珠江口	亚健康	亚健康
海湾	锦州湾	不健康	不健康
	渤海湾	亚健康	亚健康
	莱州湾	亚健康	亚健康
	杭州湾	不健康	不健康
	乐清湾	亚健康	亚健康
	闽东沿海	亚健康	亚健康
	大亚湾	亚健康	亚健康
滩涂湿地	苏北浅滩	亚健康	亚健康
珊瑚礁	广西北海	健康	健康
	海南东海岸	亚健康	亚健康
	西沙珊瑚礁	亚健康	亚健康
红树林	广西北海	健康	健康
	北仑河口	健康	健康
海草床	广西北海	亚健康	亚健康
	海南东海岸	健康	健康

资料来源：国家海洋局：2016、2017年《中国海洋生态环境状况公报》，http：//www. soa. gov. cn/zwgk/hygb/zghyhjzlgb/201806/t20180606＿61389. html。

胁较为严重，特别是人们的围垦作业活动造成了湿地生境的持续退化。2017年10月，党的十九大提出要"强化湿地保护和恢复"，增强对滨海湿地生态环境的监测和管理力度。在此指导下，2017年度我国滨海湿地的保护与管理工作取得了重要进展。全国5700多个监测站位的监测结果显示，2017年度我国滨海湿地的生态系统基本保持稳定，湿地退化速度放缓，但部分湿地由于受陆源排污的影响污染依然严重。另外，在其中8处滨海湿地进行了鸟类物种监测，共监测到受威胁鸟类物种11种，其中包括极危物种2类、濒危物种6类、易危物种3类。

4.赤潮和绿潮

赤潮和绿潮是典型的海洋环境灾害，当海洋生态环境恶化时，赤潮和绿潮的发生规模会随之扩大，相反，当海洋生态环境好转时，其发生规模随之缩减。2017年我国各海区共发现赤潮次数68次，与2016年持平，但赤潮的年度累计面积较2016年减少了3805平方公里（见表6）。其中，东海是赤潮发生频率最高的海区，也是累计面积最大的海区。与2016年相比，东海赤潮发生次数增加了3次，累计面积下降了3525平方公里。与其他各海区相比，黄海的赤潮发生频率与发生的累计面积均是最低的，与2016年相比，发生次数降低了一次，但累计面积有扩大趋势。

表6　2016~2017年我国各海区赤潮情况

单位：次，平方公里

海区	2016年		2017年	
	发现次数	累计面积	发现次数	累计面积
渤海	10	740	12	342
黄海	4	62	3	100
东海	37	5714	40	2189
南海	17	968	13	1048
合计	68	7484	68	3679

资料来源：国家海洋局：2016、2017年《中国海洋生态环境状况公报》，http：//www. soa. gov. cn/zwgk/hygb/zghyhjzlgb/201806/t20180606_ 61389. html。

我国绿潮主要发生在黄海和东海海域，其中黄海海域的绿潮规模最大。绿潮藻类中最为常见的是浒苔，发生频率最高在夏季且多集中在6月份。2017年6月，黄海山东沿岸海域爆发了浒苔绿潮，最大分布面积达到了29522平方公里，最大覆盖面积为281平方公里。与近五年的数据相比，2017年黄海海域的绿潮规模不论是在最大分布面积上，还是在最大覆盖面积上都达到了五年来的最低值。与2016年数据相比，2017年我国黄海海域绿潮最大分布面积减少了27978平方公里，最大覆盖面积减少了273平方公里，降幅约49%（见表7）。

表7　2013～2017年黄海绿潮规模

单位：平方公里

年份	最大分布面积	最大覆盖面积
2013	29733	790
2014	50000	540
2015	52700	594
2016	57500	554
2017	29522	281
5年平均	43891	552

资料来源：转引自国家海洋局《2017年中国海洋生态环境状况公报》，http：//www.soa.gov.cn/zwgk/hygb/zghyhjzlgb/201806/t20180606_ 61389.html。

（四）自然形态稳定程度

自然形态的稳定程度可以通过海岸侵蚀程度进行判断。海岸侵蚀是指海岸在海洋动力因素影响下发生后退的现象，通俗地说，即对某一海岸单元而言，泥沙输入量低于泥沙输出量，当海岸泥沙收支不平衡时就容易发生海岸侵蚀现象。历年来我国重点岸段的海岸侵蚀监测结果显示（见表8），2017年我国大部分重点岸段的侵蚀海岸长度有所减少。其中辽宁绥中岸段减幅最大，侵蚀海岸长度由2016年的11.8公里减少至2017年的4.4公里。而上海崇明东滩南侧岸段的侵蚀海岸长度与2016年持平，仍维持在2.7公里左右。江苏振动河闸至射阳河口岸段的侵蚀长度较2016年有所增长，由40.9公里增至42.0公里，但平均侵蚀速度从2016年的13.7米/年下降至2017年的10.5米/年，速度放缓。另有监测数据显示，辽宁盖州与广东雷州赤坎村岸段2017年的侵蚀海岸长度虽有所回减，但平均侵蚀速度却呈上升趋势，与2016年相比，分别增长了60%和74%，情况不容乐观。

海岸侵蚀带来的最直观后果就是海岸带面积减少、海岸景观破坏、沙滩质量下降。不仅如此，海岸侵蚀还会破坏部分海洋生物的生存环境，威胁海洋生物多样性。比如沙滩面积的减少和沙滩质量的下降使海龟产卵地遭到破

表8 2016～2017年部分岸段海岸侵蚀监测结果

重点岸段	侵蚀海岸长度（km）		平均侵蚀速度（米/年）	
	2016年	2017年	2016年	2017年
辽宁绥中	11.8	4.4	3.6	2.6
辽宁盖州	4.4	1.0	1.0	1.6
山东招远宅上村	1.3	1.2	6.1	1.1
山东威海九龙湾	2.1	1.5	2.8	1.2
江苏振动河闸至射阳河口	40.9	42.0	13.7	10.5
上海崇明东滩南侧	2.7	2.7	5.1	1.6
广东雷州赤坎村	0.6	0.5	1.9	3.3

资料来源：国家海洋局：2016、2017年《中国海洋生态环境状况公报》，http：//www. soa. gov. cn/zwgk/hygb/zghyhjzlgb/201806/t20180606_ 61389. html。

坏，进而威胁海龟的生存与繁衍。造成海岸侵蚀的因素主要有自然力和人类活动两大类。自然力是指在风、浪、潮、流的作用下，海水对海岸的冲击而造成的岸线后退和下蚀。而人类活动所造成的海岸侵蚀主要表现为海岸工程建设、沿岸地下水开采、海岸带植被破坏等行为。与自然力作用下导致的海岸侵蚀相比，人类的破坏活动对海岸侵蚀的影响更加频繁、直接和剧烈，是引发大部分海岸侵蚀的直接原因。目前人们对海岸侵蚀的防治手段主要有两种方式——硬工程和软工程。硬工程是指利用筑堤、筑坝、堆石等方法防止泥沙外流；软工程主要指生物护岸，在易受侵蚀的海岸带种植适合本土的植物，通过恢复海岸生态系统平衡的方式抵御海岸侵蚀。

三 我国海洋生态环境年度发展趋势

通过对2017年我国海洋生态环境各项指标的回顾与分析，可以基本总结出我国海洋生态环境的发展趋势。与2016年的各类指标相比，状况改善较为明显的指标有3个，显示生态环境继续恶化的指标有1个，而显示环境稳定或稳中趋好的指标共计6个，占据了指标体系的大部分。具体来说，海洋垃圾、海洋沉积物状况、赤潮和绿潮等指标有明显改善；海湾环境和入海排污口及邻近海域的水质环境呈显著恶化的趋势；而海水水质状况、入海排污口附近海域的水质状况、海洋生物资源量、典型海洋生态系统的健康状况、滨海湿地和重点岸段的海岸侵蚀等六项指标状况基本与 2016 年持平，表明海洋生态环境在以上六个方面状态稳定，部分次级指标有向好转变的趋势，但由于改善幅度较小，所以整体上还是呈稳中趋好的发展态势。

与历年《中国海洋环境状况公报》相比，2017 年的公报有两处显著变化。其一，2017 年度公报名称中新增了"生态"二字，也即更名为《中国海洋生态环境状况公报》。这一变化说明人们对海洋生态环境的保护有了更深层次的认识。"海洋环境"一词侧重于强调海洋的水域环境，包括海水、溶解和悬浮于海水中的物质、海底沉积物以及海洋中的生物，更加强调海洋本体的物理性的客观存在。而"海洋生态环境"既强调海洋环境内部的流动交换，也强调海洋与周边生态系统的有机联系和两者的统一整体性。系统内任何一个要素发生变化，都可能对海洋生态系统整体产生直接或间接的影响，可谓牵一发而动全身。我国历年公报中对海洋环境的监测不仅涉及海洋环境本身，如海水、沉积物、海洋生物等海洋环境指标，还涉及对海洋周边生态系统状况的监测，如对滨海湿地、海岸状况、二氧化碳状况的生态监测。因此，从这个意义上来说，使用"海洋生态环境"进行表述更为恰当。另外，人类作为海洋生态链中的其中一环，其生产活动对海洋生态环境造成的影响也是不可忽视的。添加"生态"一词能够更加准确地表达人与海洋之间的互动关系，强调人海关系的和谐与动态平衡。

其二，与 2016 年相比，在对海洋生态环境的监测内容方面，2017 年也有了新的补充。首先，增加了对滨海湿地状况的监测。随着人们对海洋生态环境认识的不断提高，在监测内容上也不断"查缺补漏"。这既是国家对海洋生态环境认识更为全面、更加具体的重要体现，也是国家对海洋发展质量的高度重视。其次，在海洋垃圾这一指标下进一步增加了对海洋微塑料的监测。海洋微塑料是一种新兴污染物，通常人们形象地把它比作"海洋中的PM 2.5"，是近年来海洋环保领域中提出的新概念。它是指海洋中粒径低于5 毫米的塑料颗粒，本身含有增塑剂，能够从环境中吸附有害物质，海洋生物摄食后会影响其生长发育和繁殖，因此也是破坏海洋生态环境的重要因素。随着监测技术的精细化、监测内容的系统化，以上指标的增设表明海洋生态环境保护工作朝着更加全面、更加细致的方向发展。

四 问题反思与对策探讨

没有美丽海洋就没有美丽中国，而当下的形势是，海洋生态环境依然处于十分严峻的状态。与陆域生态环境总体发生改善的趋势相比，海洋生态环境的改善进程明显缓慢。特别是海湾、港口、近海海域的水体状况常年呈不健康或亚健康状态，成为美丽中国建设进程中的难点所在。其中一个重要原因就是陆域生态与人们的日常生活紧密联系，当环境恶化时，人们能够获得最为直接和直观的感受。比如空气污染雾霾肆虐时，人们明显感受到呼吸不畅，因此大气污染的治理工作显得尤为紧迫。与之相对的，海洋生态的破坏与环境污染通常在短时间内不会给公众生活带来最直接的影响，因此治理工作显得似乎没有那么迫切，海洋生态环境的治理效果自然也是拖沓不显。但在客观上，海洋生态环境的破坏虽不比陆域污染那样能够普遍给人以直观感受，但对污染与破坏行为的"晚发现、晚治理"，最终将会让人类付出难以挽回的环境代价。思想是行动的先导，只有认识到位，行动才会自觉。因此，加强对海洋生态环境保护的宣传，提高公众的海洋环保意识，在多方共同积极参与下，营造出全民海洋环境保护的氛围。政府、学校、相关社会组织、社区、媒体都有责任、有义务为提高公众海洋环保意识而发声，加强彼此之间的通力配合。只有使广大群众认识到海洋环境破坏的危害、关心海洋环境、爱护海洋环境，才能为我国海洋事业发展凝聚起强大的精神力量。

海洋是流动的社区，包括中国在内的世界其他国家在海洋生态环境治理过程中遇到的困境都有着共通之处。就整个东北亚海域的生态环境来说，相邻各国均出台了一系列政策来保护海洋生态环境，但从各国监测数据来看，目前海洋生态环境的质量仍然处在持续恶化的过程中。因此，加强并落实与周边国家的环境合作既是改善我国海域生态环境的重要方式，也是沿海各国

海洋治理的共同机遇。由于海洋生态环境问题不仅涉及技术问题、工程问题，而且涉及机制问题和制度问题，所以国际的海洋环境合作也应当全方位进行。截至目前，东北亚地区已经建立了五个海洋环境领域的合作机制，其中包括两个海洋环境专项合作机制（西北太平洋行动计划 NOWPAP、黄海大海洋生态项目 YSLME）和三个综合性环境合作治理机制（东北亚环境合作会议 NAECC、东北亚次区域环境合作项目 NEASPEC、中日韩环境部长会议 TEMM）。这一系列机制的建立不仅有利于促进东北亚各国之间在海洋环境领域的对话与协商，并且通过缔结条约的方式使各国之间的环境合作有了法律的制度性保障。

　　未来，我国海洋生态环境的国际合作可以适度拓展至更加广泛的领域。首先，在合作范围上，海洋生态环境的保护是全球性的问题，因此合作范围也必将是全球范围内的国际合作。这需要我们积极同各方协商，共同努力。同时也彰显出我国对于海洋环境的较高关注和参与国际合作的积极性与使命感。其次，在合作方式上，由于国际合作范围的不断扩大，合作主体增多，仅靠单一的制度性机制保障并不能够满足日益严峻的环境保护需求。所以海洋环境方面的合作，要朝着追求多举措合作的方向发展。丰富海洋环境合作方式将是海洋环境保护取得实质性进展的重要前提。因此，从这个层面来说，中国海洋生态环境的保护工作不仅旨在造福民生，也是中国应当承担的一份国际责任。然而，海洋生态环境的修复毕竟需要一个漫长的过程，环境质量的实质性改善尚需一些时间。在目前看来，我们的坚持哪怕只收获了点滴进步也都是令人喜悦的，也正是这点滴进步鼓舞着我们将海洋生态环境保护工作继续坚持下去。

参考文献

国家海洋局：《2017 年中国海洋生态环境状况公报》，http：//www. soa. gov. cn/zwgk/hygb/zghyhjzlgb/201806/t20180606_ 61389. html，最后访问日期：2018 年 9 月 8 日。

国家海洋局：《2016 年中国海洋环境状况公报》，http：//www. soa. gov. cn/zwgk/hygb/
　　zghyhjzlgb/201712/t20171204_ 59423. html，最后访问日期：2018 年 9 月 8 日。

吕霞：《对渤海环境保护特别法建设的新思考》，《政法论丛》2018 年第 4 期。

中华人民共和国生态环境部：《2017 年中国生态环境状况公报》（摘录三），《环境保护》
　　2018 年第 13 期，第 70 页。

沈满洪：《海洋环境保护的公共治理创新》，《中国地质大学学报》（社会科学版）2018
　　年第 2 期。

龚虹波：《海洋环境治理研究综述》，《浙江社会科学》2018 年第 1 期。

B.5
中国海洋文化发展报告

宁波 郭靖*

摘　要： 海洋文化经过2016年的提升与飞跃，对中国海洋文化地图的总绘与前瞻，2017年进入理论延伸与关注应用阶段，由对海洋文化历史与现状资源的关注、万花筒式的考察，转向更加关注海洋文化质的提升与发展。众多理论研究文献，开始由宏观、中观逐步向微观迁移，学者的关注点更加多样化，更加深入。尤其是在理论探索中，逐步由定点式观察，由现象和事实调查与描述进入比较视域，通过比较引发更本质、更有特色的内容，以及更深入的思考。这一努力，改变了以往部分片面的认识，更加由表及里，回归到海洋文化本质问题的探讨中。在实践层面，研究兴趣点则由向有关政府部门呼吁重视海洋文化问题，转入对具体地方和具体问题的深度关照。思考海洋文化资源如何落地转化，通过什么途径变成文化产品，以及如何唤起人们对海洋文化产品消费的兴趣和热情。这些可喜的趋势，正在引发海洋文化质的延伸、理论的提升，以及学科体系的理论化、系统化与科学化。

关键词： 海洋文化　海洋文明　海洋文化产业

---

* 宁波（1972～），男，山东宁阳人，上海海洋大学经济管理学院硕士生导师、海洋文化研究中心副主任，副研究员，硕士，研究方向为渔文化、海洋文化、文化经济等；郭靖（1995～），女，山东潍坊人，上海海洋大学经济管理学院2017级硕士研究生，研究方向为渔业经济管理。

经过十几年的发展积累，中国海洋文化在 2017 年的热度渐趋稳定，然而在理论延伸与关注应用方面却日趋深入，在国家政策方面更达到前所未有的高度。2017 年，党的十九大报告指出，"坚持陆海统筹，加快建设海洋强国""中国开放的大门不会关闭，只会越开越大。要以'一带一路'建设为重点，坚持引进来和走出去并重，遵循共商共建共享原则，加强创新能力开放合作，形成陆海内外联动、东西双向互济的开放格局"。这既是对长期以来我国经济开放政策实践成果的积极肯定，也为未来很长一段时间我国经济对外开放战略确定了更加明确的目标，特别是标志着"一带一路"倡议将在新的历史起点上继续发挥开放引领作用。

一　理论延伸

（一）海洋文明发展

林肯·佩恩（Lincoln Paine）从海洋视角出发诠释世界历史，引人入胜地阐述了人类航海事业的发展历程，展现了文明兴衰与海洋之间的联系，揭示了人类在海洋、河流与湖泊方面的交流与互动、物产交换与贸易、文化交融与传播，揭示了各个人群、民族、国家与文明通过全球水路通道，在创造自身文明的同时也在创造着世界文明发展史。[①] 从海洋视角剖析文明发展史，作者道出了一个鲜明主张，也集成了众多学者的共识。

由世界回望中国，2017 年有 3 册著作引人注目。这就是由白斌、叶小慧、孙善根、陈君静等编著出版的全三册《浙江近代海洋文明史》[②]。《浙江近代海洋文明史》以海洋政策变迁、经济转型、社会重建为主线，从沿海

---

① 〔美〕林肯·佩恩（Lincoln Paine）：《海洋与文明》，陈建军、罗燚英译，天津人民出版社，2017。
② 白斌、叶小慧：《浙江近代海洋文明史（民国卷）》（第一册），商务出版社，2017；孙善根：《浙江近代海洋文明史（民国卷）》（第二册），商务出版社，2017；陈君静：《浙江近代海洋文明史（晚清卷）》，商务出版社，2017。

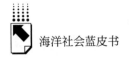

政权更迭与军事冲突、海关与海警、渔盐产业与临港工业孕育、交通航运与海洋贸易、沿海城乡变迁与海洋灾害应对、社会结构与信仰习俗演变、外来文明影响与作用、涉海教育与科技等领域，论述了近代浙江海洋文明的发展历程，试图呈现浙江近代海洋文明与近代中国海洋文明发展变迁的关系与地位，是一部从省域探究区域海洋文明发展史的拓荒之作。

其中，白斌、叶小慧在《浙江近代海洋文明史（民国卷）》（第一册）中，对民国时期浙江的海洋政策、海关、海防、渔业、盐业、贸易等，从历史文献与档案资料方面进行深入分析与比较研究，揭示了民国时期浙江海洋政策与海洋经济发展的制度与经济因素，以及主要脉络。孙善根在《浙江近代海洋文明史（民国卷）》（第二册）中，对民国时期浙江沿海地区社会和文化变迁予以回望与梳理，揭示民国时期浙江沿海社会结构与社会生活、沿海城乡变动与转型、教会势力的深入与沿海社会、海洋灾害及其应对、海洋文化等。陈君静在《浙江近代海洋文明史（晚清卷)》中对晚清时期有关浙江海洋文明发展的政治变化、社会变迁、港口贸易、经济活动、文化发展等进行梳理与勾绘，展现了晚清浙江海洋文明发展由旧转新的曲折历程。

2017 年，柯木林从海洋文化视角透视新加坡的发展史，亦有诸多可圈可点之处。作者在《从龙牙门到新加坡：东西海洋文化交汇点》一书中，分别从石叻纪事、风流人物、源长流远、盛世修典四个部分，论述了从古称"龙牙门"到"新加坡"现代国家的崛起，分析了新加坡的发展、人物及地名变迁，揭示了新加坡从一个荒凉的渔村，一跃而为国际大港的历程。该书显现了一定理论价值，又散发着可观的现实意义。①

作为理论探讨的系列出版物，李庆新主编的《海洋史研究》在 2017 年出版了第十一辑。该书探讨了宋代以后潮州窑外销瓷生产及在日本福冈考古遗址发现的潮州窑产品，近代潮州瓷商与东南亚潮瓷企业，近代"海洋亚洲"重要海港城市的废婢运动、潮汕地区基督教传播与信教妇女问题，马

---

① 柯木林：《从龙牙门到新加坡：东西海洋文化交汇点》，社会科学文献出版社，2017。

六甲明遗民李为经（1614～1688）与华人社群公共记忆的建构，16世纪至现代中菲贸易的兴衰历程，清代海关史与粤海关、"广州制度"等问题，拓展了海洋史研究的新领域，反映了海洋史研究的新趋向。[①]

（二）航海与交流史

英国学者布赖恩·莱弗里在《征服海洋：探险、战争、贸易的4000年航海史》中，从全球视野探讨了人类由陆地走向海洋的文明进程，从探险、技术、贸易、战争等方面回望了人类征服海洋的4000年航海历程。在文明开化之前，人类活动局限于占地球表面积30%的陆地，由于没有足够的知识和技术积累，所以对覆盖地球表面积70%的海洋一无所知。然而，人们对海洋世界的好奇却一发不可收拾。公元前1000年，波利尼西亚人弄潮太平洋，拉开人类探险海洋的序幕。其后数百年，来自地中海、印度洋、大西洋的海上冒险者开辟了众多海上航路。早期，北美洲停靠着维京人的战船；穿梭于地中海的除了基督徒，还有阿拉伯的穆斯林商人；在印度洋岸，古里古城的石碑记载着郑和船队1407年的历史性友好访问"民物咸若，熙皞同风，刻石于兹，永昭万世"。1492年，哥伦布发现新大陆开启了欧洲征服海洋的黄金时代。海洋是东西方文明交流的重要媒介，在大航海时代给欧洲带来无限机遇和财富。新兴帝国借助海上优势征服东方世界。他们掠夺殖民地的资源，反哺自身工业革命，并将西方文明传播到世界各地，将欧洲诠释为世界文明中心。欧洲向海而生，因海而兴，它曾缔造了灿烂的海上奇迹，也一手酝酿了全球文明危机。[②] 布赖恩·莱弗里对4000年航海史的梳理恢宏壮阔、引人入胜，同时也启示人们如何面向海洋，如何从历史脉络中寻找理性的海洋文明发展之路。

在中国，由李庆新、胡波主编的《东亚海域交流与南中国海洋开发》，则从大航海时代亚洲海洋形势与海上丝绸之路变迁，中国南方海洋经济发展

[①] 李庆新：《海洋史研究》（第十一辑），社会科学文献出版社，2017。

[②] 〔英〕布赖恩·莱弗里（Brian Lavery）：《征服海洋：探险、战争、贸易的4000年航海史》，邓峰译，中信出版社，2017。

与海陆互动，海上贸易与海洋网络，滨海地区开发与区域社会，海盗与海防，海洋文化与海洋信仰，海洋生态与环境变迁，以及海洋史研究的理论、方法等方面，探讨了东亚海域交流与南中国海洋开发诸命题。虽说是"海上丝绸之路与明清时期广东海洋经济"国际学术研讨会的论文集，却也呈现了海洋史研究的新问题、新方法和新方向。[①]

（三）渔文化、海洋文化与海洋社会之关联

文化是联通人们各种社会互动关系及其人生观、价值观、世界观和生活方式的物质与非物质成果的集中显现。因此，文化有逻辑走向，有互相交流联系之属性。宁波在《海洋文化：逻辑关系的视角》一书中，论述了渔文化、海洋文化与海洋社会的逻辑关联，指出海洋文化缘起于人类渔猎时代所创造的渔文化；海洋文化起源于渔文化，并逐渐超越渔文化，而具有更加广泛的内在张力，不仅是形而上的，也是形而下的具体实践范畴；海洋文化不仅为海洋社会提供了一种文化层面的形态和生态，而且通过海洋社会不断走向深入、创新和多元，因此，海洋社会是海洋文化的内在归宿，海洋文化是海洋社会的外在表现。作者着眼渔文化、海洋文化和海洋社会，试图从文化的、经济的、社会的视角，抛砖引玉地阐述海洋文化的缘起、自身特征与目标归宿。作者认为："海洋文化既是一个历史范畴、意识范畴、文化范畴，也是一个实践范畴。海洋文化可以表现为物质的和非物质的文化成果，表现为人们面向海洋的各种各样的生活方式，也可以表现为人们关于海洋的创造力想象和格局预设。"[②]

（四）海洋文化发展力

郑剑玲提出"海洋文化发展力"这一概念。把海洋文化与力相关联，为海洋文化发展注入了一种动能。追溯其思想源头，是对"文化力"概念

---

① 李庆新、胡波主编《东亚海域交流与南中国海洋开发》，科学出版社，2017。
② 宁波：《海洋文化：逻辑关系的视角》，上海人民出版社，2017。

的引申与应用。①

实际上，数十年前，"文化力"就曾在日本流行一时。日本学者名和太郎在《经济与文化》中提出"文化力"的概念，② 虽没有做深入分析，却已经深刻感觉到了文化在经济社会发展中的力量。美国经济学家莱斯特·瑟罗在《二十一世纪的角逐——行将到来的日欧美经济战》中，比较系统地论述了"文化力"，指出"21世纪的经济赛局，将在一定程度上取决于'文化力'的较量"。③ 其实，早在20世纪40年代，毛泽东同志在《新民主主义论》中就指出："新的政治力量、新的经济力量、新的文化力量，都是中国革命的力量。"这里所谓"文化力量"，与"文化力"在含义上基本一致，虽然更偏向政治动员。贾春峰在1992年一次学术研讨会上提出"文化力"概念，后与黄文良在1995年9月6日的《工人日报》上对"文化力"予以理论分析和论证。

郑剑玲提出"海洋文化发展力"，是对"文化力"概念的延伸应用与发展。她认为："中国建设21世纪海洋强国，必须高度重视和发掘海洋文化发展力，从而提升当代中国的海洋文化自觉，在世界文化舞台上取得主动权和话语权。"④ 她认为海洋文化发展力具体表现为文化和谐力、文化包容力、文化开拓力和文化创新力。推进"一带一路"倡议"五通"，最难的是民心相通，对此需要海洋文化发展力提供智力支持和内生力量，即应该"保护海洋文化遗产，培育全民海洋意识；借鉴其他文化优长，促进多元文化交融；发掘海洋文化潜能，发展海洋文化产业"。

在21世纪的海洋事业发展中，人们的的确确感受到一股力量簇拥着我们探索、向前、开拓，郑剑玲用"海洋文化发展力"道出了人们想说而未

---

① 参见贾春峰《文化力》，人民出版社，1995；姚玉忠、韩启超、王士航《文化力论》，文化艺术出版社，1995；高占祥《文化力》，北京大学出版社，2007。

② 〔日〕名和太郎：《经济与文化》，中国经济出版社，1987。

③ 〔美〕莱斯特·瑟罗：《二十一世纪的角逐——行将到来的日欧美经济战》，社会科学文献出版社，1992。

④ 郑剑玲：《当代中国海洋文化发展力与21世纪海上丝绸之路建设》，《创新》2017年第4期。

说的概念。这虽然是对"文化力"理论的延伸应用及在海洋文化学科领域的发展，但也敏锐地感知到并明确地提出了海洋文化之力。倘若进一步理论分析，海洋文化本身并不能形成"力"，它只是一种客观存在和资源，之所以会形成力，归根结底是来自对海洋文化的共识、推崇和信仰。海洋文化发展力，归根结底是对海洋文化的信仰之力，信仰其文化资源价值、内涵和作用前景。

（五）海洋文化视角的人物研究

海洋文化多有历史、文化、社会学等研究视角，但从海洋文化出发探讨20世纪活跃在中国文坛的一位杰出作家徐訏，陈绪石无疑走出了一条新路。作者将《海洋文化精神视角下的徐訏研究》分成三大部分展开论述。第一部分分两章阐述了徐訏的海洋文化精神，首先在第一章论述他多途径挖掘海洋文化资源，因而内生出鲜明的海洋文化精神，接着在第二章论述了徐訏的海洋文化精神的内涵。在第二部分，作者剖析了海洋文化精神对徐訏的影响，分五章论述，第三章探讨徐訏基于海洋文化精神从事文学创作的总体特征，第四、五章则选择海洋文学、流浪小说作为研究对象，探索徐訏如何在海洋文化精神影响下引领文学创新，第六章揭示徐訏的自由主义思想和文论与海洋文化精神之间的关联，第七章评价徐訏的文学史地位，判定他是一位具有鲜明海洋文化精神的作家。第三部分，也即第八章，作者研究徐訏海洋文化精神的当下价值与启示，认为在"海洋强国"建设、海洋文学创作、文人独立、包容、创新人格建构等方面，徐訏所具有的开放、冒险、开创的海洋文化精神，是一笔满载实践应用价值的文化遗产。[1] 该文中，由徐訏对中国文学史的贡献，可以发现海洋文化精神对20世纪中国文学史的影响。这是对"中国没有海洋文学"论调的有力回应，也是从海洋文化视角研究中国近现代人物的开创之作。

---

[1] 陈绪石：《海洋文化精神视角下的徐訏研究》，海洋出版社，2017。

二　关注应用

（一）海洋文化圈旅游

2017 年出现"海洋文化圈的旅游"命题。由海洋旅游到海洋文化圈的旅游，除了理论上的突破意义，更具有关注应用的新维度。对此，郑玉香和王莲强调海洋文化的先导意义"海洋文化旅游是海洋经济的前奏，而文化是海洋旅游的灵魂，离开了文化，旅游活动的开展变得寸步难行。"[①] 2015 年 12 月 17 日国家海洋局办公室印发的《全国海洋文化发展纲要》，明确提出"构建环渤海、长三角、海峡西岸、珠三角和海南岛—北部湾五大海洋文化圈"。[②] 于是，以海洋文化为潜在资源，人们开始关注环渤海海洋文化圈、长三角海洋文化圈、海峡西岸海洋文化圈、珠三角海洋文化圈、海南岛—北部湾海洋文化圈五大海洋文化圈的海洋文化创造性转化应用问题。对于这五大圈的整体开发思路，着眼特色、避免同质化达成共识，即"不同海洋文化圈应发掘本区域的特色，避免海洋文化旅游的同质化"。[③] 此外，各个海洋文化圈应结合自身海洋文化特色开发旅游产品；深入挖掘文化内涵，重新审视整理海洋文化圈的旅游资源，并在旅游中表现，加强影响力，打造具有中国特色的旅游名片。

自 2016 年国家海洋局办公室印发《全国海洋文化发展纲要》后，人们从应用实践层面结合海洋文化旅游，对构建五大海洋文化圈进行了分析与构想。海洋文化不是凝固的历史存在，不是文化遗产名录的类别登记，而是薪火相传的创新创造与发展。因此，构建五大海洋文化圈，既需要继续对海洋

---

① 郑玉香、王莲：《海洋文化圈的旅游开发策略研究》，《海洋开发与管理》2017 年第 11 期。
② 《国家海洋局办公室关于印发〈全国海洋文化发展纲要〉的通知》（海办发〔2015〕26 号），http://www.pecsoa.gov.cn/docs/hywh_llyj/2016 - 05 - 16/1463381750719.html，最后访问日期：2018 年 12 月 26 日。
③ 郑玉香、王莲：《海洋文化圈的旅游开发策略研究》，《海洋开发与管理》2017 年第 11 期。

文化资源进行挖掘、整理、分析与提炼，分门别类，凝聚特色，更需要进行转化创新、实践应用，在生产生活中推陈出新，演绎新的形式和内容，变化为引人入胜、陶冶情操、启迪心灵的海洋文化产品。这种实践不能是偶发性的、间歇性的，而应是连续性的。偶发和间歇无法形成有效积累，无法催生从量变到质变的跨越，只有连续性的实践才会积少成多，巩固文化特色，引发旅游风习。显然，海洋文化旅游为海洋文化的创新发展提供了连续性的实践通道，海洋文化则为海洋文化旅游提供了旅游产品开发的内容源泉。两者之间可以形成连续性的良性互动，促进各自生生不息、与时俱进。

（二）海洋文化视角的建筑考察

受海洋环境与海外文化交流的影响，沿海地区建筑融入了众多海洋文化元素。别有特色的沿海建筑是富有开发潜力的物质海洋文化资源。比如，李红和吴小玲从海洋文化视角出发，发现广西沿海地区的古建筑存在众多海洋文化特征。由于受多元文化交融的影响，依附于不同时期的广西沿海古建筑，出现了可圈可点的海洋文化特性。[①] 在现存的广西沿海古建筑中，虽然其建造年代不同，风格形式也有很大差异，但由于受到广西沿海独特自然环境的影响，加上移民文化、商贸文化、西方文化等共同作用，这些建筑都基于海洋而衍生出融合性、务实性、变通性、情感性、崇商性、开放性等海洋文化特征，传递着广西沿海人民对海洋的认识与情感。这种特征和文化内涵的再认识与再发现，无疑展现了沿海古建筑的文化应用价值。

建筑是文化生活的有力折射和缩影。沿海建筑长期浸润海洋文化，潜移默化中生发出海洋文化特征。如分布于我国福建、广东、海南、广西等沿海侨乡的骑楼，充满南洋风情，既是海洋文化交流的成果，也是适应当地沿海环境特点的海洋文化建筑形式。如"西皮中骨"，在建筑形制上吸收了欧式建筑元素，却继承了中式建筑布局；而"西体中顶"则是在中国传统建筑

---

① 李红、吴小玲：《广西沿海古建筑的发展脉络及海洋文化特征》，《广西社会科学》2017年第8期。

形制下，部分融合了西方建筑元素。在建筑材料方面，采用灰沙、贝壳做建筑材料，或用蚝壳砌墙或装饰，或用石条筑矮房以御台风等。这对居久大城市的人而言，莫不具有新奇的吸引力。

（三）休闲渔业

休闲渔业是比较注重开发应用海洋文化资源的领域。2016 年，休闲渔业在全国各地陡然升温，竞相发展，研究休闲渔业的文献也于 2016 年开始呈现异常活跃之态，并延续到 2017 年。纵览有关休闲渔业的文献，多为叙述休闲渔业史，再结合某个区域进行产业展望与战略思考，鲜有结合一个渔镇、一个渔村进行的落地考察与研究。实际上，在倡导特色小镇发展的大背景下，休闲渔业要避免发展雷同化，深挖渔村渔镇的渔文化资源，着意创造性转化才是光明之途。李晓玲将视野落地，聚焦海南省琼海市潭门镇的休闲渔业发展，展现了面向应用的可喜动向，用简约的文字初步勾画出一个集海洋资源、文化资源、开发策略于一体的应用框架。

潭门镇位于南海腹地，北纬 19 度，处于热带向亚热带过渡的地带，行政区域面积为 89.5 平方公里，海岸线总长 18 公里，人口约 3.2 万人，渔业人口超过四成，中国在西、南、中沙海域作业的渔民九成来自该镇，该镇辖 14 个村委会，220 个村民小组。全镇共有渔船 287 艘，其中"四沙"作业渔船 164 艘。潭门镇已有 300 年左右的远海捕捞作业史，潭门渔民是世界历史上唯一连续开发西南沙的特有群体，潭门人已将黄岩岛视为祖宗地和生活传统的一部分。2013 年 4 月 8 日，习近平总书记曾视察潭门镇，与"09045"号渔船的渔民亲切交谈。这种历史积累，为潭门发展休闲渔业提供了先天优势，可以挖掘、提炼与应用，展示护佑祖宗海、渔业传统、涉渔民俗、"108 兄弟公"等特色文化。发展滨海休闲渔业是潭门镇实现渔业转型升级的必经之路，也是"增强国民海洋意识、维护海洋权益的有效手段，具有重要的政治、经济、文化、社会和战略意义"。[①]

---

① 李晓玲：《海南潭门休闲渔业发展研究》，《现代商业》2017 年第 14 期。

（四）渔文化产业

随着文化产业日益向质量、特色和多样化发展，"渔文化"与"产业"合在一起成为"渔文化产业"是大势所趋。令人振奋的是，学术界没有失去对这一趋势研究的敏锐性。鲍静、裘杰在《海洋战略背景下的浙江省渔文化产业研究》一书中，鲜明地提出"渔文化产业"这个概念，填补了浙江省渔文化产业研究这一空白。该著作对渔文化产业进行了整体战略和局部专项的思考。一个从旅游休闲、餐饮美食、节庆会展、民间技艺等方面构建的渔文化产业发展框架脱颖而出，同时本书还提供了具体内容、路径与方法。① 可见，渔文化与产业结合、互动、发展呈现出一种新趋势。可以预见，"渔文化产业"今后会在理论与实践层面兴起一个高潮，成为经济社会发展中的一个热点，文化产业实践中的一个细分方向。

（五）海人实记

人是在自然进化中成为适应陆地生活的高等生物，因此由"陆人"成为"海人"，无疑需要一种难能可贵的精神、情怀、毅力和能力。对于海洋文化研究，在既往文献中多为学者演绎，他们热爱大海，对海洋有种美好的浪漫主义情怀，但是他们绝大多数缺少长年生活在海上的体认和经验，对海洋的想象多于对海洋朝夕共处的切肤情感。《升起风帆，你会看到整个世界》是一位地地道道的海人即"厦门"号船长魏军通过日记讲述的故事。他曾带领七名船员首次创造中国帆船环球航行的传奇。怀揣梦想，他们从厦门出发，不走运河，执意去挑战古往今来令无数航海者望而生畏的合恩角。面对帆索在暴风中断裂，船长在颠簸中骨折，恶劣气候引发设备故障，因为签证问题遭遇巨额罚款……他们以强大意志力克服艰难险阻，冲破暴虐风浪屏障，驶进了心旷神怡的海洋胜境，最终顺利回到祖国的怀抱。"厦门"号

---

① 鲍静、裘杰：《海洋战略背景下的浙江省渔文化产业研究》，浙江大学出版社，2017。

帆船的远航，在中国航海史上写下了无畏壮美的篇章。中央电视台纪录片频道于 2016 年播出"厦门"号帆船环球航海的专题纪录片后，感动了数以千万计的电视观众。2017 年，海人魏军历经数年精心整理，用文字完整呈现了这次壮丽航程的全貌，介绍了海洋与航海知识，展现了海洋的宏大与壮阔，描述了途经国家的文化、地理和华侨生活，以及中国航海家勇立潮头的壮志豪情。[①] 显然，从海人角度展现的海洋，是更富有血性和情怀的海洋。海洋需要理论理性指导我们看得更高更远，也需要实践情怀促进我们去探究和认识海洋。

（六）海洋创意

人们对海洋的新认识，自古离不开创新创造思想。海洋创意，正是海洋文化日积月累的源泉。面对海洋事业，《智慧海洋——全国大中学生第六届海洋文化创意设计大赛优秀作品集》是全国大中学生海洋文化创意设计大赛作品集的第六本，通过多姿多彩的创意作品，呈现现代海洋智慧，对中国海洋观的宣传教育起到积极的载体作用。[②] 海洋创意通过这一持续性赛事，在青年大学生中间得到倡导、启发与激励，对中国今后海洋事业的创造性发展将起到点石成金的作用。

三　动向展望

2017 年，海洋文化在理论与应用层面均出现可喜动向。这是亘古迄今海洋文化积淀的历史必然，也是中国经济社会发展的现实产物。

（一）理论方面

2017 年，海洋文化理论方面的探索，总体表现更加务实。一个值得肯

---

① 魏军：《升起风帆，你会看到整个世界》，厦门大学出版社，2017。
② 葛禄青、吴牟：《智慧海洋——全国大中学生第六届海洋文化创意设计大赛优秀作品集》，中国海洋大学出版社，2017。

定的动向是由侧重于宏观转向宏观、中观与微观的多层次分化，大有世界海洋文明的关照，中有对湾区海洋文化的鸟瞰，小有对渔业村镇的体察，从而在研究维度上更加全面，在研究内容上更富层次和内涵。把脉这一趋势，可以预见，随着党的十九大报告提出"坚持陆海统筹，加快建设海洋强国"，海洋文化作为一个弹性伸缩很大的知识体系，将引发由以历史学、政治学、军事学、人类学等研究为主的时代，进入到社会学、民俗学、文学、艺术学、旅游学、传播学、翻译学等众多学科交相辉映的新空间的转变，将呈现更加丰富精彩的局面。而且，研究维度和层次也将日趋多层次化和多样化。尤其是"为海洋而海洋"的研究预设，将成为一个阶段的烙印，而代之以陆海统筹视野，在更全局、更客观、更宏大的范畴内对海洋文化进行挖掘、分析、审视和创新。毕竟，海洋强国最终表现为海洋思想与海洋文化的内容、高度与影响力。

（二）应用层面

在应用层面，则出现了日趋接地气的现实考察和思考，由过去侧重于政策层面的顶层宏观设计，进入到显微镜式的探究，直面具体问题，寻求具体办法。中国的海洋文化延承了较多史学传统，在挖掘海洋文化资源与遗存方面，有效展现了中国海洋文化资源的历史性和丰富性。最近兴起的海底沉船考古热，又为"古代海上丝绸之路"写上了新注脚。然而，一个国人更好的治学传统，即学以致用，在此时当下更应该被重点关注，进入发力之时。尤其在中国经济社会快速转型期，不尽快将海洋文化成果付诸应用，很可能会加速海洋文化资源边缘化，甚至遭到难以挽回的破坏。海洋文化资源是海上的"金山银山"。只有加强创造性转化，才能变身为海洋文化产品，融入经济社会发展潮流，走向社会，走向大众，走向世界，表现出新的时代价值。对此，首先要加强海洋文化资源创造性转化的相关政策研究，其次要加强将海洋文化资源转化为海洋文化产品的一系列产业链的应用开发研究。

2017 年的海洋文化，将对海洋文化的后续发展产生深刻影响。

参考文献

白斌、叶小慧：《浙江近代海洋文明史（民国卷）》（第一册），商务出版社，2017。

鲍静、裘杰：《海洋战略背景下的浙江省渔文化产业研究》，浙江大学出版社，2017。

〔英〕布赖恩·莱弗里（Brian Lavery）：《征服海洋：探险、战争、贸易的 4000 年航海史》，邓峰译，中信出版社，2017。

陈君静：《浙江近代海洋文明史》（晚清卷），商务出版社，2017。

陈绪石：《海洋文化精神视角下的徐訏研究》，海洋出版社，2017。

葛禄青、吴牵：《智慧海洋——全国大中学生第六届海洋文化创意设计大赛优秀作品集》，中国海洋大学出版社，2017。

柯木林：《从龙牙门到新加坡：东西海洋文化交汇点》，社会科学文献出版社，2017。

〔美〕莱斯特·瑟罗：《二十一世纪的角逐——行将到来的日欧美经济战》，社会科学文献出版社，1992。

李庆新、胡波：《东亚海域交流与南中国海洋开发》，科学出版社，2017。

李庆新：《海洋史研究》（第十一辑），社会科学文献出版社，2017。

〔美〕林肯·佩恩（Lincoln Paine）：《海洋与文明》，陈建军、罗燚英译，天津人民出版社，2017。

〔日〕名和太郎：《经济与文化》，中国经济出版社，1987。

宁波：《海洋文化：逻辑关系的视角》，上海人民出版社，2017。

孙善根：《浙江近代海洋文明史（民国卷）》（第二册），商务出版社，2017。

魏军：《升起风帆，你会看到整个世界》，厦门大学出版社，2017。

李红、吴小玲：《广西沿海古建筑的发展脉络及海洋文化特征》，《广西社会科学》2017年第 8 期。

李晓玲：《海南潭门休闲渔业发展研究》，《现代商业》2017 年第 14 期。

郑剑玲：《当代中国海洋文化发展力与 21 世纪海上丝绸之路建设》，《创新》2017 年第 4 期。

郑玉香、王莲：《海洋文化圈的旅游开发策略研究》，《海洋开发与管理》2017 年第 11 期。

国家海洋局办公室：《国家海洋局办公室关于印发〈全国海洋文化发展纲要〉的通知》（海办发〔2015〕26 号），http：//www. pecsoa. gov. cn/docs/hywh_ llyj/2016 – 05 – 16/1463381750719. html，最后访问日期：2018 年 12 月 26 日。

B.6
中国海洋教育发展报告

赵宗金　刘娅男*

摘　要： 21世纪是海洋的世纪，是人类全面开发利用海洋的时代。这已成为一种共识。建设海洋强国的战略目标早在党的十八大报告中就已被正式提出。强大的海洋综合国力是进行海洋强国建设的必要条件，而海洋综合国力的强大又离不开国民海洋意识所具有的作用和影响。高质量的海洋意识教育是不断提升国民海洋意识所必须紧紧依靠的。在"十三五"规划的基础上，2017年我国进一步致力于从事和研究不断加强和完善全民海洋意识教育方面的工作，尽管各个不同的领域相较之前都取得了一定的进步，但是仍然不可避免地存在一系列问题：基础海洋教育相对较弱，高等海洋教育多方面发展不均衡，职业海洋教育发展力量薄弱以及公众海洋教育在相关政策方面还不够完善。最后，针对现存的问题从教育、教学、宣传体系，经济投入，政策支持以及国际交流等方面提出对策建议。

关键词： 海洋教育　海洋意识　海洋教育政策

---

* 赵宗金（1979~），男，山东莒南人，博士，中国海洋大学国际事务与公共管理学院副教授，研究方向为海洋社会学与社会心理学；刘娅男（1994~），女，山东青岛人，中国海洋大学国际事务与公共管理学院社会学专业硕士研究生，研究方向为海洋社会学。

一　2017年我国海洋教育发展动向

2017 年我国在 2016 年提出的"全民海洋意识宣传教育"和文化建设"十三五"规划的基础上，为了更好地实现建设海洋强国的发展目标和推进 21 世纪海上丝绸之路的进程，由此不断加强文化建设以及全民海洋意识宣传教育等方面的工作，以致力于促进海洋强国在文化等方面的软实力的进步和提升。

（一）对基础海洋教育的重视及其发展

我国对青少年一代的海洋教育的重视程度在逐渐加大，为了不断提高青少年一代尤其是中小学生涉海方面的观念和意识，2017 年致力于进一步采取全方位的普及海洋知识以及宣传海洋文化等方法和手段以达成这个目标。

5 月 25 日，国家海洋局副局长石青峰在海口中学召开的由国家海洋局、海南省政府联合主办的全国中小学海洋意识教育经验交流会上提到，近些年来，一些在内容和形式上都十分丰富的与提升海洋意识有关的各种宣传教育活动在各级党委政府、相关部门以及社会团体的大力支持和帮助下顺利开展并取得了一定成效。就目前现状而言，海洋意识宣传教育领域正处在一个十分难得的发展机遇期。[1] 海南省委书记刘赐贵数次提到，要从加强和改进青少年的海洋意识教育方面出发来促进全民海洋意识的提升。因此海南省教育厅为了激发学生了解和热爱海洋的情感，从加强学生海洋意识教育出发，以带动他们积极学习海洋知识，从而致力于投身海洋事业的建设。[2]

在 2017 年 7 月，浙江海洋大学蓝色领航——海洋意识普及公益团队深入海岛和内陆，在各个地方以课堂授课形式开展海洋意识教育的普及活动，本次培训由浙江海洋大学人文学院、教师教育学院组织，培训从 4 月份一直

---

[1] 《让海洋意识教育驶入"快车道"》，《中国海洋报》2017 年 5 月 26 日。
[2] 《让海洋意识教育驶入"快车道"》，《中国海洋报》2017 年 5 月 26 日。

持续到 8 月份，新增了中小学海洋教育活动设计等课程。培训班负责人宋秋前教授指出，通过培训不断提升教师的海洋意识，并将其渗透进教学实践当中，从而让学生受益。①

同年 7 月份，一万本《中国海洋报·亲海》特刊由原国家海洋局向湖南省琼中县的中小学生们赠出，借助这些兼具教育性、文化性、生动性和交互性的少儿期刊，使得湖南山区的孩子们对大海的认识不断加深。②

2017 年 10 月份，"海洋图书馆"捐赠仪式和"全国海洋意识教育基地"揭牌活动在江西省井冈山中学隆重举行，江西省第一个"全国海洋意识教育基地"由此建立起来。基地的建立为井冈山的孩子们提供了深入学习和接触海洋文化和观念的渠道，从而不断促进孩子们海洋意识的提升。③

（二）高等海洋教育的关注及其发展

在当今时代，各高等院校基于推动海洋强国建设的进程，使如何充分利用和调动自己各方面的优势资源，成为一个持续热议的话题。全国政协委员、教育部副部长林惠青指出，教育部将致力于在各高等院校开设一些涉海相关的专业和课程以大力推动海洋强国建设的发展进程。④ 时任天津大学副校长的张凤宝也持相同看法，在他看来，这一点是毋庸置疑的。并且他认为包括涉海高校在内的各个高等院校，都应该具有重大的责任和使命去致力于培养各种涉海相关的高素质人才和队伍。⑤ 上海海洋大学校长程裕东指出，体育教育是上海海洋大学的特色，因此海洋体育各种相关设施都比较齐全，除此之外还有许多丰富多彩的训练项目。而这一切都是为了全方位地培养出建设海洋强国所需的优秀人才。⑥ 全国政协委员、北京城市学院校长刘林认为，为了加强海洋意识教育，就学校而言，应该不断开设一些涉海相关的课

① 《播撒星火待燎原》，《中国海洋报》2017 年 8 月 14 日。
② 《构筑海洋梦想　播撒蓝色希望》，《中国海洋报》2018 年 6 月 8 日。
③ 《构筑海洋梦想　播撒蓝色希望》，《中国海洋报》2018 年 6 月 8 日。
④ 《加快建设海洋强国　急需培养优秀人才》，《中国海洋报》2018 年 3 月 22 日。
⑤ 《加快建设海洋强国　急需培养优秀人才》，《中国海洋报》2018 年 3 月 22 日。
⑥ 《加快建设海洋强国　急需培养优秀人才》，《中国海洋报》2018 年 3 月 22 日。

程。此外，开发一些涉海相关的特色专业也是培养海洋专业人才所必不可少的条件。这几年国家海洋局与广东省、辽宁省、上海市等省市签署了共建协议，共建了包括广东海洋大学和上海海洋大学等在内的高等院校，由此可见海洋教育在大学中的受重视程度不断加深。①

在具体学校层面上，全国海洋意识教育基地由原国家海洋局宣传教育中心在淮海工学院建立起来。自此以来，学校借助各种涉海资源，并充分发挥人才等优势，广泛举办各种涉海宣传教育活动，从而不断加强海洋知识和文化等方面的推广以促进海洋意识的提升。为了营造一个浓厚的海洋文化氛围，在第二届海洋科技文化周还举办了各种内容丰富、形式多样的活动。②

（三）海洋职业教育相关政策的支持

海洋职业教育的受重视程度不断提高，一系列相关的海洋教育政策相继出台。如《中国海洋21世纪议程》中提出要致力于加强大专院校涉海专业的高等教育，从而建设一支专业的海洋科技人才队伍；③《国家海洋事业发展规划纲要》中提到要加快海洋职业教育的发展和海洋职业技术人才的培养；④《国家"十一五"海洋科学和技术发展规划纲要》中明确要求以培养一大批服务于第一线的各类海洋职业技术人才为目标，加快海洋职业教育的发展；⑤《江苏省"十二五"海洋经济发展规划》提出要围绕投资、财政补贴等方面的经济投入来大力支持海洋职业技术教育的发展。⑥

---

① 《加快建设海洋强国 急需培养优秀人才》，《中国海洋报》2018年3月22日。
② 《擦亮海洋教育靓丽名片》，《中国海洋报》2018年6月5日。
③ 《中国海洋21世纪议程》，中国人大网，http://www.npc.gov.cn/huiyi/lfzt/hdbhf/2009-10/31/content_1525058.htm，最后访问日期：2019年2月2日。
④ 《国家海洋事业发展规划纲要》，华夏经纬网，http://www.huaxia.com/hxhy/hyfg/2011/06/2461489_4.html，最后访问日期：2019年2月2日。
⑤ 《国家"十一五"海洋科学和技术发展规划纲要》，河北数字海洋，http://www.hebgt.gov.cn/heb/hbszhy/gfwj/101497692148815.html，最后访问日期：2019年2月2日。
⑥ 《省政府办公厅关于印发江苏省"十二五"海洋经济发展规划的通知》，江苏省人民政府网，http://www.jiangsu.gov.cn/art/2011/7/3/art_46144_2544909.html，最后访问日期：2019年6月7日。

（四）公众海洋教育的普及

海洋教育不仅针对大、中、小学生，"十三五"规划提倡的是提升全民的海洋意识，因此，对社会公众海洋意识的培养也不容小觑。随着海洋强国建设的不断推进，海洋意识的普及教育和文化建设力度也随之加强。如包括世界海洋日、年度海洋人物评选等在内的各种类型和题材的海洋意识宣传教育活动由以政府部门为主体的各个组织定期举办。同时，以海洋意识教育和科普等为主题的基地建设徐徐开展，正在逐步形成一个涵盖沿海和内陆、政府主导与社会参与协调推进的多元化主体的海洋意识宣传教育体系。此外，海洋特色文化产业成为海洋经济新的亮点。以海洋为特色的公共文化服务设施初具规模，沿海各地定期举办的祭海节等类型的活动甚至已成为当地的文化品牌和旅游热点。①

二　2017年我国在海洋教育发展中存在的问题

（一）基础海洋教育相对较弱

加快建设海洋强国是十九大报告中特别强调的一点。其中很重要的一个方面就是要从中小学生抓起，来全面提升国民海洋意识。然而，中小学海洋意识教育现状与新时代的要求之间还存在一定的差距。虽然海洋意识对我国而言发端较早，但目前的状况是，我国的海洋意识教育在某些方面还存在一些局限性，如受众群体偏大龄化、地域分布不平衡、教育方式缺乏针对性等。

在受众群体上，与高中及大学以上的高等海洋教育发展速度相比，中小学中针对学生的海洋意识教育的发展速度相对较缓，由此导致中小学生的海洋意识都比较贫乏。此前，根据针对东北三所初中学生的一项海洋意识问卷

---

① 《提升海洋强国软实力》，《中国海洋报》2016年3月15日，第3版。

调查结果，发现在 175 名调查对象中，超过半数的学生认为自己海洋意识"较差"或"很差"，只有不到10%的学生认为其海洋意识"较强"。[①]

在地域分布上，我国幅员辽阔、空间跨度大等现实地域条件，导致区域间海洋教育发展不均衡，沿海地区中小学生海洋意识教育稳步发展，比如浙江省舟山市相继发行了一系列高质量的中小学海洋意识教育教材，其中《中小学海洋教育理论与实践》入选了该省首批课程改革教育教学成果丛书之列。[②] 但由于资源匮乏和观念滞后，内陆地区的中小学海洋意识教育进展较为缓慢。

在教育方式上，针对青少年的海洋意识教育明显与成年人不同。由于大部分成年人具有独立思考和判断的能力，即使之前并没有与海洋有关的生活经历或经验，后期也能够较为容易地去接受一些较为复杂的现实。而中小学生与之不同，他们只有通过主动地学习才能获得仅通过教师传授而不能获得的一些感悟，并进一步将外在的信息内在化。[③] 而目前的教育方式比较单一，缺乏具有针对性的教育方式及方法。

（二）高等海洋教育多方面发展不均衡

近年来，虽然我国海洋高等教育的发展速度比较快，但是相伴随的还有一系列问题，如总体上海洋人才短缺、海洋高等教育发展空间分布不均、海洋高等教育学科间协同性不足等。

1. 总体上海洋人才短缺

我国海洋人才绝大部分来源于高等院校。目前为止，我国约有 200 所高校开展海洋教育，占现有各类普通高等院校比例的近10%。《中国海洋统计年鉴（2016）》数据显示，2016 年全国涉海高校在校学生数量为 16.6 万人左右（包括博士生、硕士生、本科与专科生在校学生数）[④]，而在之前的

① 《加强中小学生海洋意识教育之探讨》，《中国海洋报》2018 年 10 月 8 日。
② 《加强中小学生海洋意识教育之探讨》，《中国海洋报》2018 年 10 月 8 日。
③ 《加强中小学生海洋意识教育之探讨》，《中国海洋报》2018 年 10 月 8 日。
④ 房建孟、鲜祖德主编《中国海洋统计年鉴（2016）》，海洋出版社，2017。

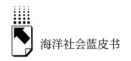

2010 年 4 月，党中央、国务院印发了《国家中长期人才发展规划纲要（2010—2020 年)》，其中"经济重点领域急需紧缺专门人才开发一览表"中列出了未来 5 年和 10 年各类涉海人才的需求情况。[①] 并且在 2011 年 10 月，由国家海洋局、教育部、科技部等部门联合印发的文件——《全国海洋人才发展中长期规划纲要（2010—2020 年)》明确提到，到 2020 年，我国海洋人才总量将达到 400 万人，且布局更为合理，结构更加优化，素质更为优良。[②] 由此可见，为满足海洋强国建设的需求，我国海洋高等教育在人才培养方面任重道远。

2. 海洋高等教育发展空间分布不均

《中国海洋统计年鉴（2016)》数据显示，山东、上海、浙江等省（市）海洋高等教育发展速度较快，尤其是山东，截至目前，山东省有 47 所涉海学校，教职工数为 55000 余名，其中专任教师数为 37000 余名，涉海博士点 13 个，硕士点 32 个，海洋本科专业点数 32 个，专科专业点数为 70 个。而与之相比拥有更为丰富的海洋资源的省份，如河北、海南、广西等，其海洋高等教育发展却严重滞后。尤其是海南，截至目前，只有 6 所涉海院校，教职工数为 6500 人左右，而专任教师数仅仅有 3900 人左右，1 个涉海博士点，硕士点有 4 个，本科专业点数也仅仅只有 4 个，专科点数为 2 个。[③] 通过以上数据对比，可以明显地发现目前我国高等教育发展在区域上极度不均衡。

3. 海洋高等教育学科之间协同性不足

海洋高等教育涉及自然科学、工程技术科学，以及人文社会科学等学科，因此交叉性特征比较显著。目前，我国海洋高等教育的发展存在一种不平衡的现象，即重视自然科学与工程科学而忽视海洋人文社会科

① 苏勇军：《国家海洋强国战略背景下海洋高等教育发展的问题与对策》，《中国高教研究》2015 年第 2 期。
② 《全国海洋人才发展中长期规划纲要（2010—2020 年)》，淮海工学院，http://oeoc.hhit.edu.cn/info/1121/1147.htm，最后访问日期：2019 年 2 月 2 日。
③ 房建孟、鲜祖德主编《中国海洋统计年鉴（2016)》，海洋出版社，2017。

学。与取得一定成绩的海洋经济等专业学科相比，海洋社会、海洋文化等人文社科类专业学科建设仍处于起步阶段，不能充分满足我国海洋经济的发展需求。此外，我国海洋高等教育机构往往缺乏与其他教育机构和产业部门的协作，因此难以汇聚各方面力量，来支撑海洋事业与产业的发展。①

（三）职业海洋教育发展力量薄弱

海洋学科专业教育和职业教育都是培养海洋学科专业型人才与海洋技能型人才的基础，不可偏废。但是就目前海洋教育体系而言，海洋职业教育的发展相对滞后于海洋专业教育。从地域上看，主要分布在青岛等沿海城市，内陆地区鲜有发展；从学校发展来看，布局不合理，专业设置单一，人才培养水平有待提高。因此现有的海洋职业教育不能满足我国对海洋技能型人才的需求。②《中国海洋统计年鉴（2016）》数据显示，中等职业教育专业点数为337个，在校生数量将近4万人，而高等教育（包括本科和专科）专业点数为774个，在校生数量已达15万多人，两者之间差距较大，职业教育的发展速度较慢，③《全国海洋人才发展中长期规划纲要（2010—2020年）》列出了2020年我国各类海洋人才的需求量，其中到2020年，对海洋技能人才的需求量将达到79万人。④ 由此可见，我国职业海洋教育的人才培养与海洋强国建设的人才需求之间未能实现有效的衔接，并且任务紧急，到2020年只有短短几年的时间，是否能达到规划目标还是一个未知数。

---

① 苏勇军：《国家海洋强国战略背景下海洋高等教育发展的问题与对策》，《中国高教研究》2015年第2期。
② 马勇、王婧、周甜甜：《我国海洋教育政策的发展脉络及其内容分析》，《中国海洋大学学报》（社会科学版）2014年第6期。
③ 房建孟、鲜祖德主编《中国海洋统计年鉴（2016）》，海洋出版社，2017。
④ 《全国海洋人才发展中长期规划纲要（2010-2020年）》，淮海工学院，http：//oeoc.hhit.edu.cn/info/1121/1147.htm，最后访问日期：2019年2月2日。

（四）公众海洋教育相关政策不完善

社会公众海洋教育主要发挥着向公众普及海洋知识，提升其海洋意识，培养其海洋责任的积极作用。虽然这一点在各类政策文本中均有所体现，但是现有政策规定仍有不完善之处。

一方面，多数政策只是原则性规定，内容空泛。有三类政策涉及公众海洋知识教育：一是国家海洋事业宏观规划，如《中国海洋 21 世纪议程》等；二是各沿海省、市的海洋经济发展规划，如《江苏省十一五海洋经济发展专项规划》等；三是部分沿海省份的海洋环保条例，如《山东省海洋环境保护条例》等。国家层面的政策主要起着引导作用，内容往往较为宏观，但地方规划亦是如此，既没有具体条款对如何开展海洋教育加以说明，内容空泛，也并无强制性约束。①

另一方面，实施海洋宣传教育的长效机制尚未建立。尽管海洋宣传的重要性在现有政策中均有所体现，但是对一些具体要求，如何时达到何种目标，如何进行效果评估等未有提及，导致海洋宣传教育仅仅是"一时兴起"，如各地开展的节日性宣传活动（祭海节等），往往达不到海洋宣传的预期，收效甚微。此外，针对我国海洋教育多集中在东部沿海地区而内陆地区较少的现状，相关政策对如何平衡我国海洋教育的发展及其推动手段也没有做出政策性规划。②

三 2017年我国海洋教育发展的对策

（一）构建全民性的海洋意识教育体系

由各级党校、行政学院、社会主义学院等领导干部教育培训部门负责各

---

① 马勇、王婧、周甜甜：《我国海洋教育政策的发展脉络及其内容分析》，《中国海洋大学学报》（社会科学版）2014 年第 6 期。
② 马勇、王婧、周甜甜：《我国海洋教育政策的发展脉络及其内容分析》，《中国海洋大学学报》（社会科学版）2014 年第 6 期。

级领导干部海洋教育的落实；由教育部负责落实和督促基础教育、高等教育体系中的海洋教育。以海洋知识"进校园、进教材、进课堂、进头脑"为重点，增强海洋基础知识教育。[1]

（二）构建学校海洋意识的教学体系

将分层次编制的海洋意识教育教材列入大、中、小学教育教学计划，组织专家对海洋知识进行全方面梳理，着重培养海洋历史文化意识、海洋生态资源意识、海洋开放融入意识、海洋安全意识、海洋战略意识、海洋国土主权意识、海洋法治意识、海洋危机意识、和谐海洋意识、海洋科技意识、海洋防灾减灾意识等。充分发挥海洋知识的引领作用，致力于实现小学生了解海洋、中学生懂海情、大学生有海魂的目标。[2]

（三）构建全民性的海洋意识宣传体系

各主流媒体要开设相关专栏来宣传我国的海洋国情和海洋政策，借助各种传媒手段和相关媒介来组建海洋意识宣传教育平台，从而进一步扩大海洋意识宣传教育覆盖面。各地政府要充分发挥海洋馆、海战纪念馆等教育基地的作用，并逐步将其建成海洋科普教育基地，向社会公众免费开放，以此营造良好的海洋意识宣传教育社会环境。[3]

（四）加强经费保障和人才队伍建设

《中国海洋 21 世纪议程》中明确提出要逐步增加对海洋教育的投入，因此在各类海洋工作专项经费的分配中，宣传教育专项工作经费应占有一定比例。鼓励行业协会和各类公益性社会机构集中各方面的资金和优势，积极参与到海洋意识宣传教育和文化建设的活动中，优化整合人力、渠道、平台等资源。在人才队伍建设方面，加大社会各领域的海洋意识宣传教育人才队

---

[1] 《加快实施全民海洋意识教育国家工程》，《中国海洋报》2017 年 6 月 14 日。
[2] 《加快实施全民海洋意识教育国家工程》，《中国海洋报》2017 年 6 月 14 日。
[3] 《加快实施全民海洋意识教育国家工程》，《中国海洋报》2017 年 6 月 14 日。

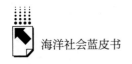

伍建设力度，如定期开展海洋意识宣教骨干业务培训交流的活动。大力培养创新型和复合型海洋文化人才，并且不断提升其海洋意识、现代意识和创新意识。加强海洋系统各级新闻宣传通信员队伍建设，使其及时准确地传播海洋领域新闻宣传的热点和亮点，同时建立健全绩效考核和表彰体系，努力打造一支具有高水平、规范化和权威性特征的新闻宣传通信员队伍。[①]

（五）完善相关的海洋教育政策

全民海洋教育以及海洋意识的提高离不开政策上的支持和保护，针对我国目前海洋政策上存在的不足，可以从以下几个方面加以完善。[②]

1. 在国家层面上，加快出台全国统一的海洋教育专门政策或规划

从国家海洋强国战略的高度出发，尽快制定并出台符合我国国情的全国性海洋教育政策或规划，为海洋教育事业的蓬勃发展提供政策支持和指导。

2. 加强政府海洋管理部门与教育管理部门之间的协作联系

国家层面上，须由国家海洋局与教育部联合制定海洋教育政策；地方层面上，须由地方海洋管理部门与教育管理部门依据国家统一的海洋教育政策并结合地方实际共同负责与制定。

3. 海洋教育政策应当保持各纵向政策的连贯一致性

学校海洋教育与社会公众海洋教育二者虽然作用的对象不同，但地位同等重要，都肩负着提高国民海洋意识的使命和责任。因此，各级政策制定主体在制定海洋教育政策时应当统筹兼顾这两类教育，以实现两类海洋教育的均衡发展。

（六）加强国际合作与交流

目前我国教育发展呈现国际化的新趋势，海洋教育也不例外。在国家海洋强国建设背景下，我们应该更加致力于推动海洋教育国际化进程，以

---

① 《提升海洋强国软实力》，《中国海洋报》2016 年 3 月 15 日，第 3 版。

② 马勇、王婧、周甜甜：《我国海洋教育政策的发展脉络及其内容分析》，《中国海洋大学学报》（社会科学版）2014 年第 6 期。

满足海洋经济发展对国际化人才的迫切需求。首先，积极与国际知名涉海高校建立合作关系，引进各种优质教育资源，如课程、教材、教学理念与方法等；其次，与国际著名涉海高校共建海洋国际教育平台，开展包括联合培养、学历与学位互授等形式在内的合作；再次，依托国家"外专千人计划"等平台，聘请国际海洋领域的领军人物或团队参与到专业学科的建设和发展当中，同时积极扩大国内涉海高校教师海外研修的规模；最后，为了确保海洋教育国际化战略目标的实现，要着重加强对教育国际化发展过程与发展质量等方面的管理。① 通过国际化交流与合作，进一步推动海洋教育的发展。

参考文献

房建孟、鲜祖德主编《中国海洋统计年鉴（2016）》，海洋出版社，2017。

马勇、王婧、周甜甜：《我国海洋教育政策的发展脉络及其内容分析》，《中国海洋大学学报》（社会科学版）2014 年第 6 期。

苏勇军：《国家海洋强国战略背景下海洋高等教育发展的问题与对策》，《中国高教研究》2015 年第 2 期。

纪岩青：《让海洋意识教育驶入"快车道"》，《中国海洋报》2017 年 5 月 26 日，第 1 版。

傅林静、郑琪浩：《播撒星火待燎原》，《中国海洋报》2017 年 8 月 14 日，第 3 版。

金昶：《构筑海洋梦想 播撒蓝色希望》，《中国海洋报》2018 年 6 月 8 日，第 3 版。

路涛、孙安然：《加快建设海洋强国 急需培养优秀人才》，《中国海洋报》2018 年 3 月 22 日，第 2 版。

周锦忠、张兵、朱小明：《擦亮海洋教育靓丽名片》，《中国海洋报》2018 年 6 月 5 日，第 3 版。

《提升海洋强国软实力》，《中国海洋报》2016 年 3 月 15 日，第 3 版。

薛斌：《加强中小学生海洋意识教育之探讨》，《中国海洋报》2018 年 10 月 8 日，第 2 版。

---

① 苏勇军：《国家海洋强国战略背景下海洋高等教育发展的问题与对策》，《中国高教研究》2015 年第 2 期。

巩建华：《加快实施全民海洋意识教育国家工程》，《中国海洋报》2017 年 6 月 14 日，第 2 版。

《国家"十一五"海洋科学和技术发展规划纲要》，河北数字海洋，http：//www.hebgt.gov.cn/heb/hbszhy/gfwj/101497692148815.html，最后访问日期：2019 年 2 月 2日。

《全国海洋人才发展中长期规划纲要（2010—2020 年）》，淮海工学院，http：//oeoc.hhit.edu.cn/info/1121/1147.htm，最后访问日期：2019 年 2 月 2 日。

《国家海洋事业发展规划纲要》，华夏经纬网，http：//www.huaxia.com/hxhy/hyfg/2011/06/2461489_4.html，最后访问日期：2019 年 2 月 2 日。

《省政府报告厅关于印发江苏省"十二五"海洋经济发展规划的通知》，江苏省人民政府网，http：//www.jiangsu.gov.cn/art/2011/7/3/art_46795_2680622.html，最后访问日期：2019 年 2 月 2 日。

《中国海洋 21 世纪议程》，中国人大网，http：//www.npc.gov.cn/huiyi/lfzt/hdbhf/2009 -10/31/content_1525058.htm，最后访问日期：2019 年 2 月 2 日。

B.7
中国海洋法制发展报告

李恩庆　白佳玉*

摘　要： 2017 年，我国在海洋立法方面取得了两项重要进展。一方面，在国家简政放权的改革要求下，《中华人民共和国海洋环境保护法》（2017 修正）取消了入海排污口的行政审批制度，强调加强对入海排污口的事中和事后监管。《海洋倾废管理条例》（2017 年修订）也优化了国家对向海倾废事项的管理，完善了相关配套制度，并出台了相应的实施办法保证条例的有效施行。另一方面，国土资源部制定并实施了《海洋观测资料管理办法》和《海洋观测站点管理办法》两部规章，规范了我国的海洋观测站点和海洋观测资料的管理。

关键词： 海洋立法　简政放权　海洋观测

2017 年是党的十九大召开之年，是推动供给侧结构性改革的关键一年。2017 年国家在海洋法治领域围绕建设海洋强国的目标，加快推进法治海洋建设，不断提高立法质量，努力为沿海经济社会可持续发展做好法治服务和保障，创造海洋强国建设的新成绩。2017 年海洋立法工作取得突破性进展：《中华人民共和国海洋环境保护法》（2017 修正）（以下简称《海环法》）进

＊ 李恩庆（1993～），男，山东济宁人，中国海洋大学法学院硕士研究生，研究方向为国际法；白佳玉（1981～），女，辽宁辽中人，中国海洋大学法学院教授，博士生导师，主要从事海洋法研究。

一步落实了国家"放管服"的改革要求；国务院发布了《中华人民共和国海洋倾废管理条例》（2017 年修订）（以下简称《海洋倾废管理条例》），严格控制向海洋倾倒废弃物；自然资源部（原国土资源部）发布了《海洋观测站点管理办法》和《海洋观测资料管理办法》两部门规章，保障了国家基本海洋观测活动在法律框架下规范进行。

一 《中华人民共和国海洋环境保护法》（2017修正）：进一步取消行政审批

党的十九大报告从我国发展进入新时代的历史方位出发，深化行政体制改革，加快转变政府职能，强调"深化简政放权，创新监管方式，增强政府公信力和执行力，建设人民满意的服务型政府"。① 现阶段要以深化"放管服"改革为抓手，推动政府职能转变。在这一背景下，我国进行了一系列的政府机构改革，并逐步转变政府职能，《海环法》的修订正是符合此次改革的要求。② 《海环法》自 1983 年施行以来，历经 4 次修改，尤其是在 2016 年和 2017 年连续两年做出修改，取消了一大批涉海行政审批事项。

（一）取消入海排污口的审批

2017 年 11 月 4 日，《海环法》做出以下修改：（1）原第三十条第一款修改为："入海排污口位置的选择，应当根据海洋功能区划、海水动力条件和有关规定，经科学论证后，报设区的市级以上人民政府环境保护行政主管部门备案。"第二款修改为："环境保护行政主管部门应当在完成备案后十五个工作日内将入海排污口设置情况通报海洋、海事、渔业行政主管部门和军队环境保护部门。"

---

① 《决胜全面建成小康社会 夺取新时代中国特色社会主义伟大胜利——在中国共产党第十九次全国代表大会上的报告》，2017 年 10 月 27 日，中华人民共和国中央人民政府网，http：//www. gov. cn/zhuanti/2017 – 10/27/content_ 5234876. htm。
② 白佳玉、隋佳欣：《海洋生态保护的法治要求：海环法修订视角下的实证解读》，《山东科技大学学报》（社会科学版）2018 年第 3 期，第 74 ~ 83 页。

(2) 第七十七条增加一款，作为第二款："海洋、海事、渔业行政主管部门和军队环境保护部门发现入海排污口设置违反本法第三十条第一款、第三款规定的，应当通报环境保护行政主管部门依照前款规定予以处罚。"①

国家对入海排污口的管理制度由事前审批改为事后备案，这是政府进一步简政放权的需要。考虑到政府有关主管部门可以通过制定规范和标准等方式，加强事中事后监管，对上述法律条款做了修改。②

（二）入海排污口由审批改备案遭到质疑

在此次《海环法》的修改草案审议过程中，全国人大常委会的多位委员提出反对意见，认为不应取消地方实施的入海排污口位置审批，主要有以下三点考虑。

首先，从加强海洋环境保护角度出发，不应该取消入海排污口的审批制度。目前，国家在海洋环境保护方面的要求越来越严格，在取消入海排污口审批问题上，基于经济社会发展的需要，应该经过深入的调查研究为《海环法》的修改提供数据支持。对于沿海一些企业或者生活用水排海的要求应该更加严格。取消了入海排污口的审批后，当环境保护部门发现违规排放时，只做出两万元到十万元的处罚，已经为时已晚。

其次，需要完善法律条文的表述。选择入海排污口位置时要经过科学的评估，在评估的过程中是否有海洋、海事等部门参加，以及通报后，海洋、海事等部门对通报是否有否决权，这在条文中都未明确。从现有法律条款来看，在论证和设置批准入海排污口位置时都没有海洋、海事部门的参与，只需进行通报即可。因此，在法律表述上应该加强部门之间的沟通，如在审批时征求有关部门的意见，或者让其加入到论证过程中。同时，有的委员认为

---

① 《全国人民代表大会常务委员会关于修改〈中华人民共和国会计法〉等十一部法律的决定》，2017年11月4日，中国人大网，http://www.npc.gov.cn/npc/xinwen/2017-11/04/content_2031495.htm。

② 赵祯祺：《会计法等11部法律获修：进一步激发创新创造活力》，《中国人大》2017年第21期。

仍然需要加大对污染环境的处罚力度，建议提高到 5 万元以上 20 万元以下。

最后，相关配套制度需要完善。国家需要加强执法检查力度，对入海排污口进行定期检查，明确相关部门定期检查的责任，以此针对入海排污口进行有规律的监管。①

取消了对新设入海排污口的行政审批，并不意味着放松了对其的监管。在简政放权的改革背景下，国家对海洋环境的管理需要突出事前和事后监管。入海排污口的设置要进行科学评估，在评估过程中需要有海洋、海事等部门的参加，以增强评估的专业性、科学性。海洋、海事、渔业等其他部门享有对通报的否决权，当这些部门发现新设入海排污口不符合要求时，可以对备案的入海排污口做出整治或取消设立。

二 《海洋倾废管理条例》（2017年修订）：
进一步优化海洋倾废监管

海洋倾废是造成海洋污染的重要原因之一。近年来，随着海洋倾废规模的逐步扩大，海洋环境恶化加剧。当前，我国海洋倾废管理法律体系包括《中华人民共和国海洋环境保护法》、《海洋倾废管理条例》以及《倾倒区管理暂行规定》。此外，我国还加入了包括《1972 伦敦公约/1996 议定书》在内的许多有关海洋环境保护的国际公约。当前倾废管理法规的实施，有效控制并规范了向海洋倾倒废弃物的各类活动，防止因倾倒废弃物而对海洋环境造成污染等危害的发生。②

1985 年之前，我国对海洋倾废的管理处于一种无序化的管理状态。自1985 年颁布实施《海洋倾废管理条例》后，我国对海洋倾废活动的管理才真正做到有法可依，开始进入法制化阶段。随着我国海洋经济的快速发展，

---

① 《全国人大常委会多位委员反对取消入海排污口审批》，2017 年 11 月 2 日，凤凰网，http://news.ifeng.com/a/20171102/52919990_0.shtml。
② 杨振雄、卢楚谦、陶伟、蔡锦兴：《新形势下我国海洋倾废管理法规的修订指导思想初探》，《海洋开发与管理》2015 年第 11 期。

优化海洋倾废的监管程序成为如今改革的重点。《海洋倾废管理条例》自1985年实施以来，经历了2011年和2017年的两次修订。

（一）修改内容：删除原第12条第3款

2017年3月1日，修改后的《海洋倾废管理条例》删除了第12条第3款的规定。修订后的第12条为"获准向海洋倾倒废弃物的单位在废弃物装载时，应通知主管部门予以核实。核实工作按许可证所载的事项进行。主管部门如发现实际装载与许可证所注明内容不符，应责令停止装运；情节严重的，应中止或吊销许可证"。①

（二）优化海洋倾废监管程序

在对海洋倾废的管理程序上，海洋倾废许可证制度是海洋倾废管理的核心。从修订前的第12条第3款的规定可以看出，即便是取得倾废许可的单位，除获得许可审批外，还需要接受港务部门的监督，进行一一核实。实际上，如此严格的监管程序，反而会造成倾倒乱象，一些单位如果按照行政许可的程序获取审批，往往无法满足工程施工的实际要求，客观上造成施工者逃避管理，继而发生管理不到位的现象。如此严密的监管程序，也在一定程度上造成了国家监管费用的浪费，因为按照现有的许可程序，一般情形下即可达到对海洋倾废的严格管理。

（三）《海洋倾废管理条例》配套制度的完善

原国家海洋局②于1990年制定了《海洋倾废管理条例实施办法》（以下简称《实施办法》）作为《海洋倾废管理条例》的配套规定。2017年自然资源部（原国土资源部）对《实施办法》进行了第二次修正，做出以下三处修改。（1）将第3条修改为："国家海洋局及其派出机构（以下简称海区

---

① 参见《海洋倾废管理条例》第12条。
② 2018年3月的国务院机构改革将国家海洋局的职责整合，组建中华人民共和国自然资源部，自然资源部对外保留国家海洋局牌子。

主管部门）是实施本办法的主管部门。"（2）将第12条修改为："申请倾倒许可证应填报倾倒废弃物申请书。"（3）将第16条修改为："检验工作由海区主管部门委托检验机构依照有关评价规范开展。"①

《实施办法》明确了海洋倾废的主管部门，即国家海洋局及其派出机构。在修改之前，海洋监察站、地方海洋管理机构经授权也行使相应的管理职能。《实施办法》修改之前，申请倾倒许可证应附废弃物特性和成分检验单。原《实施办法》规定了检验工作的方法。以上三处修改都体现了共同之处，即简化了相关的许可程序，方便了申请者获取海洋倾倒行政许可。

简政放权并不意味着放松监管。虽然《海洋倾废管理条例》简化了一系列的程序事项，但是为了达到对海洋倾废活动同样有效的监管，就需要更加注重海洋倾废的其他制度的完善。目前，我国海洋倾废法律制度需要从以下几个方面完善：第一，学习先进理念和做法，当前与海洋倾废有关的国际公约确立了治理海洋倾废的新理念、新原则和新的法律制度和规则等内容，将其中适合我国当前形势的新内容引入并转化为国内法，同时，有针对性地学习一些国家的先进做法；第二，更新海洋倾废管理理念，引入国际认可的法律原则，包括污染者付费原则、风险预防原则和国际合作原则等；第三，完善海洋废弃物名单制度、倾倒区制度，引入海洋倾废责任新机制等。②

三　《海洋观测站点管理办法》和《海洋观测资料管理办法》：规范海洋观测活动

海洋观测是一项基础性公益事业，不仅在预防和有效应对海洋灾害方面发挥了重要作用，而且对国家的国防建设和国民经济的发展起到支持作用。在政府和科研机构的共同努力下，我国的海洋观测能力有了较大提升，具备了良好的发展基础，与之相配套的法治建设也取得了显著成果。

---

① 参见《海洋倾废管理条例实施办法》第3、12、16条。
② 陈维春：《国际海洋倾废法律制度的新发展及其对我国之启示》，《华北电力大学学报》（社会科学版）2018年第5期。

国务院于 2012 年 6 月颁布实施了《海洋观测预报管理条例》,系统规定了海洋观测网的建设与保护、海洋观测与资料的汇交使用以及海洋预报等内容。为了细化相关的制度安排,国家海洋局于 2013 年就启动了《海洋观测站点管理办法》和《海洋观测资料管理办法》(下文称两个《办法》)的起草工作。[①] 2017 年 6 月 5 日,这两个《办法》在原国土资源部第 2 次部务会议上审议通过并公布,对依法规范海洋观测活动具有重要意义,也标志着我国海洋法治建设取得了新的成果。

(一)两个《办法》制定过程中遵循的原则

在制定两个《办法》的过程中,国家海洋局始终坚持以下四个基本原则。(1)补漏不重复。鉴于《海洋观测预报管理条例》中存在的许多原则性的规定,此次制定实施主要针对这些原则性的规定予以明确,增强可操作性,此谓"补漏";而对已经有了明确规定的内容不再做重复规定,此谓"不重复"。(2)满足管理的需要。任何法律法规或规章的制定都必须立足于实际需要,此次制定两个《办法》就是因为当前我国在海洋观测站点和资料两方面管理的缺失,为满足管理需要,同时也为保证海洋观测活动的顺利进行,两个《办法》将对规范此两类活动进行具体的制度安排。(3)以问题为导向。当前我国的海洋观测站点和观测资料管理中存在一系列问题,需要通过出台相应的办法,落实并强化管理活动中的各种责任。(4)服务大众。当前海洋资料不只是在防范海洋灾害和国防建设上发挥重要作用,而且随着经济向海洋的拓展,海洋资料对大众群体也有更重要的作用,所以此次两个《办法》的出台,其中的亮点就是规范了海洋观测资料的共享活动,坚持了服务大众的原则,为公众提供有关海洋数据的服务。[②]

[①] 乔思伟:《规范海洋观测站点管理 强化海洋观测资料汇交》,《中国国土资源报》2017 年 6 月 9 日,第 1 版。

[②] 王华:《"海洋观测站点"和"海洋观测资料"管理办法解读》,2017 年 6 月 13 日,搜狐网,http://www. sohu. com/a/148637437_726570。

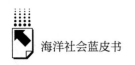
（二）《海洋观测站点管理办法》的制度分析

目前我国在海洋观测站点的管理实践中存在一系列的问题，例如在设置海洋观测站点时没有进行合理的评估和分析，致使存在部分站点的设置不合理，以及没有进行环境影响评估且没有相应的环境恢复措施，导致海洋观测站点对周围环境造成一定程度的破坏等问题。因此，《海洋观测站点管理办法》从问题出发，通过细化安排有关制度为解决问题提供方案。我国的《海洋观测站点管理办法》篇幅不长，整体内容只有27条，从内容和制度设计上来看，包括以下几个部分。

1. 海洋观测站点的范围

从现有的海洋观测方式来看，海洋观测站点包括海洋观测站（点）、浮标、潜标、雷达站等。从海洋观测站点的设立、使用主体来看，当前我国海洋观测站点分为基本海洋观测站点和其他单位或者个人海洋观测站点两类。基本海洋观测站点又区分为国家和地方两类。①

《海洋观测站点管理办法》规定的海洋观测站点种类较多，基本上涵盖了当前主流的海洋观测方式，形成了对比之前零散的海洋观测站点的系统规范。我国在海洋观测系统建设方面，不仅依靠国家本身，还广泛地发挥了地方、公民或其他单位的力量。此次《海洋观测站点管理办法》明确了将其他单位或者个人海洋观测站点纳入国家整体海洋观测统中来，有效发挥私主体的优势。

2. 海洋观测站点的设立与调整

当前对海洋观测站点的管理存在以下问题：由于在设置海洋观测站点时没有进行统一的规划设计，所以有的海域观测站点密度不够，不能完全覆盖部分海域。② 针对此类问题，《海洋观测站点管理办法》在基本海洋观测站点的设立和调整等程序性事项上做出规定，特别是对国家基本海洋观测站点

---

① 参见《海洋观测站点管理办法》第2、3条。
② 《中国规范海洋观测预报管理避免观测环境遭破坏》，2012年5月20日，中新网，http://www.chinanews.com/gn/2012/05 - 20/3901614.shtml。

做出细致规定。

首先，海洋观测站点的设立。站点的设立应该满足海洋观测网规划的要求，符合有关标准和技术要求。其中国家基本海洋观测站点，由海区派出机构先行组织有关专家进行论证，然后需要经过海洋主管部门同意再设立。

其次，海洋观测站点的迁移。《海洋观测站点管理办法》对迁移国家基本海洋观测站点的申请条件、申请材料以及申请程序都做出了细致规定。观测站点迁移新址后需要建设新的观测站点，《海洋观测站点管理办法》对迁建的国家基本海洋观测站点的验收程序、新旧站点的各种事项的交接程序等都做出了明确规定。[1]

最后，海洋观测站点的撤销。如果相关海域已无进行海洋观测的必要时，可以申请撤销观测站点。此时多是由于相关海域的海洋环境遭到破坏，导致不能保证所获得的海洋资料具有代表性、连续性和准确性，而且无法恢复，导致失去观测的价值。另外，如果自然灾害等原因导致不能在原定位置设立站点，又没有另行选择设立的必要时，也可以申请撤销站点。[2] 申请撤销站点需要提交有关论证报告。

3. 与海洋观测站点有关的行政许可

在日常的生产或科研活动中，部分单位或个人有设置海洋观测站点的需求。为满足单位和个人设立、迁移或调整海洋观测站点的需要，鼓励和规范单位和个人设立观测站点的活动，《海洋观测站点管理办法》明确了单位和个人需要提交的申请材料，同时又规定了有关部门应该在收到申请材料之日起的二十个工作日内予以回复，决定是否批准。对于符合海洋观测网规划的、站点选址合理的以及建设工程计划可以施行的，有关部门应该予以批准并公告。[3]

4. 海洋观测站点保护的法律责任

明确了保护范围和禁止从事的行为。依法划定海洋观测环境保护范围，

---

[1] 参见《海洋观测站点管理办法》第7、8、9、10、11、12条。
[2] 参见《海洋观测站点管理办法》第12、13条。
[3] 参见《海洋观测站点管理办法》第16、17条。

在保护范围内禁止从事建设障碍物（房屋、围墙、堤坝等）、设置影响观测设备的强电磁干扰源。明确了承担保护责任的主体。海洋观测站点的保护工作主体为沿海县级以上海洋主管部门和海区派出机构。明确了违反规定的责任主体和处罚方式。《海洋观测站点管理办法》作为《海洋观测预报管理条例》的下位法，注重与其相衔接，对以下三种行为依照《海洋观测预报管理条例》进行处罚：对违反规定程序设立、迁移、变更观测站点的单位和个人进行处罚；对在保护范围内从事了禁止活动的单位和个人进行处罚；对违反规定的沿海县级以上海洋主管部门、海区派出机构中的工作人员，区分情况予以处分。①

（三）《海洋观测资料管理办法》的制度分析

《海洋观测资料管理办法》简短的二十六个条文，有效解决了当前在海洋观测资料管理上存在的问题。《海洋观测资料管理办法》的制度亮点主要有以下两点内容。

1. 施行统一汇交管理制度

为进一步加强和规范科学数据管理，保障科学数据安全，提高开放共享水平，国务院办公厅发布了《科学数据管理办法》，规定科学数据强制汇交。海洋观测资料是人类认识海洋所获取的科学数据。我国的海洋观测资料作为国家科学数据的重要来源，按照规定也需要施行统一汇交制度。《海洋观测资料管理办法》第6条规定，"在中华人民共和国领域和中华人民共和国管辖的其他海域内从事海洋观测活动的单位，应当按照本办法的规定向有关海洋主管部门汇交海洋观测资料"。

海洋观测资料的统一汇交制度包括编制汇交名录、资料数据的传输以及资料的核验。各主管单位按层级依次编制并上报本辖区内的海洋观测资料汇交目录。资料数据的传输又分为实时传输和离线报送两种方式，对于能够进行在线实时资料传输的单位，可以通过数据传输网络实现实时汇交，而对于

---

① 参见《海洋观测站点管理办法》第19、21、23、24条。

不具备进行在线实时数据传输的单位，或者业务体系有特殊要求不方便进行实时汇交的，则采取离线报送的方式进行数据传输。《海洋观测资料管理办法》对具体的资料报送流程和资料核验又做了细致安排。[①]

2. 资料的保管、共享与服务制度

海洋观测资料实行分级保管、永久保管制度。各主管部门负责本级海洋观测资料的整理、保管和利用，并建立专门的数据库和管理制度，配备专业技术人员和专门设施来保存、防护海洋观测资料。[②]

为了确保公众能够获得并使用海洋观测数据，对公开目录范围内的海洋观测资料，海洋观测资料管理机构应建立公共服务平台予以公布，供公众无偿下载使用。除此之外，《办法》还规定，各级海洋观测资料管理机构通过订立共享协议为用户提供服务。针对因公共利益的需要而使用海洋观测资料的情形，诸如防震减灾、公共安全、国防建设等情形，管理机构也应无偿提供服务。同时，《办法》也细致规定了申请者需要提交的材料、受理查验程序、答复等内容。[③] 海洋观测资料对国家安全至关重要，其中部分资料属于国家秘密，《办法》中也规定了单位和个人在申请使用此部分观测资料时需要遵从的程序。单位或者个人未经批准不得擅自向国际组织、外国的组织或者个人提供属于国家秘密的海洋观测资料和成果。[④]

目前，科学数据的共享引起国际社会的广泛关注和重视。国际组织也致力于构建科学数据共享平台来为国际交流合作提供服务，同时，各国则通过完善国内法的形式来保障科学数据共享活动的有序进行。[⑤]《海洋观测资料管理办法》也明确了我国的海洋观测资料的国际共享，针对我国当前参与的国际海洋观测计划，由国务院海洋主管部门授权组织实施海洋观测资料的

---

① 参见《海洋观测资料管理办法》第6、7、8、9、10、11条。
② 参见《海洋观测资料管理办法》第12条。
③ 参见《海洋观测资料管理办法》第13、14、16、17、18、20条。
④ 王华：《强化统一管理 突出共享服务 保障数据安全 充分发挥海洋观测资料的应用价值——〈海洋观测资料管理办法〉解读》，《海洋信息》2018年第2期。
⑤ 李娟、刘德洪、江洪：《国际科学数据共享原则和政策研究》，《图书情报工作》2008年第12期。

国际交换。①

　　以上两个《办法》对《海洋观测预报管理条例》中较为原则性的内容做出细化，具体明确了海洋观测站点和海洋观测资料的管理活动如何进行，增强了可操作性。两个《办法》对推动我国海洋观测活动的有序开展具有重要意义，海洋观测活动成为当前我国关心海洋、认识海洋、经略海洋的重要组成部分，推动了我国的海洋强国建设，为我国向海洋进军提供了有效的制度保障。

参考文献

《决胜全面建成小康社会　夺取新时代中国特色社会主义伟大胜利——在中国共产党第十九次全国代表大会上的报告》，2017 年 10 月 27 日，中华人民共和国中央人民政府网，http：//www. gov. cn/zhuanti/2017－10/27/content_ 5234876. htm。

白佳玉、隋佳欣：《海洋生态保护的法治要求：海环法修订视角下的实证解读》，《山东科技大学学报》（社会科学版）2018 年第 3 期。

《全国人民代表大会常务委员会关于修改〈中华人民共和国会计法〉等十一部法律的决定》，2017 年 11 月 4 日，中国人大网，http：//www. npc. gov. cn/npc/xinwen/2017－11/04/content_ 2031495. htm。

赵祯祺：《会计法等 11 部法律获修：进一步激发创新创造活力》，《中国人大》2017 年第 21 期。

《全国人大常委会多位委员反对取消入海排污口审批》，2017 年 11 月 2 日，凤凰网，http：//news. ifeng. com/a/20171102/52919990_ 0. shtml。

杨振雄、卢楚谦、陶伟、蔡锦兴：《新形势下我国海洋倾废管理法规的修订指导思想初探》，《海洋开发与管理》2015 年第 11 期。

陈维春：《国际海洋倾废法律制度的新发展及其对我国之启示》，《华北电力大学学报》（社会科学版）2018 年第 5 期。

乔思伟：《规范海洋观测站点管理　强化海洋观测资料汇交》，《中国国土资源报》2017 年 6 月 9 日，第 1 版。

王华：《"海洋观测站点"和"海洋观测资料"管理办法解读》，搜狐网，2017 年 6 月 13

---

　　① 参见《海洋观测资料管理办法》第 22 条。

日，http：//www.sohu.com/a/148637437_726570。

《中国规范海洋观测预报管理　避免观测环境遭破坏》，2012 年 5 月 20 日，中新网，
　http：//www.chinanews.com/gn/2012/05 – 20/3901614.shtml。

王华：《强化统一管理　突出共享服务　保障数据安全 充分发挥海洋观测资料的应用价
　值——〈海洋观测资料管理办法〉解读》，《海洋信息》2018 年第 2 期。

李娟、刘德洪、江洪：《国际科学数据共享原则和政策研究》，《图书情报工作》2008 年
　第 12 期。

B.8
中国海洋管理发展报告

王冠鑫　高法成*

摘　要： 2017年是"十三五"规划的重要年度，我国海洋管理在"海洋强国""蓝色经济""海上丝绸之路"的战略指导下砥砺前行。本文阐述了"海洋管理"的内涵、发展和制度基础，并基于我国海洋管理领域的发展情况梳理了2017年海洋生态建设、海洋功能区统筹和海洋立法执法等方面的管理新规与理论探索，发现其呈现下列特征：海洋生态是海洋管理的核心；海洋管理体制还在建设中，主要集中在落实海洋立法补充、海洋行政督察等方面。同时，海洋管理还面临海洋生态紧迫、海洋国际环境变幻、海洋管理体制职能交叉等挑战。在未来的一段时间内，我国海洋管理将呈现的是蓝色经济和生态环境均衡发展、海陆管理统筹发展以及海权能力综合发展的趋势。为了应对这些挑战和趋势，我国在推进海洋立法工作、海洋管理体制建设、海洋执法力量的整合优化工作的同时，也要注意公民的海洋意识、海洋人才、海洋公共服务等海洋强国软实力的指标建设。

关键词： 海洋管理　海洋综合管理　海洋管理体制　海洋生态

---

* 王冠鑫（1994～），上海师范大学哲学与法政学院社会学专业研究生；高法成（1976～），广东海洋大学法政学院副教授，博士，研究方向为人口与文化、经济社会学、社会工作。

一　我国海洋管理发展概况

（一）政策背景

2012 年，中国共产党十八大报告中指出，要"提高海洋资源开发能力，发展海洋经济，保护海洋生态环境，坚决维护国家海洋权益，建设海洋强国"。[①] 2013 年，国家主席习近平于印尼国会中首次提出"21 世纪海上丝绸之路"倡议。海上丝绸之路是海洋强国战略的有机组成部分。海洋强国战略的部署，是实现中国复兴的途径，也是 21 世纪海洋形势变化挑战的应对，以及适应中国海洋意识提高、海洋制度和科学发展的需求。在此背景下，我国海洋从"自然海洋"转向"自然海洋"与"公共海洋"属性并存的状态。同时，海洋管理在我国海洋强国软实力建设中应成为重要的组成部分。新时代的要求，也将海洋管理推上了更高的层次。

（二）海洋管理发展综述

海洋综合管理在 20 世纪 90 年代始才引发中国学者的关注和探讨，其研究强调综合性的海洋管理体制，即国家通过下级政府及机构对各方面的海洋事务统筹管理。[②]

中国海洋管理理念和制度的演变还受到现实海洋管理要求的影响。改革开放之后我国海洋事务领域的宏观环境发生变化，特别是传统分散的行业管理模式无法很好地解决海洋开发利用过程中产生的环境污染、生态资源破坏等问题。21 世纪以来，在新的国际海洋形势下，海洋权益、海洋安全等议

---

① 《十八大报告首提"海洋强国"具有重要现实和战略意义》，新华网，http://www.xinhuanet.com/politics/2012 - 11/10/c_ 113656731.htm，最后访问日期：2018 年 9 月 1 日。
② 崔凤、宋宁而：《中国海洋社会发展报告（2016）》，社会科学文献出版社，2017，第 119 页。

题也要求适合的海洋管理方案。

普遍认为,中国的海洋管理体制在1949~1980年处于"分散管理"的阶段,在1980~2010年处于向"综合管理"转变的阶段,2010~2013年处于"综合管理初步形成"阶段。① 2013年以后,为了应对历史制度的沿袭,以及更加复杂、多元变化的环境,还有时代赋予海洋的使命,新的海洋综合管理不断健全。2016年作为"十三五"规划的开局之年,我国在"海洋强国"战略的指导下,完成了大量的海洋战略规划工作,囊括海洋计量、海洋标准化、海洋生态、海洋权益、海洋监测等方面,并出台多部法律法规。同时发现综合管理理念、法律体系、海洋管理体制与海洋管理实践脱节等问题。2017年将在2016年的工作规划下,不断健全海洋综合管理。

具体而言,海洋综合管理是以生态系统原理为基础,涉及海洋空间布局规划,利用海洋法制管理、海洋生态环境保护、海洋监察法管理、海洋公共事业服务,形成了海洋管理的新模式,它既包含了海洋资源、环境、生态、经济、权益、安全等方面的具体管理,也囊括了涉及海洋的公共服务活动,呈现覆盖广、领域宽、职责重、发展快的特点。②

二 2017年我国海洋管理基本情况

(一)海洋管理基本情况

2017年同样作为"十三五"规划的重要一年,在海洋管理工作上取得了阶段性的成果。下面将从学术探讨和政府法规文件两方面阐述2017年海洋管理的发展情况。

---

① 张海柱:《理念与制度变迁:新中国海洋综合管理体制变迁分析》,《当代世界与社会主义》2015年第6期。
② 王双:《海洋强国战略背景下我国海洋综合管理转型升级路径初探》,《当代经济管理》2017年第39期。

1. 海洋管理的研究现状

在文献发表方面，对中国知网（CNKI）2017 年海洋管理相关领域的主题词的检索见表1。

表1　2017 年主题词含海洋管理的相关领域文献分类

单位：部

序号	主题	2017 年	2016 年	2015 年	文献峰值/年度	最早提出时间
1	海洋生态	1290	1193	1235	1290（2017）	1983 年
2	海洋法	302	419	334	419（2016）	1982 年
3	海洋战略	291	320	345	390（2012）	1985 年
4	海洋监测	169	157	177	177（2015）	1987 年
5	海洋数据	138	178	150	178（2016）	1985 年
6	海洋执法	74	93	87	118（2012）	1983 年
7	海洋功能区划	72	82	79	209（2012）	1989 年
8	海洋信息	64	50	49	64（2017）	1980 年
9	海洋安全	58	66	78	88（2014）	1995 年
10	海洋风险	38	51	45	51（2016）	1992 年
11	海洋管理体制	34	48	54	101（2013）	1983 年

资料来源：根据中国知网（CNKI）以"海洋管理"相关研究领域为主题词检索所得的文献筛选、分类得来。

由表1可以发现，按主题文献峰值/年度来看，2012～2017 年这6年海洋管理的研究呈现两个高峰。2014 年（含2014 年）之前，海洋管理研究集中于海洋战略、海洋执法、海洋功能区划、海洋安全和海洋管理体制上；2014 年之后，海洋管理研究聚焦在海洋生态问题、海洋立法建设、海洋数据库建设、海洋监测、海洋信息收集及海洋风险防范上。这反映了海洋管理研究从对制度设计的关注转向海洋实践的探讨中来。相比其他年度，2017 年海洋生态和海洋信息更受关注，其中海洋生态是历年的研究热点，文献数量大幅度领先于其他主题领域。

在相关学术研讨会方面（见表2），除了"中国海洋学会2017 年学术年会"属于拥有各类子议题的综合性论坛之外，其他学术研讨会都是基于一个主题，涉及海洋权益、海洋法、海洋流域管理、海洋技术、海洋生态与海洋战略等多个方面，并没有特别集中的主题。但可以发现，各研讨会都是在

海洋强国战略背景下进行的，围绕着海洋权益和海洋生态进行。

由此，在学术研究方面，2017 年中国海洋管理发展风向紧跟时局和国家海洋战略主题，并倾向于海洋综合管理各方面的实践探讨。

表 2　2017 年涉及"海洋管理"的学术研讨会

序号	会议名称	主办单位	研究主题	地点	时间
1	2017"国家海洋战略与海洋权益维护"学术研讨会	上海交通大学海洋法治研究中心等	海洋强国战略与海上丝绸之路建设；全球治理与海洋权益新空间拓展；我国海洋权益争端解决的机制与路径；海洋生物资源与生态环境保护	上海	2017.03
2	全球变化下的海洋与湖泊——流域管理与生态保护 2017 年学术研讨会	九江学院	流域综合管理和流域生态保护	九江	2017.05
3	中国海洋法学会	中国海洋法学会、西北政法大学	海洋法的新发展、维护海洋权益、海上丝绸之路	西安	2017.10
4	中国海洋学会 2017 年学术年会	中国海洋学会、中国太平洋学会	综合性论坛；举行了 2016 年海洋科学技术奖颁奖仪式	青岛	2017.10
5	2017 第六届世界海洋大会	中国航海学会、中国海洋工程咨询协会、中国渔业协会、中国船舶工业行业协会、中国藻业协会	涉及海洋生物技术、海洋工程、海事法、可持续的海洋能源、海洋航运与船舶建造技术、绿色港口建设、海洋环境保护、海洋学研究、水产养殖技术、水产饲料研发、免疫和疫苗、水产新产品开发、渔业的可持续发展、藻类生物技术、利用藻类开发可再生原料等国际热点议题	深圳	2017.11

资料来源：根据知网相关学术会议信息总结而成，http：//www.cnki.net，最后访问日期：2019 年 3 月 3 日。

2.政府政策法规

（1）海洋空间规划布局方面

海洋的自然属性和管理体制的个性，使得其与陆地空间规划的统筹区分开来。近年来，随着海洋经济发展的加快以及海洋开发需求的增多，海洋功能区划的要求也发生了相应变化。

"十三五"规划提出基于主体功能区的各类空间规划统筹、"多规合一"政策推进的国家空间规划体系。2017年1月，《省级空间规划试点方案》由中共中央办公厅、国务院办公厅发布。2017年4月，为贯彻落实该方案，统筹省级空间规划试点的推进工作，经国务院同意，省级空间规划试点工作部际的联席会议制度由此建立。国家海洋局成为"联席会议"组成单位之一。当前我国海洋的规划体系，呈现国家级－省级－市县级的纵向与海洋的空间规划与总体规划、海洋的区域与专项规划的纵向并列的局面。"多规合一"的改革任务和省级空间规划联席会议制度的建立，将推进海洋空间布局的优化。

2017年9月，辽宁省印发实施《辽宁省海洋主体功能区规划》（以下简称《规划》）。该《规划》划定辽宁省海洋功能区面积为4.13万平方公里（含589个无居民海岛）。全省海洋空间基于海域资源环境的承载能力、现有开发利用的强度和发展潜力的差异划分为"优化开发、限制开发、禁止开发"等三类区域，三类区域占比约为3∶6∶1。

2017年9月，《浙江省长江经济带发展实施规划》正式印发实施，浙江省还建立了年度计划定期报告监测督促问责机制。规划立足浙江自身优势，提出了要在长江经济带建设中发挥生态文明建设示范区、创新驱动发展先行区、陆海联动发展枢纽区和转型发展的重要增长极等"四大战略定位"作用。据浙江省发改委发布的消息，浙江省明确了以杭州都市区、宁波都市区为两大核心区域，依托义甬舟（义乌宁波舟山）开放大通道建设和沿海发展带高能级平台发展布局，加强与海洋经济区、浙皖闽赣国家生态旅游协作区和太湖流域治理区的联动，构筑形成以"两核两带三区"为主体的空间发展格局，重点抓好共建长江沿线绿色生态廊道、舟山江海联运服务中心、义甬舟开放大通道等七个方面的任务。①

2017年10月，《广东省沿海经济带综合发展规划（2017～2030年）》

---

① 《浙江实施长江经济带发展规划，构筑"两核两带三区"格局》，新华网，http：//www.xinhuanet.com/politics/2017－09/06/c_1121617532.htm，最后访问日期：2018年9月1日。

印发实施。该《规划》期限为2017～2030年，范围包括广东省沿海陆域涉及的15个县（市）和相关的15个地级以上市的中心城区，以及广东省管辖海域，总面积约12.09万平方公里。

同年11月，《广东省海岸带综合保护与利用总体规划》由广东省人民政府以及国家海洋局发布，设立我国首个省级海岸带规划试点，旨在推进陆海统筹协调发展制度创新。该规划突出了三大亮点：一是确立总体指导与统筹协调地位；二是坚持陆海统筹，重视以海定陆；三是落实生态优先，保护优先制度性安排。①

（2）海洋生态环境保护

海洋管理的核心在于生态环境保护。海洋生态环境直接关涉到涉海行业及社会的安全与发展。一个和谐的海洋和海岸带生态系统能够提供多种服务：食品安全、经济增长所需的资源、旅游休闲、海岸线防护、气候调节以及生物多样性维持等。② 海洋战略的调整，"蓝色经济"、"海洋强国"和"海洋丝绸之路"对海洋生态的可持续性发展提出了更高的要求。

2017年1月，我国沿海11个省（区、市）的海洋红线划定工作完成，全国超过30%的管理海域和35%的大陆岸线被划入"红线管控"范围。该制度旨在将重要海洋生态功能区、生态敏感区和生态脆弱区纳入海洋生态红线区管辖防卫，进行严格管控。辽宁、江苏、浙江等省份相继发布并实施海洋红线方案。

2016年年末相继通过并发布的《海岸线保护与利用管理办法》（以下简称《办法》）在2017年投入实施。该《办法》具有重要的意义，在生态文明体制改革的统筹下，直面海岸线保护与利用的问题，并确立当下的海岸线保护与利用管理任务，以下述三个方面为突破点。

第一，在管理体制方面，《办法》首次强调海岸线保护与利用之间的协

---

① 《国家海洋局局长：首个省级海岸带规划试点呈现3大改革亮点》，中国政府网，http://www.gov.cn/xinwen/2017-11/30/content_5243527.htm，最后访问日期：2018年9月1日。

② 苑晶晶、吕永龙、贺桂珍：《海洋可持续发展目标与海洋和滨海生态系统管理》，《生态学报》2017年第37期。

调关系，并规定具体的工作分配。以国家海洋局为首指导、协调和监督全国海岸线保护与利用；国务院有关部门各司其职，负责海岸线保护与利用管理；沿海省级人民政府负责监督管理辖区内的海岸线保护、利用，而自然岸线保护被纳入沿海地方人民政府的政绩考核中。

第二，在管理方式方面，《办法》围绕自然岸线保有率的目标，确立倒逼机制。建立国家"自然岸线保有率控制制度"，以应对自然岸线被围填海工程侵占、海岸生态空间缩减的趋势。具体工作包括：各沿海省（自治区、直辖市）共同完成全国大陆以 35% 为限度的自然岸线保有率的工作目标，由省级政府在规定年限内计划、落实自然岸线保护与控制的相关工作。

第三，在管理手段方面，《办法》借鉴并实施海洋督察和区域限批的政策，以应对地方政府监管不严所导致的海岸线粗放、盲目占用等乱象。基于此，自然岸线保护被纳入沿海地方政府政绩考核中。具体工作包括：国家海洋局负责组织、开展海岸线保护与利用管理在沿海地方各级人民政府具体管理情况的督察工作，并严格用海要求，不得批准不符合上述自然岸线的保有率管控目标的围填海项目。①

（3）海洋利用法制管理和监督执法管理

2017 年，各项海洋规划、立法政策逐步完善，海洋事业法制进程不断推进。

表 3 中的法律法规按照性质大致分为基础性、预设性、指导性和阐述性四类。由此，2017 年海洋管理的相关法律法规中阐述性和指导性的文件占绝大多数。同时在海洋立法方面，根据国家海洋局的公开计划，重点领域的海洋立法工作在积极推进中，包括海洋基本法草案以及其他法律法规的修订工作。

---

① 《海洋局副局长解读〈海岸线保护与利用管理办法〉》，中国政府网，http：//www.gov.cn/zhengce/2017-04/06/content_5183771.htm，最后访问日期：2018 年 9 月 1 日。

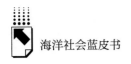

表 3 2017 年海洋管理相关的法律法规、政策文件

序号	名称	发布时间
1	《关于加强海洋质量管理的指导意见》	2017 年 10 月
2	《关于开展"湾长制"试点工作的指导意见》	2017 年 9 月
3	《关于进一步加强海洋综合管理推进海洋生态文明建设的意见》(浙江省)	2017 年 1 月
4	《北极考察活动行政许可管理规定》	2017 年 8 月
5	《海洋工程环境影响评价管理规定》(新修订)	2017 年 4 月
6	《南极考察活动环境影响评估管理规定》	2017 年 5 月
7	《海岸线保护与利用管理办法》(2016 年通过,2017 年实行)	2017 年 1 月
8	《海洋观测站点管理办法》《海洋观测资料管理办法》	2017 年 6 月
9	《海洋标准化管理办法实施细则》	2017 年 7 月
10	《海洋可再生能源资金项目实施管理细则(暂行)》	2016 年 12 月
11	《关于进一步加强国内渔船管控实施海洋渔业资源总量管理的通知》(农业部)	2017 年 1 月
12	《国家海洋局科学技术司关于规范海洋标准化管理工作的通知》	2017 年 6 月
13	《海洋督察方案》	2017 年 1 月
14	《海洋统计报表制度》	2017 年 9 月

资料来源:根据中国政府网信息总结而成,http://www.gov.cn,最后访问日期:2019 年 3 月 3 日。

在海洋监督执法方面,国家海洋督察工作机制建立并实施。2017 年 8 月,国家海洋局首次组建国家海洋督察组,并先后抵达辽宁、海南,以围填海专项为核心展开海洋督察工作,重点考察、解决地方对围填海管理中的"失序、失度、失衡"等问题。[①]

(4)科技与监测预警服务

2017 年 7 月,《海洋标准化管理办法实施细则》由国家海洋局发布,全面规定了海洋国家标准与行业标准的制定、实施和监督全过程的管理工作,以推进"海洋标准化三级管理制度"体系建设。11 月,国家海洋局办公室为贯彻落实《中共中央国务院关于开展质量提升行动的指导意见》以及《关于加强海洋质量管理的指导意见》,发布相关行动计划,优化并提高海

---

① 《首次国家海洋督察启动》,中国政府网,http://www.gov.cn/xinwen/2017 – 08/23/content_5219698.htm,最后访问日期:2018 年 9 月 1 日。

洋公共服务和综合管理质量。

2017 年中国极地科考也取得了多项成果，包括实现大洋科考与极地科考的环球海洋综合科考；"海洋六号"完成深海地质调查任务；筹备建立第5 个南极科考站；等等。

在海洋预警服务方面，发布《2016 年中国海洋灾害公报》《2016 年中国海平面公报》《"一站多能"海洋（中心）站"十三五"实施方案》《滨海旅游度假区海洋环境预报技术导则》等多项重要文件。[①]

（二）发展特征

通过对海洋管理的学术研究和政府法律法规的分类与总结，可以发现以下几个特征。

第一，海洋生态是海洋管理的核心。不管是学术论文、研讨会，还是政府出台的诸多法律法规，都突出了海洋管理中海洋生态的核心位置。

海洋生态的重要性与必要性在于，陆地能源资源枯竭，社会经济发展面临巨大的压力，海洋经济成为新的发展动力。但是，海洋环境的复杂性、脆弱性和其越来越大的重要性，要求海洋相关开发与利用要处于合理、规范的管理之下。

在学术研究方面，海洋生态作为海洋管理的基础和核心地位已经得到认可，其研究主要集中在几个方面：一是路径探讨，如周玲玲等的《中国生态用海管理发展初探》、王双的《海洋强国战略背景下我国海洋综合管理转型升级路径初探》等；二是海洋生态管理体系的现状分析，如武静的《广东省海洋生态文明建设现状与问题研究》、郑苗壮等的《论我国海洋生态环境治理体系现代化》等；三是评估策略，如孙倩等的《海洋生态文明绩效评价指标体系建构》、李潇等的《海洋生态环境监测体系与管理对策研究》等。

关于海域、海洋资源管理的开发与利用，我国海洋管理经历了从粗放开放、

---

① 国家海洋局：《2017 年国家海洋局政府信息公开年度报告》，http：//www.mnr.gov.cn/gk/gkbg/201803/t20180327_ 2159986.html，最后访问日期：2018 年 9 月 1 日。

盲目开发、过度开放向生态用海的转变。自党的十八大提出"生态用海"以来，国家海洋局颁发了一系列的文件，使其内涵不断发展。到2017年，海域使用的功能区划、海洋生态红线制度和海洋督察机制等给"生态＋海洋管理模式"提供了制度支撑。"生态用海管理体系逐渐完善，我国海洋管理的各个环节基本契合'生态＋'的理念，确立以生态系统为基础的海洋综合管理新途径。这为我国的海洋资源过度消耗、生态环境形势严峻等问题提供治本之法，对集约、节约、利用海洋资源大有裨益，有利于海洋生态文明建设的发展进程。"[①]

第二，海洋管理体制建设进入新阶段。这里的新阶段有两个参照系。第一个是2014年之前，中国海洋综合管理体制刚建之初，围绕海洋管理体制建设的讨论，重点集中在探讨如何和怎样搭建海洋综合管理体制，以及完善我国海洋综合管理体制的研究。2017年进入到一个新的发展阶段，这一阶段基本已经确立了基于生态系统原理的海洋综合管理体制，更多的研究集中在实践、评估和顶层设计的优化上。第二个参照系是2016年，作为"十三五"规划的开局之年，2016年海洋综合管理先推进战略管理，以牵引后续的具体执行和操作工作，总体上管理范围扩大化，管理对象复杂化，管理工作量增加。2017年以来，在海洋综合管理战略指导下，具体执行和操作工作迅速落实，集中在沿海功能区划、极地等海洋区域探测和海洋信息标准化上。并且，2017年开展常态化海洋督察工作，这属于政府内部监督和专项监督。这意味着海洋管理工作从之前的战略先行、顶级设计为主转向战略指导、设计和实践反馈共同发展的状况。

三 我国海洋管理面临的挑战与趋势

（一）挑战

海洋综合管理体制在管理内容、管理对象上都较传统海洋管理更为多

---

① 周玲玲、鲍献文、余静、张宇、武文、冯若燕：《中国生态用海管理发展初探》，《中国海洋大学学报》（社会科学版）2017年第6期。

元、复杂，同时面临海洋经济和海洋生态矛盾、海洋综合管理体制建设进度缓慢、国际海权环境变幻等挑战。

1. 海洋经济与海洋生态矛盾

《2017 年中国海洋经济统计公告》显示，全年全国海洋生产总值达77611 亿元，占国内生产总值的 9.4%，同比增长 6.9%。海洋经济在国民经济中发挥重要作用。[①] 在《2017 年中国海洋生态环境状况公报》中，全年我国海洋生态环境呈现"稳中向好"态势，但入海河流水质状况不容乐观，近岸局部海域污染依然严重。其中，公报指出，近岸海域主要存在四大环境问题：一是近岸局部海域污染问题尚未缓解；二是海洋生态系统的整体健康状况堪忧；三是陆源入海污染压力仍较大；四是海洋风险仍然突出。[②]

中央环保督察组反馈沿海省份存在破坏海洋生态环境的行为，"向海要地，向海要钱，向海排污"的情况存在于山东、浙江和海南三省。"向海要地"指的是违法违规的填海问题，即各类滩涂湿地、自然海岸线等生态资源占用的行为，侵占海域空间资源；"向海要钱"指海洋养殖业的无序发展，这折射出海洋产业布局不合理、开发方式粗放、污染严重等问题；"向海排污"则会造成近海海域水质恶化。

海洋及海岸带的生态环境与沿岸海洋经济社会发展息息相关。

2. 海洋权益国际形势变幻

近年来中国海洋权益面临"内忧外患"。"外患"在于 21 世纪即海洋世纪，沿海国家对海洋资源的认识和需求提高，对国土和资源的争夺也转移到海洋以及海岛上。同时，我国天然的海洋地理位置，以及海洋管辖领域临近多个国家，这加剧了海洋管理的困难。所谓"内忧"指我国现在的海洋管理能力、海上执法力量跟不上我国海洋权益的保护。

---

① 《2017 年中国海洋经济统计公报》，自然资源部门门户网站，http://gc.mnr.gov.cn/201806/t20180619_ 1798495.html，最后访问日期：2018 年 9 月 1 日。
② 《国家海洋局：海洋生态环境稳中向好，入海河流水质不容乐观》，中国政府网，http://www.gov.cn/xinwen/2018 - 03/19/content_ 5275574.htm，最后访问日期：2018 年 9 月 1 日。

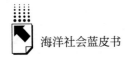

3. 海洋综合管理体制建设进度缓慢

第一是海洋管理体制方面。我国的海洋综合管理体制基本确立，2017年我国海洋督察工作制度试点并常规化运行，标志着我国海洋综合管理体制进入了新的阶段。但目前，我国海洋管理体制还存在职能交叉、地方区域海洋管理矛盾等问题。在国家海警局方面，国家海警局机关已经完成重组，但中国海警局的组建工作进行缓慢，其海区级、省级总队建设均处于长期筹备、停滞状态，且存在与地方海洋执法队伍之间关系不顺、协调不顺的问题。[①] 国家海洋局重组，意味着中国综合管理体制的建立，作为起点，其发展任重而道远。

第二是海洋利用法律方面。我国的综合管理理念已经确立，但是仍然存在海洋管理目标定位模糊的问题。以经济效益为主，忽略海洋社会效益和生态影响的管理思维和模式没有得到实质性转变。[②] 在海洋法律法规方面，出于我国海洋管理体制方面的原因，多部门管辖职能重叠，造成重复规定的局面。

（二）趋势

2013年国家海洋局重组，海洋综合管理体制初步形成，为我国实现21世纪海上丝绸之路建设提供了支持体系，也是我国通过海洋强国，实现中华民族伟大复兴的一次重大尝试。2017年以来，海洋综合管理在海洋生态保护、海洋区规划、海洋法制建设与执法实践、海洋科技与预警方面都取得了一定的成就。与此同时，海洋综合管理建设还处于取得阶段性成效的阶段，以及中国在海洋领域面临的生态环境问题和海洋权益保护力度不够等问题在相当长的时间内将持续存在。国际上各海洋国家的海洋综合管理有了丰富的成果可以借鉴，国内学者大都注重其海洋基本法的建设经验。基于上述情况，中国海洋管理在近几年的发展阶段中都会呈现以下的趋势。

---

① 董加伟：《论中国海洋执法体制重构的动因与目标》，《公安海警学院学报》2017年第16期。

② 史晓琪：《英国〈海洋与海岸带准入法〉评析——兼论对中国海洋法制借鉴》，《世界海运》2017年第40期。

首先是蓝色经济和生态环境均衡发展。蓝色经济已经在国民经济中占据接近 10% 的比重，2017 年全国海洋生产总值同比增长 10.08%。同时，在海洋经济领域内部，不同产业的增长速率不一。海洋各产业的发展与衰落、海洋产能结构的优化调节，都会影响到海洋生态开发与治理的力度，这将推动海洋公共服务和海洋督察与执法的发展。

其次是海陆管理统筹发展。随着海洋强国、21 世纪海上丝绸之路等的实施，"重陆轻海"不管是在观念思维上，还是在管理的体制建设与实践上都有所改观。海洋受到越来越大的重视，公共海洋与海洋社会的观念将渗透到海洋综合管理体制、海洋行业与海洋组织、普通公民等维度。

最后是海洋权益能力综合发展。鉴于我国海洋管理的迫切需要与现状，我国海洋综合管理将在海岸带及近海区域的海洋生态保护、海洋安全等方面加大建设与实践的力度，在较远海域做好海洋资源开发、海洋巡查等工作。

四 建议

当今中国海洋管理的背景，一方面是海洋强国、"一带一路"对海洋经济、政治、军事等方面的要求，另一方面是海洋生态文明建设的推进。我国海洋管理快速发展，进入了新的发展时期，但同时，在制度架构以及海洋实践中还存在多种问题。因此，我国海洋管理需要进行制度管理的创新实践。

第一，在去除了条块化分割管理的弊端后，进行责任管理制度的建设就显得尤为重要。国家海洋整体利益作为今后我国海洋管理的立足点，其所需政府职能部门的力量也需要进行整合，而这其中原有相关部门已经形成的管理方式必然要进行大力革弊，将分散的力量集中起来，将僵化的组织活化起来，由责任到权力，由制度到职务，权责利相统一在海洋事业的整体性上。

第二，加强海洋立法，创建中国特色的海洋法律体系。一方面，海洋综合管理的顶层设计和学界研究的理念一直在丰富和发展，但海洋管理实践还是以沿袭海洋经济为主导，忽略了海洋社会权益和海洋生态影响的路径。海

洋立法工作要重视两者的统筹，并借鉴国外已有的海洋立法经验，推进适合国内用海实践、维护海洋权益的法律法规体系建设。另一方面，完善的海洋法律体系能够提供系统、稳定、有效、明确的管理依据。海洋立法进度要与海洋实践相协调。

第三，关于海洋生态体制建设，2017年各省的海洋管理实践取得了一定的进展。基于生态建设和经济发展的需求，海洋实践主要集中在近海区域，以资源开发、环境保护为主，需要推进海岸带综合管理和调整海洋产业布局。这涉及海陆、各职能部门和区域的协调问题，要求进一步优化国家层面与国家海洋局的统筹、省级部门的监督执行和基层海洋管理单位的归集实践，只有这样才能提高行政系统的效率，保障海洋权益的整体性实践。

第四，海洋综合执法的主体性建设。在海洋强国的战略背景下，中国"强国而非霸权"的理念及行为并未为海权强国与周遭国家所接受，尤其是中远海域的资源开发与权益保护成为问题。中国的海洋管理需要海洋执法的支持。自2013年成立海警局以来，顶层设计理念的机构整合尚停留在中央机构层面，而地方政府整合层面进程缓慢。要继续推进海洋综合执法整合建设，以海洋法律体系为支撑，明确海洋执法的主体性，破除海洋执法的分散性，还原海洋执法的一体化，并提高整体的执法能力。

除此之外，公民的海洋意识、海洋人才、海洋公共服务等指标都属于海洋强国软实力的组成部分，也是海洋综合管理的重要影响因素。其中，公民的海洋意识在国家一系列海洋战略及相关政策的影响下得到提高，但总体指数偏低，且内陆地区与沿海地区的差距显著，需要进一步加强海洋意识的学校教育与社会教育，加大海洋文化宣传与产业建设。海洋人才尤其是海洋管理人才缺口较大，除了各大高校体系外，相关涉海部门也要进行海洋人才的教育与培训，提高人才质量。海洋公共服务是海洋产业和海洋渔业的重要支撑，这需要构建海洋综合协调机制以及海洋数据技术的开发与各部门之间信息体系的共享。

海洋管理制度与海洋实践都要求海洋战略管理。海洋战略管理包括海域统筹战略管理、陆海统筹战略管理、海洋安全战略管理等。中国是海洋－大陆复合型国家，战略重心已经开始从陆地向陆海统筹转移，但在全球海洋时代，总体上我国对海洋尤其是远洋的关注度还不够。未来我国海洋战略管理将立足于全球海洋、陆海统筹，着重海洋经济、海洋环境及海洋权益三个方面，在实现海洋强国目标的同时保障海洋和平。

参考文献

崔凤、宋宁而：《中国海洋社会发展报告（2016）》，社会科学文献出版社，2017，第119页。

董加伟：《论中国海洋执法体制重构的动因与目标》，《公安海警学院学报》2017年第16期。

江红义：《海洋综合管理研究述评》，《传承》2011年第25期。

史晓琪：《英国〈海洋与海岸带准入法〉评析——兼论对中国海洋法制借鉴》，《世界海运》2017年第40期。

王双：《海洋强国战略背景下我国海洋综合管理转型升级路径初探》，《当代经济管理》2017年第39期。

苑晶晶、吕永龙、贺桂珍：《海洋可持续发展目标与海洋和滨海生态系统管理》，《生态学报》2017年第37期。

张海柱：《国家海洋局重组的制度逻辑——基于历史制度主义的分析》，《中国海洋大学学报》（社会科学版）2017年第1期。

周玲玲、鲍献文、余静、张宇、武文、冯若燕：《中国生态用海管理发展初探》，《中国海洋大学学报》（社会科学版）2017年第6期。

《国家海洋局局长：首个省级海岸带规划试点呈现3大改革亮点》，中国政府网，http：//www.gov.cn/xinwen/2017－11/30/content_5243527.htm，最后访问日期：2018年9月1日。

《国家海洋局：海洋生态环境稳中向好，入海河流水质不容乐观》，中国政府网，http：//www.gov.cn/xinwen/2018－03/19/content_5275574.htm，最后访问日期：2018年9月1日。

《海洋局副局长解读〈海岸线保护与利用管理办法〉》，中国政府网，http：//www.gov.cn/zhengce/2017－04/06/content_5183771.htm，最后访问日期：2018年9月1日。

《十八大报告首提"海洋强国"具重要现实和战略意义》，新华网，http：//www.xinhuanet.com/politics/2012－11/10/c_113656731.htm，最后访问日期：2018年

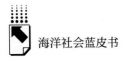
9月1日。

《首次国家海洋督察启动》，中国政府网，http：//www. gov. cn/xinwen/2017 – 08/23/content_ 5219698. htm，最后访问日期：2018 年 9 月 1 日。

《浙江实施长江经济带发展规划，构筑"两核两带三区"格局》，新华网，http：//www. xinhuanet. com/politics/2017 –09/06/c_ 1121617532. htm，最后访问日期：2018 年 9 月 1 日。

国家海洋局：《2017 年国家海洋局政府信息公开年度报告》，http：//www. mnr. gov. cn/gk/gkbg/201803/t20180327_ 2159986. html，最后访问日期：2018 年 9 月 1 日。

《2017 年中国海洋经济统计公报》，自然资源部门门户网站，http：//gc. mnr. gov. cn/201806/t20180619_ 1798495. html，最后访问日期：2018 年 9 月 1 日。

专 题 篇

Subject Reports

B.9
中国海洋非物质文化遗产发展报告

崔凤 赵缇*

摘 要： 尽管目前我国非物质文化遗产保护工作已经初见成效，但针对海洋非物质文化遗产的保护工作尚处在初步发展阶段。本文从制度化保障、产业化发展、学术化研究、知识化普及四个方面系统回顾2017年度海洋非遗工作的重要进展。在此基础上，本文认为海洋文化空间对海洋非遗的生存和延续有关键作用。在当前社会背景下，海洋文化空间的持续变迁对我们开展海洋非遗保护工作提出了严峻挑战，此外，行政力量和市场因素的介入使海洋非遗保护工作逐渐

---

* 崔凤（1967～），男，汉族，吉林乾安人，哲学博士、社会学博士后，上海海洋大学海洋文化与法律学院教授，博士生导师，主要从事海洋社会学、环境社会学研究；赵缇（1992～），女，山东淄博人，中国海洋大学法学院博士研究生，研究方向：海洋社会学、公共政策与法律。

趋向于标准化和程序化操作，这也有违我们所强调的"活态传承"理念。未来海洋非遗的传承与保护还将面临不小的挑战。

关键词： 海洋非物质文化遗产　非物质文化遗产　海洋文化空间

在 2017 年召开的中共第十九次全国人民代表大会上，习近平指出"文化兴国运兴，文化强民族强。"只有坚定文化自信，社会主义文化才能大发展大繁荣。我国东部环海，绵长的海岸线和丰富的海域资源孕育出姿态各异的艺术形式。这些艺术形式大都与海洋休戚相关，沿海居民世世代代的生产生活智慧最终将它们凝结成精彩绝伦的海洋非物质文化遗产。它们是中国传统文化精华的重要组成部分，既有丰富的历史文化价值，又有优秀的教育科学资源，是我们了解海洋社会、经略海洋、向海图强的文化内核。随着国家海洋战略的推进，海洋文化成为重要的战略名片越来越被公众熟知，中国海洋非物质文化遗产保护事业也应当被广泛关注，进入新的发展阶段。

一　2017年中国海洋非物质文化遗产工作状况

我国海洋非物质文化遗产的传承与保护工作总体处于初步发展阶段。海洋非物质文化遗产（以下简称"海洋非遗"）的保护与传承作为繁荣海洋文化议题中的应有之义，至今尚没有被广泛重视。2017 年，学界已有学者对"海洋非物质文化遗产"的议题开展了相关研究，但在国家工作实务中，海洋非遗仍然是与我国非物质文化遗产工作同步进行的，是国家非遗工作事项的重要部分。海洋非遗在传承保护过程中所遵循的法律、条例和原则仍与广泛意义上的非遗所共享，目前我国还没有针对"海洋非遗"建立起一套相对独立的制度与机构体系。

通过对 2017 年海洋非遗工作事项的梳理，我们分别从制度化保障、产业化发展、学术化研究、知识化普及四个方面系统回顾 2017 年度海洋非遗工作的重要进展。首先，制度建设是对海洋非遗工作起兜底作用的重要机制，也是保障海洋非遗保护工作顺利开展的法律和政策依据。良好的制度设计也对海洋非遗的传承发展起着导向作用。其次，产业化是为传统海洋非遗注入现代发展活力的重要方法，在市场的作用下，通过扩大文化产品的需求量来刺激文化产品的供给，进而保护海洋非遗能够"活"着传承下去。再次，学术界主要基于海洋非遗之"海洋性"特征展开了一系列的讨论，其核心议题是"海洋非遗在传承和保护机制上与一般非遗事项有何区别"。对这个问题的讨论和回应既是我们对海洋非遗进行学术研究的起点，又能够为一般非遗事项的保护传承机制提供新的启发。最后，知识化普及是动员群众力量和社会力量对海洋非遗进行传播传承的方法。通过开展丰富多彩的项目宣教工作，如今已非常"小众"的非遗事项"常识化"显得十分必要。毕竟，非遗不仅指一种技艺、某个节日，或是传说故事，它更是一个民族和一个时代的共同记忆。做好海洋非遗的宣传教育工作才能将这种"共同记忆"长埋于人们心中。

（一）制度化保障

海洋非遗保护与传承的制度建设包括许多方面，法律法规、相关政策、周期性节日等都是非物质文化遗产制度建设的重要成果。

首先，在法律法规方面。2017 年 1 月，全国文化厅局长会议在北京召开，会上提出了 2017 年度国家文化工作要点，其中关于非遗工作的年度安排中首先强调了要"认真履行《保护非物质文化遗产公约》，贯彻落实《中华人民共和国非物质文化遗产法》"。① 《保护非物质文化遗产公约》是 2003 年联合国教科文组织大会通过的，旨在保护全球非物质文化遗产的一项国际法律规定。截至 2017 年底，全球已有 175 个国家加入了该项公约。中国于

---

① 《提高非遗保护水平　增强非遗传承活力——2017 年文化工作要点出台》，中国非物质文化遗产网，http://www.ihchina.cn/11/51787.html，最后访问日期：2018 年 11 月 25 日。

2004 年加入公约，是最早加入公约的国家之一。在联合国《保护非物质文化遗产公约》的指导下，我国于 2011 年通过了《中华人民共和国非物质文化遗产法》（以下简称《非遗法》），这部法律在我国文化建设中起着基础性和全局性的作用，也是我国文化立法进程中具有里程碑意义的一部法律，更是我国全面实施依法治国的具体体现。在联合国《公约》和我国《非遗法》的指导下，各省也纷纷循法而行，根据地方特点制定本省地方性法规。截至 2017 年，海洋非物质文化遗产密集分布的广东、浙江、江苏、山东等省份均已出台了省级《非物质文化遗产保护条例》，依据地方实际状况来开展具体的保护工作。非遗保护要崇法而治、依规而行。只有在各级非物质文化遗产法律法规的保护下，非遗工作才能落地，并得到有效执行，调查、宣传、传承、开发我国非物质文化遗产需要法律制度来兜底。

其次，在相关政策方面，2017 年我国海洋非物质文化遗产在政策上有了新的成果。年初，中共中央办公厅、国务院办公厅印发了《关于实施中华优秀传统文化传承发展工程的意见》（以下简称《意见》），这是第一次以中央文件的形式专题阐述中华优秀传统文化传承发展工作，凸显出国家社会主义文化建设的重视度。《意见》分别从理论和实践两个层面阐明了为什么要传承，传承什么，怎样传承等问题。第一部分首先阐述传承发展优秀传统文化的重要意义、指导思想、基本原则、总体目标；第二部分概括指出传承的主要内容；第三部分从实践方面部署了七项重点任务——"深入阐发文化精髓、贯穿国民教育始终、保护传承文化遗产、滋养文艺创作、融入生产生活、加大宣传教育力度、推动中外文化交流互鉴"；第四部分从组织领导、政策保障、法治环境、社会参与等方面提出了传承发展工程的实施方式和条件。① 其中，在非遗工作方面，《意见》指出要"实施非物质文化遗产传承发展工程，进一步完善非物质文化遗产保护制度"。争取到 2025 年，基本形成中华优秀传统文化传承的发展体系，使中国特色、中国风格、中国气

---

① 《让优秀传统文化真正实现活起来、传下去——〈关于实施中华优秀传统文化传承发展工程的意见〉答记者问》，中国非物质文化遗产网，http://www.ihchina.cn/11/51920.html，最后访问日期：2018 年 11 月 25 日。

派的文化产品更加丰富，文化自觉和文化自信显著增强，国家文化软实力的根基更为坚实。①

传承人既是非物质文化遗产的守护神，也是重要的文化承载者和传递者，因此在非物质文化遗产的保护过程中设立传承人制度是传承、保护、延续、发展我国传统文化的重要举措。2017 年，文化部开展了第五批国家级非物质文化遗产代表性传承人的申报与评审工作，专门成立了评审委员会和评审专家组。在各地推荐申报的基础上共评审出 1113 位传承人，并于同年向社会公布了第五批国家级海洋非物质文化遗产代表性项目代表性传承人名单。其中，海洋非物质文化遗产项目的国家级传承人共13 位（详见表 1）。

表 1　第五批国家级海洋非物质文化遗产代表性项目代表性传承人

序号	姓名	性别	民族	项目编号	项目名称	申报地区或单位
1	许根才	男	汉族	Ⅰ－111	海洋动物故事	浙江省洞头区
2	李却妹	女	汉族	Ⅱ－93	惠东渔歌	广东省惠州市
3	朱大相	男	汉族	Ⅱ－97	海洋号子（长岛渔号）	山东省长岛县
4	苏少琴	女	汉族	Ⅱ－157	渔歌（汕尾渔歌）	广东省汕尾市
5	任乃贵	男	汉族	Ⅲ－97	跳马伕	江苏省如东县
6	刘细秀	男	汉族	Ⅷ－138	水密隔舱福船制造技艺	福建省宁德市蕉城区
7	黄宗财	男	汉族	Ⅷ－138	水密隔舱福船制造技艺	福建省泉州市泉港区
8	谭政	男	汉族	Ⅷ－153	晒盐技艺（海盐晒制技艺）	海南省儋州市
9	马兆盛	男	汉族	Ⅹ－36	妈祖祭典（葛沽宝辇会）	天津市津南区

① 《中办国办印发〈关于实施中华优秀传统文化传承发展工程的意见〉》，中国非物质文化遗产网，http://www.ihchina.cn/11/51868.html，最后访问日期：2018 年 11 月 25 日。

序号	姓名	性别	民族	项目编号	项目名称	申报地区或单位
10	韩素莲	女	汉族	X－72	渔民开洋、谢洋节	浙江省 象山县
11	王巍岩	男	汉族	X－72	渔民开洋、谢洋节	山东省 荣成市
12	郑权光	男	汉族	X－85	民间信俗（澳门哪吒信俗）	澳门特别行政区
13	叶达	男	汉族	X－85	民间信俗（澳门哪吒信俗）	澳门特别行政区

资料来源：中国非物质文化遗产网，http：//www.ihchina.cn/14/54116.html。作者根据文化部办公厅公示的第五批国家级非物质文化遗产代表性项目代表性传承人推荐名单进一步筛选而得。

海洋非物质文化遗产来自海洋实践。从地域分布上来看，第五批海洋非遗的传承人全部来自我国东部沿海省份，在地缘上具有近海洋性特征。从性别分布上来看，海洋非遗传承人中男性居多，在2017年公布的13位海洋非遗传承人当中，女性仅三位，这与海洋作业形态息息相关。涉海活动的劳动强度大，危险系数高，因此，自古以来从事海上生产者以男性居多，这也就不难解释男性在代表性传承人中所占比例较高的原因了。比如海船制造、海盐晒制等生产性劳动通常是由男性从事，表1显示了在第五批国家级海洋非遗传承人中，刘细秀、黄宗财是水密隔舱福船制造技艺的传承人，谭政是海盐晒制技艺的传承人，性别均为男性。无论是福船制造还是海盐生产都需要高强度的体能支撑，男性在这些方面具有先天的性别优势。而海洋非遗的女性传承人通常分布在海洋艺术和海洋民俗领域。比如在第五批国家级海洋非遗传承人中，李却妹、苏少琴两位女性是海洋渔歌的传承人，韩素莲则是开洋、谢洋节这一海洋民俗的传承人。女性对于海洋生产、生活过程中细腻的体会与美好的祝愿通过渔歌、民俗等艺术形式呈现出来，不仅是一种内心情感的表达和宣泄，而且是海洋劳作之余的一种娱乐方式。

最后，在周期性节日方面，2017年是我国"文化遗产日"更名为"文化和自然遗产日"的第一年。将每年6月的第二个星期六设立为"文化和自然遗产日"也显示出国家对文化和自然遗产工作的全面认识与高度重视。文化部每年在"遗产日"前后开展各类非遗活动，通过多种方式宣传非物质文化遗产的保护，为非遗保护工作营造了良好的氛围。2017 年度非遗宣传展示活动的主题是"非遗保护——传承发展的生动实践"，本次非遗系列活动以"保护非遗——在生活中弘扬，在实践中振兴""保护传承非遗，展现生活智慧""活力社区，活态非遗""振兴中国传统工艺"等为口号，强调非物质文化遗产要融入日常生活中进行活态传承与保护。2017 年是我国确定中国文化遗产日以来的第十二个年头。[①] 山东省长岛县文广新局开展了丰富多彩的海洋非遗宣传活动，邀请砣矶砚省级传承人王守双先生走进第二实验学校，为同学们讲述海洋文化的故事。王先生在讲述了海洋特殊环境对砣矶石的塑造与影响的科学原理的基础上还与同学们分享了海洋文化、海洋故事，让学生们体味到海洋非遗的魅力所在。节日设立的目的之一便是提醒人们铭记事件的意义，"文化和自然遗产日"的设立也在于此，提醒人们传承中华民族灿烂的文化遗产。

（二）产业化发展

文化产业的繁荣发展为海洋非遗的传承保护注入了新的活力。文化产业带动海洋非遗保护实际上是利用市场环境的优势，使传统海洋非遗事项不仅通过生产、流通、销售等方式活态地传承下来，而且让它们在更广的范围内进行宣传，这是海洋非遗保护的重要途径。

田横祭海节作为山东青岛最重要的文化名片之一，它的产业化转型之路颇具代表性。它不仅属于国家级海洋非物质文化遗产，发展至今已是北方最大的祭海盛典。祭海，本是一项渔家习俗，起初并没有固定的时间。每年开春谷雨前后，船家修缮好渔船，准备好渔具，便可自行举办祭海仪式。仪式结束后，燃放鞭炮。通常三天后，渔民便扬帆起航，下海捕鱼。21 世纪初，在地方政府的支持下，田横祭海节逐渐走上了产业化发展的道路。2004 年，田横镇政府成立了田横祭海节筹备委员会，专门负责祭海节的策划、组织工

---

① 《文化部确定 2017 年文化和自然遗产日主题和口号》，中国青年网，http://news.youth.cn/jsxw/201705/t20170523_9855297.htm，最后访问日期：2018 年 11 月 25 日。

作，并先后出版了《俗话田横》《田横祭海》《钱文忠说即墨》等图书，深度挖掘田横祭海节的文化内涵。2009 年，田横祭海节通过山东卫视同步向全国直播，同时在网站开设祭海节专栏，扩大影响力和知名度，向海内外宣传。祭海节期间，田横镇还与山东省摄影家协会、青岛市民俗学会联合举办民俗研讨会，促进这一海洋非遗的传播与交流。2017 年 3 月，青岛即墨田横祭海节再次盛大开幕，主要分设有黄龙庄会场、周戈庄会场、山东头会场。祭海流程主要包括蒸面塑、选三牲、整饰龙王庙、摆放祭品、锣鼓队表演、祭海仪式、文艺表演、渔家号子表演、地方产品展销等环节。据不完全统计，2017 年田横祭海节期间，节日参加人数累计达 80 余万人，① 既宣传了海洋非物质文化遗产的特色，也是当地百姓增收创收的重要契机，更是当地招商引资的重要时机。随着具有区域特色的渔业民俗文化品牌的逐渐形成，田横祭海节逐渐显示了其强大的旅游带动功能，同时获得了文化效益、经济效益和社会效益的多丰收。田横祭海节不仅仅是一个海洋民俗节日，在今天市场化的背景下它已经发展成为一项具有多层次影响力的文化产业。传统的海洋非物质文化遗产在产业化转型后焕发出勃勃生机，重新走进大众的生活中。

广西北部湾海洋非遗的保护工作与当地旅游业发展也有着深度结合，在引入市场机制后，当地海洋非物质文化遗产的生产性保护形式逐渐从传统的静态保护模式转向了更具生命力的动态保护模式。传统海洋非遗中的一些表演和游艺项目、民间信俗等转而以文艺演出、节庆活动等旅游产品的形式呈现在大众面前，吸引了众多游客参与，不仅拉动了当地文化旅游业的发展，也为海洋非遗的生产性保护起到了促进作用。当地的京族是我国唯一一个以海洋渔业生产为主的少数民族，信奉海神，每年哈节都要到海边把海神迎回哈亭供奉。因此，哈节是京族民众一年当中最热闹的传统节日之一，2006年被列入第一批国家级非物质文化遗产名录。在京族语言中，"哈"表达

---

① 《2017 田横祭海节完美落幕，明年田横岛再相约》，即墨政务网，http://www.jimo.gov.cn/n28356071/n6459/n6465/n6493/170419105207474151.html，最后访问日期：2018 年 11 月 25 日。

"唱歌"之意，因此哈节也被称为"歌节"。2017 年，广西防城港京族哈节在东兴市江平镇潭尾村隆重举行。节日历时七天，内容以迎神、祭神、万人餐、文艺晚会、山歌会、唱哈、送神等活动为载体，表达了京族人民对美好生活的祈求。在迎神仪式上，身着艳丽的京族群众敲锣打鼓来到海边"请神"，万人集聚海边，场面十分壮观。哈节既凝结着京族人敬海神、庆丰收、求平安、盼团圆的美好愿望，也为当地民俗文化传播和旅游业发展提供了重要的舞台。随着京族海洋民俗文化旅游业的发展壮大，哈节的举办规模也越来越大，影响力也越来越广泛。哈节盛况不仅吸引着众多国内民众的眼球，同时也负载着越来越多的国际文化交流的意义。2017 年哈节还吸引了五十名越南群众前来参加，并且每年都有越南等境外记者到现场进行盛况转播。京族哈节这一海洋非物质文化遗产在今天成为中越双边群众友好往来的重要纽带。[①]

海洋非物质文化遗产的产业化发展固然能够带来良好的经济收益，但是产业化发展也应当遵循适度原则，不可纯粹追求经济利润。在强调生产性保护、活态传承的基础上要更加重视其本身的社会意义和文化意义。2017 年，习近平同志在十九大报告中指出"要深化文化体制改革，完善文化管理体制，加快构建把社会效益放在首位、社会效益和经济效益相统一的体制机制"。这为我们未来传承传统文化、发展文化旅游给予了很好的提示。

（三）学术化研究

2017 年，对海洋非物质文化遗产的学术研究也有了新的进展，但目前学界对该领域的研究仍处于起步阶段。国内现有的关于海洋非遗的学术研究主要集中在以下几个方面：一是运用田野调查的方法对沿海地区的海洋非物质文化遗产项目进行个案分析或口述史研究；二是从产业化角度研究海洋非物质文化遗产对当地旅游业发展的带动效应；三是对于海洋非遗在传承与保

---

① 《传承海洋民族文化，广西东兴边民祭海迎神庆京族"哈节"》，人民网，http：//gx. people. com. cn/n/2014/0705/c179430 - 21587334. html，最后访问日期：2018 年 11 月 25 日。

护过程中出现的问题进行剖析，试图寻找更优的传承保护路径；四是深度挖掘海洋非遗的文化价值，采用量化方法对其进行价值评估；五是从学理上探讨海洋非遗的内涵、特点及其分类。上述研究多偏向实证研究，最具理论意义的是崔凤教授基于海洋实践这一概念对海洋非物质文化遗产的含义、类型、内容及意义做出的较为系统全面的阐述。海洋非遗产生于世代先民的海洋实践，今天我们对海洋非遗的传承和保护也有益于指导海洋实践活动。①有学者立足于海洋实践这一概念，相继对民俗类、民间文学类、传统艺术类、传统技艺类的海洋非物质文化遗产进行了个案研究，在实证材料方面充实了海洋非物质文化遗产的学术成果。2017 年，由国家图书出版社出版的《国家级非物质文化遗产代表性传承人抢救性记录十讲》正式面世。本书收录了 10 位主讲老师在国家级非物质文化遗产代表性传承人抢救性记录工作培训班上的讲稿，涉及传承人抢救性记录工作中的学术要求、操作流程、文献收集、文稿编辑、成果整理和编目等方面的内容，从非遗学、人类学、口述史学等学科视角切入，不仅给予了理论上的指导，也介绍了许多实际操作的方法，具有较高的实用性和针对性。②

　　学术研究只有与传承实践相结合才能更好地服务于海洋非遗的传承，同时，海洋非遗的传承保护也需要当代学术研究和学理教育为其发展注入新的驱动力。过去的许多传承人认为文化的东西浅显易懂，只要自己看看就能理解，没有必要进行系统的学习。其实不然，因为传统特色文化有其特殊性，单单进行表面学习是无法触摸到精髓的，只有进行科学的引导，才能在文化传承这条路上走得更远。为了提高非遗传承人的传承能力和理论水平，2015年文化部启动了"中国非物质文化遗产传承人群研修培训计划"试点工作，通过委托各试点高校对非遗传承人进行培训，进而提高非遗传统工艺的品质，扩大非遗产品的市场认知度和市场份额，使非遗保护传承工作再上新台

---

① 崔凤：《海洋实践视角下的海洋非物质文化遗产研究》，《中国海洋社会学研究》2017 年第5 期，第 175～187 页。

② 《〈国家级非物质文化遗产代表性传承人抢救性记录十讲〉出版》，新华财经，http://www.xinhua08.com/a/20170908/1725313.shtml，最后访问日期：2018 年 11 月 25 日。

阶。计划试点初期，文化部确定了清华大学美术学院、中央美院等 20 多所院校作为试点学校。两年多来，该计划得到了社会各界的广泛支持和全国高校的积极参与。2017 年，国内已经发展了 78 所高校参与该项计划。截至 2017 年 10 月，各类研修、研习、培训课程已经举办了 320 多期，学员多达 1.5 万人次，加上各地的延伸培训，覆盖传承人群四万多人，其中也不乏海洋非遗项目的传承人。2017 年 11 月，非遗研培计划经验交流会在上海大学如期举行，包括观摩教学、经验交流、学员作品展三个板块，集中展现了 2017 年度 78 所高校的教学成果和工作经验，同时也为各类项目的非遗传承人提供了一个更为广阔的交流平台。①

（四）知识化普及

尽管传承人是海洋非物质文化遗产得以延续的中流砥柱，但在传承实践过程中，解决传承人年龄断代、人亡艺绝的危机也十分迫切，传承与保护需要更多的关注者和爱好者参与进来。广大群众，特别是年轻群众是非遗"活化"的社会基础，只有让更多年轻人了解、接受和喜欢，海洋非遗的发展才能经受住时间的考验。目前，关于海洋非遗面向大众的知识普及活动主要有进校园、进社区、举办博览会等形式。

海洋非遗进校园是指传承人通过讲座、授课、展示等方式把海洋非物质文化遗产项目介绍给在校的年轻同学。2017 年夏天，应淮海工学院邀请，江苏省省级非物质文化遗产项目"连云港贝雕"传承人、江苏省工艺美术名人张西月到学校讲座。其间，结合连云港贝雕申遗短片与相关专题纪录片等媒体内容，张西月为师生们系统讲述了连云港贝雕的历史起源与文化价值，介绍了贝雕的制作技艺、工艺创新和文化传承，加深了同学们对海洋文化的理解。此外，淮海工学院还举办了张西月贝雕作品展，共计展出的贝雕、贝贴画、螺钿丝嵌等艺术品 40 余件。同年，学校开展了以"根系地方

---

① 《非遗如何走进现代生活？2017 年中国非遗传承人群研培计划经验交流会在沪举行》，人民网，http://sh.people.com.cn/n2/2017/1123/c134768 - 30953319.html，最后访问日期：2018 年 11 月 25 日。

非遗，弘扬海洋文化，助力大学创建"为主题的海洋非物质文化遗产夏令营活动，通过参观海洋非遗、专题调研、贝雕技艺学习、传承人专访活动，学生可以深入了解海洋非遗的系列知识，为未来海洋非遗的传承发展埋下一粒种子。①

培养海洋非物质文化遗产的传承责任感要"从娃娃抓起"。长岛渔号是山东省长岛县唯一的国家级非物质文化遗产项目，它源于海岛人长期的生产实践活动，在渔业劳作中发挥了凝心聚力、团结协作的重要功能，也可作为渔闲时人们娱乐的一种方式。长岛渔号主要包括上网号、竖橇号、摇橹号、掌篷号、发财号，内容基本涵盖了渔民海上作业的全部流程，可以说渔号贯穿了海岛人渔业生产的始终。在今天海上生产已经实现机械化的时代，长岛渔号所凝结的闯海精神却依然能够鼓舞人们乘风破浪。为更好地保护海洋非遗，也为了将这种不畏艰险的闯海精神传承给下一代，2017年11月，长岛县第二实验学校启动了"长岛渔号"进校园系列活动。学校与县文广新局签订了活动意向书，将数位长岛渔号传承人聘为校外辅导员并且颁发了聘书，11位渔号传承人现场为师生们表演了浑厚震撼的长岛渔号，文广新局为学校授牌"长岛县非物质文化遗产传承活动基地"。②

海洋非遗进社区是让非遗走进群众日常生活、宣传非遗知识、提高文化保护意识的重要举措。2017年7月，舟山市岱山县启动非遗项目进驻东沙古镇常态化展演活动，组织了舟山渔民号子、岱山海盐制作技艺、渔民画等20多个非遗项目和民间团队在东沙古镇主要街道进行展出演示。非遗展示主要采用两种方式，一是固定店铺展示，二是逢双休日进行展示，再辅以群众参与互动的方式，全面宣讲古镇社区的渔俗文化。社区的活动不仅为小镇增添了古香古色的海洋韵味，重现了渔镇昔日的繁华景象，让群众切身体会

① 《应用技术学院开展"海洋非遗进校园"系列活动》，旭日新闻网，http://xuri.hhit.edu.cn/nry.jsp?urltype=news.NewsContentUrl&wbtreeid=1004&wbnewsid=20737，最后访问日期：2018年11月25日。
② 《长岛第二实验学校启动"长岛渔号"进校园系列活动》，烟台新闻网，http://news.shm.com.cn/txy/article/newsInfo/30738，最后访问日期：2018年11月25日。

到海洋非物质文化遗产的文化内涵，也拉动了当地旅游业的发展。许多游客慕名而来，一探海洋非遗文化的究竟。

非物质文化遗产博览会也是普及非遗知识、向大众宣教非遗保护的重要机遇。2017年9月，第九届中国非物质文化遗产博览会在浙江杭州举办，全国27个省（市、自治区）、近400位非遗传承人参展，舟山市传统木船制造技艺也在非遗生产性保护基地成果馆中亮相展出。展会期间，文化部非遗司司长陈通向木船制造技艺国家级非遗传承人岑国和详细询问了建造的工艺流程、生产情况，当他得知岑国和既能打造下海航行的大船又能制作礼品装的小型船模，既会设计图稿又能动手打造，还会创新开发模板拼装船模，并积极推动非遗进校园，增强学生动手能力时，给予了高度肯定。通过非物质文化遗产博览会这个平台，更多过去不甚了解海洋非遗的普通群众能够直观地看到海洋非遗的物质载体，体味到海洋非遗的无穷魅力。[①]

二　海洋非遗保护与传承面临的突出挑战及其应对策略

详尽剖析当下海遗传承存在的问题是我们明晰未来努力方向的重要基础。海洋非物质文化遗产是一种具有显著地理文化特征的非物质文化遗产类型，它通常以海洋文化空间为依托，根植于辽阔的海洋疆土，又受制于海洋生产的封闭性，因此具有相对稳定的海洋地理特征。从这个意义上来说，海洋文化空间对海洋非物质文化遗产的生存和延续有着几近决定性的作用。如果离开了这个文化空间，或者原生海洋文化空间遭到破坏，那么海洋非物质文化遗产也就随之变异，甚至消亡。当前，我国海洋非遗保护与传承工作的关键与难点也在于此。此外，行政力量的介入、市场等其他因素也对当下海洋非遗的发展提出了新的挑战。

---

① 《舟山非遗项目参展第九届浙江·中国非遗博览会》，浙江非物质文化遗产网，http://www.zjfeiyi.cn/news_area/detail/12-11781.html，最后访问日期：2018年11月25日。

（一）传统海洋文化空间持续变迁

在现代化的冲击下，传统海洋文化空间发生了剧烈的变迁，海洋非遗传承的原生生境遭受到前所未有的威胁。首先是海洋科技的发展大大解放了劳动力，使生产方式发生了极大转变。原先凝结在劳动力生产过程中的文化形式也逐渐走向消解。以长岛渔号为例，它本是渔民在海上从事生产捕捞作业时凝聚力量、协调步调、统一行动的一种口头语言艺术。然而，随着起网机、拔锚机等现代机械的广泛应用，今天渔民在起网、拔锚等生产环节中已经不再主要依靠体力，也就不需要渔号来统一协调行动了。虽然人们可以在舞台上、视频中，或在旅游时欣赏到渔号的魅力，但是用于生产的长岛渔号却伴随着现代化的步伐成为"绝唱"。作为一种从海洋实践中生发出来的艺术形式，在脱离了海洋生产的实践环境后，即便舞台表演绘声绘色，也难以让表演者和观众产生身临其境的感受。

其次，海洋生态环境的破坏导致渔业资源快速减少，海洋文化所依托的产业基础频频告急。海洋非物质文化遗产通常产生于海洋捕捞的产业模式中，但随着改革开放以来的近岸海域水质环境持续恶化，海洋渔业资源捕捞量显著下降。迫于生计的渔民只得向其他渔业形式转型，比如随着近海捕捞业走向衰落，海水养殖作为一种风险较低的产业替代形式发展非常迅猛。近海养殖既减少了出海捕捞的海难风险，又避免了日日赶潮出海的艰辛。这使得更多耕海牧渔的现代渔民得以在渔闲时兼顾发展休闲渔业，于是沙滩观光、渔宿体验在沿海各地发展、兴盛起来。缺失了传统海洋捕捞业为依托的海洋非物质文化遗产只得走进博物馆供人观赏，或被挂在墙上以做装饰。对于海洋文化空间发生的变迁或者破坏而导致的海洋民俗文化的传承和保护危机，我们应当特别加强对海洋原著空间的保护。这一保护不仅局限于对原著空间内的生态环境的保护，也包括对当地原生态海洋民俗文化的保护与保存。可以尝试适时地出台相关政策，支持一部分产业发展维持原有的形态和方式。这既可以体现原著文化空间的特色，又能够以原始产业为基础，对空间文化进行完整保护与活态传承。

最后，海洋非物质文化遗产的传承不能仅依靠非遗传承人，只有不断拓宽传承的社会基础和群众基础，海洋非遗才有望实现活态传承。随着生活方式的变化，人口流动速度也在加快，海洋文化空间的原生传承主体也在发生流动变迁，海洋非物质文化遗产未来依靠谁来传承成为我们当下必须思考的一个问题。一方面，城市效应的拉力越来越大，许多渔民选择进城务工、定居，接受了现代化的生活方式，这些已经脱离了海洋文化空间的传承者难以在现代化的生活空间中传播和传承海洋非物质文化遗产；另一方面，留在渔村直接从事渔业的生产者通常又是从内地雇佣到沿海地区的外来务工人员，并非传统意义上的渔村渔民，即便他们对海洋文化有较高的认知，也很难让他们对其产生较强的归属感、亲近感和传承的责任感。因此，即便在原生海洋文化空间内，文化承载者的变动也会增加海洋非遗的传承难度。这就需要我们加强对海洋非物质文化遗产的宣传和教育活动，以宣教方式提高普通群众对海洋非遗传承的认同感与责任感。另外，应在沿海社区积极开设一些非遗宣讲兴趣班，或通过纪录片、历史宣传片等方式让外来的沿海社区的"新居民"了解当地的海洋文化，将"海洋"的文化元素逐渐渗透到他们心中。

（二）海洋非遗保护工作的标准化

在海洋文化空间不断变迁的社会背景下，海洋非物质文化遗产该如何进行保护成为我们首要思考的问题。当人们开始重视对海洋非物质文化遗产的历史文化价值进行挖掘并思考如何开发利用时，一个标准化的保护传承模式也逐渐被塑造了出来。现阶段标准化的趋势集中表现在两个方面：一是非遗申请过程的标准化；二是非遗呈现内容的标准化。

首先，申请非物质文化遗产的工作流程标准化。在申报非物质文化遗产的过程中，申报单位须填写项目申报书。申报书主要由项目基本信息（所在区域的地理环境、历史渊源、基本内容、主要特征、重要价值、存续状况）、主要作品、濒危状况、项目保护计划等几个部分组成。随着这几部分内容的逐渐明确，海洋非物质文化遗产便在这个标准化的程序中确立起来。

但在现实非遗工作中，有不少事项的历史渊源难以追溯，文化价值也难以估算。申报单位在申请过程中，为了满足申报书的标准程序要求，难免会出现一定程度的过度诠释，扭曲了海洋非遗的本真面目。对此，在进行海洋非物质文化遗产筛选、筛查、申报工作的前期，申报单位应该据实考证、如实填写。如不可考，也不能随意捏造或拼凑，非遗工作的申报不能以"绩效"结果为导向，而应当以非遗事项本身的濒危状况、历史文化价值为导向进行申报。非遗在申报过程中形成的文字影像材料，对于后世了解该项非遗内容具有十分重要的历史档案价值。因此，申报过程中的扭曲事实或捏造拼凑的直接后果就是给项目本身带上了"面具"，使后人无法了解其真实面貌。

其次，海洋非遗与文化旅游相结合，使得商业化链条中的海洋文化产品普遍出现过度包装的现象。过度包装是将海洋非遗作为文化商品打包销售的一种渠道，旨在批量生产以吸引受众消费，迎合观众审美需求，增加文化产品的附加值。这也就导致了被过度包装的海洋非遗在内容呈现方面趋向雷同。比如各地的祭海节和开渔节，虽地域不同、文化背景不同，但经过文化公司的包装、打造、宣传，呈现方式和操作流程十分相似，颇有一些"文化搭台，经济唱戏"的意味。试问这样千篇一律的海洋非遗，受众怎能不会审美疲劳。诚然，适度的产业化可以促进文化的传承发展，但我们也要意识到市场的"阀门"似是一粒按钮，一旦按下，资本的浪潮便汹涌而来，将文化的本质淹没和覆盖。如何把握其中的"度"，我们认为恐怕还需要使用政府这只"看得见的手"来进行管控，适度遏制市场资本对民俗文化造成过度"吞噬"。

参考文献

陈炜、高翔：《广西北部湾地区海洋非物质文化遗产旅游开发模式研究》，《广西师范大学学报》（哲学社会科学版）2017年第6期。

崔凤：《海洋实践视角下的海洋非物质文化遗产研究》，《中国海洋社会学研究》2017年第5期。

华海坤：《论海洋非物质文化遗产的文化空间》，《管理观察》2015 年第 4 期。

王莩萱：《中国海洋非物质文化遗产的当代适应与未来走向》，《中国海洋经济》2018 年
　　第 1 期。

《提高非遗保护水平　增强非遗传承活力——2017 年文化工作要点出台》，中国非物质文
　　化遗产网，http：//www. ihchina. cn/11/51787. html，最后访问日期：2018 年 11 月 25
　　日。

《让优秀传统文化真正实现活起来、传下去——〈关于实施中华优秀传统文化传承发展
　　工程的意见〉答记者问》，中国非物质文化遗产网，http：//www. ihchina. cn/11/
　　51920. html，最后访问日期：2018 年 11 月 25 日。

《中办国办印发〈关于实施中华优秀传统文化传承发展工程的意见〉》，中国非物质文化
　　遗产网，http：//www. ihchina. cn/11/51868. html，最后访问日期：2018 年 11 月 25 日。

《文化部确定 2017 年文化和自然遗产日主题和口号》，中国青年网，http：//
　　news. youth. cn/jsxw/201705/t20170523_ 9855297. htm，最后访问日期：2018 年 11 月 25
　　日。

《2017 田横祭海节完美落幕，明年田横岛再相约》，即墨政务网，http：//
　　www. jimo. gov. cn/n28356071/n6459/n6465/n6493/170419105207474151. html，最后访问
　　日期：2018 年 11 月 25 日。

《传承海洋民族文化，广西东兴边民祭海迎神庆京族“哈节”》，人民网，http：//
　　gx. people. com. cn/n/2014/0705/c179430 – 21587334. html，最后访问日期：2018 年 11
　　月 25 日。

《〈国家级非物质文化遗产代表性传承人抢救性记录十讲〉出版》，新华财经：http：//
　　www. xinhua08. com/a/20170908/1725313. shtml，最后访问日期：2018 年 11 月 25 日。

《非遗如何走进现代生活？2017 年中国非遗传承人群研培计划经验交流会在沪举行》，人
　　民网，http：//sh. people. com. cn/n2/2017/1123/c134768 – 30953319. html，最后访问日
　　期：2018 年 11 月 25 日。

《应用技术学院开展“海洋非遗进校园”系列活动》，旭日新闻网，http：//
　　xuri. hhit. edu. cn/nry. jsp？urltype = news. NewsContentUrl&wbtreeid = 1004&wbnewsid =
　　20737，最后访问日期：2018 年 11 月 25 日。

《长岛第二实验学校启动“长岛渔号”进校园系列活动》，烟台新闻网，http：//
　　news. shm. com. cn/txy/article/newsInfo/30738，最后访问日期：2018 年 11 月 25 日。

《舟山非遗项目参展第九届浙江·中国非遗博览会》，浙江非物质文化遗产网，http：//
　　www. zjfeiyi. cn/news_ area/detail/12 – 11781. html，最后访问日期：2018 年 11 月 25 日。

B.10
中国远洋渔业发展报告

陈晔　戴昊悦*

摘　要： 1985 年，中国水产总公司船队赴大西洋西非海域，标志着中国远洋渔业的开始。在三十多年的发展历程中，我国远洋渔业经历了空白期（1949～1971 年）、积极筹备期（1972～1984 年）、起步期（1985～1990 年）、快速发展期（1991～1997 年）、调整期（1998～2006 年）和优化期（2007 年至今）六个阶段。在一系列卓有成效的鼓励措施和配套政策支持下，我国远洋渔业取得了卓有成效的业绩，沿海各个省份远洋渔业蓬勃发展。金枪鱼、鱿鱼和竹荚鱼，为我国远洋渔业主要种类，近年来我国还尝试南极磷虾的捕捞。我国远洋渔业发展过程尚存在一些问题，仍需政府的进一步扶持、良好的国际环境以及统筹协调国内外市场。

关键词： 远洋渔业　鼓励政策　渔业协定　法律法规

一　引言

1985 年 3 月，中国水产总公司远洋渔业船队从福建马尾起航，开赴

---

* 陈晔（1983～），男，浙江镇海人，上海海洋大学经济管理学院、海洋文化研究中心讲师、博士，研究方向为海洋经济及文化；戴昊悦（1997～），男，上海奉贤人，上海海洋大学经济管理学院本科生，研究方向为海洋经济及文化。

大西洋西非海域渔场作业，揭开了中国远洋渔业发展的光辉历史。30多年来，我国远洋渔业取得了辉煌的成就，作为海洋社会的重要组成部分，有必要对我国远洋渔业事业进行回顾，在今后的皮书报告中，将跟踪我国远洋渔业的发展。

远洋渔业是我国"走出去"战略的先行者与开拓者。1985年3月10日，由13艘渔船、223名船员组成的中国水产总公司远洋渔业船队从福建马尾起航，开赴大西洋西非海域渔场作业，揭开中国远洋渔业发展的光辉历史。三十多年来，我国远洋渔业事业发展很不寻常。2017年年底，印发的《"十三五"全国远洋渔业发展规划》为今后五年远洋渔业发展明确了方向：牢固树立"创新、协调、绿色、开放、共享"的发展理念，以建设负责任的远洋渔业强国为目标，加快转变发展方式，推进转型升级，稳定船队规模，提高质量效益，强化规范管理，加强国际合作，提升国际形象，努力建设布局合理、装备优良、配套完善、生产安全、管理规范的远洋渔业产业体系，在开放环境下促进我国远洋渔业规范有序发展。

二　我国远洋渔业发展历程

远洋渔业意义重大，是实施"海洋强国"战略和"走出去"战略的重要组成部分。目前全球约30多个国家（或地区）从事远洋渔业，但年产量超过10万吨的只有中国、日本、韩国、美国、俄罗斯等10多个国家（或地区）。[1] 在党中央、国务院高度重视以及有关部门大力支持下，经过几代远洋渔业人开拓进取、奋勇拼搏，我国远洋渔业实现了跨越式发展，已成功进入世界主要远洋渔业国家行列。[2] 在丰富我国水产品供给、促进渔民增收、推进农业国际合作与交流、维护国家海洋权益等方

---

[1]　张衡、唐峰华、程家骅等：《我国远洋渔业现状与发展思考》，《中国渔业经济》2015年第5期，第16~22页。

[2]　中华人民共和国农业部：《中国远洋渔业30年》，序言。

面，远洋渔业均做出了重要贡献。① 我国远洋渔业经历了空白期（1949～
1971年）、积极筹备期（1972～1984年）、起步期（1985～1990年）、快
速发展期（1991～1997年）、调整期（1998～2006年）和优化期（2007
年至今）六个阶段。②

（一）空白期（1949～1971年）

新中国成立后，确定以恢复渔业生产为指导的水产工作总方针，尽快恢
复渔业生产，增加水产品供给，提升渔民收入水平，成为工作重点。当时我
国近海渔业资源较丰富，开发沿岸及近海渔业资源对设备、资金、技术及人
员要求都较低，因此该时期，我国海洋渔业生产集中在沿岸和近海，基本没
有涉及远洋渔业。

（二）积极筹备期（1972～1984年）

新中国建立后的20多年，我国水产事业取得了长足进步。1972年，
我国海产品产量达291.4万吨，捕捞养殖比为18.4∶1，近海占比90%以
上，形成了近海开发过度而海外开发严重不足的情况。与此同时，世界远洋
渔业发展突飞猛进，产量达世界渔业总产量的25%。在此背景下，发展远
洋渔业的构想被提上日程。1972年农业部向国务院提出：为了保护和合理
利用近海渔业资源，提升水产品质量，我国海洋渔业必须尽快向外海发展。
至此，我国远洋渔业已进入国家政策层面进行探讨。1973年，我国恢复在
联合国粮农组织（FAO）的合法地位，为我国开展远洋渔业，积极参与国
际交流与合作，奠定了基础。1983年我国提出"远洋渔业在近期要有所突
破，国家要给予支持"和"开辟外海渔场，开发远洋渔业"。

---

① 陈晔：《我国远洋渔业企业对外直接投资研究》，《海洋开发与管理》2018年第3期，第
97～101页。
② 刘芳、于会娟：《我国远洋渔业发展阶段特征、演进动因与趋势预测》，《海洋开发与管理》
2017年第9期，第59～64页。

（三）起步期（1985～1990年）

1985年3月，我国第一支远洋渔业船队开赴西非海域从事远洋捕捞作业，标志着我国远洋渔业事业的开始。同年，上海、大连、烟台渔业公司先后派出渔船开赴白令海峡的公海水域进行捕捞作业，我国远洋公海捕捞生产由此开始，自此，我国远洋渔业事业全面开启。该时期，我国远洋渔业以过洋性渔业为主，以拖网作业为主，主要分布在北太平洋、西非、西南大西洋及南太平洋等海域；我国在渔业交流与合作方面取得了较大进展，与21个国家（或地区）建立了渔业合作关系。

（四）快速发展期（1991～1997年）

在快速发展时期，我国远洋渔业产量从1991年的32.35万吨，增长至1997年的103.7万吨，增长了2.2倍。在产业结构方面，我国远洋渔业仍以过洋性渔业为主，大洋性渔业获得了一定发展。作业方式仍以拖网作业为主，鱿鱼钓、金枪鱼钓项目顺利开展，作业海域拓展至日本海、中西部太平洋、印度洋及南太平洋等海域。我国加入养护大西洋金枪鱼国际委员会（ICCAT）、印度洋金枪鱼委员会（IOTC）等国际渔业组织，与美国、俄罗斯、日本、韩国等国家，积极磋商公海合作捕捞项目，进一步加深与毛里塔尼亚、摩洛哥等国的渔业合作。

（五）调整期（1998～2006年）

世界渔业资源逐年萎缩，对我国远洋渔业发展提出新要求。1998年农业部在渔业专业会议上决定，我国1999年海洋捕捞计划产量实行"零增长"，我国远洋渔业开始由粗放型增长向集约型增长转型。产业结构发生重大调整，大洋性渔业比重逐年增加，至2006年，大洋性渔业与过洋性渔业产量基本相当，打破了之前过分依赖过洋性渔业的局面。作业海域涉及太平洋、大西洋、印度洋公海及33个国家（或地区）的专属经济区。该时期，各级政府和有关部门高度重视，将远洋渔业发展作为贯彻实施"走出去"战略和产业结构调整，以及渔民转产转业的重要途径。

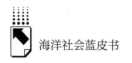

（六）优化期（2007年至今）

该时期，我国远洋渔业实现大洋性渔业与过洋性渔业均衡发展。[①] 国家政策扶持力度进一步加大，远洋渔业装备水平显著提升。同时，远洋渔业管理制度逐步完善，我国开始由远洋渔业大国向远洋渔业强国挺进。[②]

由表1得，2016年全国获得农业部远洋渔业企业资格的企业共161家；经批准作业渔船2571艘，其中新建投产渔船88艘，主机功率240万千瓦，总吨位140万吨。远洋渔船在全球42个国家（或地区）的专属经济区和太平洋、印度洋和大西洋公海以及南极海域进行作业。外派船员近4.9万人，其中外籍船员1.4万人。[③]

表1　2012～2016年我国远洋渔业发展情况

年份	获得农业部远洋渔业 企业资格的企业数量（家）	批准作业渔船（艘）	新建投产渔船（艘）
2012	120	1830	—
2013	133	2159	—
2014	164	2460	346
2015	167	2512	253
2016	161	2571	88

资料来源：历年《中国渔业年鉴》。

在国家相关政策的推进下，我国各沿海省份积极发展远洋渔业，以2017年为例，远洋捕捞产量最高的三个省份为浙江、山东和福建；远洋渔业总产值最高的三个省份也是浙江、山东和福建；运回国内量最高的三个省份，分别为浙江、福建和山东；境外销售量最高的三个省份，分别为山东、福建和辽宁（见表2）。

① 刘芳、于会娟：《我国远洋渔业发展阶段特征、演进动因与趋势预测》，《海洋开发与管理》2017年第9期，第59～64页。
② 《于康震副部长在中国远洋渔业30年座谈会上的讲话》，中国渔业政务网，http：//jiuban. moa. gov. cn/sjzz/yzjzw/yyywyzj/201503/t20150331 _ 4467025. htm，最后访问日期：2018年8月2日。
③ 农业部渔业渔政管理局：《中国渔业年鉴》，中国农业出版社，2017，第6页。

表2　2017年我国沿海地区远洋渔业发展情况

单位：吨，万元

地区	远洋捕捞产量	运回国内量	境外出售量	远洋渔业总产值
北京	9000	8334	666	10500
天津	11900	8726	3174	10400
河北	48200	2762	45438	13300
辽宁	285400	104136	181264	271200
上海	129900	78384	51516	170700
江苏	26200	14332	11868	27200
浙江	467900	443339	24561	568600
福建	428200	219929	208271	328200
山东	431300	209749	221551	528300
广东	47700	20924	26776	90800
广西	8900	269	8631	10400
中农发集团	191600	125363	66237	328200
全国总计	2086200	1236247	849953	2357800

资料来源：农业部渔业渔政管理局：《中国渔业统计年鉴》，中国农业出版社，2018，第46页。

　　2017年全国各省份在远洋渔业方面都有大的动作，比如广东省现有远洋渔业企业29家，在外作业远洋渔船达177艘。将进一步推动海洋捕捞向外海和深远海拓展，鼓励通过兼并重组等方式，组建2~3家现代远洋渔业企业，建设3~5个海外渔业生产和加工基地。[①] 山东省日照市把发展远洋渔业作为发展向海经济的重要举措，进一步优化海洋经济布局。[②] 2017年11月，《日照市促进远洋渔业发展的实施方案（2017~2020年）》正式出台，对新注册远洋渔业企业、新建或购买远洋渔船、使用日照籍船员、远洋渔船回港采购本地农产品以及自捕远洋渔业鲜活产品运回等五种情形给予资金补助，新建或购买远洋渔船最多可享受500万元的财政补助资金。2018年4月25日，市海洋与渔业局、市财政局联合制定了《日照

---

① 《我省将组建2~3家现代远洋渔业企业》，广东省人民政府网站，http：//www.gd.gov.cn/ywdt/bmdt/201712/t20171221_263222.htm，最后访问日期：2018年11月18日。

② 《山东省日照市四艘远洋渔船向太平洋、大西洋启航》，中华人民共和国农业农村部网站，http：//www.yyj.moa.gov.cn/yyyy/201712/t20171219_6121277.htm，最后访问日期：2019年1月15日。

市市级远洋渔业专项资金管理办法》，规范远洋渔业专项资金的申请程序以及资金使用管理。①

三 我国远洋渔业发展相关鼓励政策

2015年农业部副部长于康震在中国远洋渔业30年座谈会上，总结我国远洋渔业发展宝贵经验时，指出：党中央、国务院的亲切关怀以及各地、各部门的大力支持为远洋渔业发展创造有利发展条件和良好政策环境。② 我国远洋渔业能在短短的30多年内发展壮大，离不开国家适时出台的一系列相关扶持政策和指导意见。

积极筹备时期：1983年，国务院同意农牧渔业部出台《关于发展海洋渔业若干问题的报告》，提出要大力发展远洋渔业，发展外海和远洋渔业，采取切实有效措施，力争近期内取得较大进展。③ 1985年，中共中央、国务院发布《关于放宽政策、加快发展水产业的指示》，对发展远洋渔业做出充分肯定；1987年，国务院办公厅转发《农牧渔业部关于进一步发展我国远洋渔业报告的通知》。

起步和快速发展时期：1989年，《国务院关于当前产业政策要点的决定》把远洋渔业列为国家重点支持产业。时任国务院总理李鹏在1990年7月召开的全国副食品工作会议上，对发展远洋渔业给予高度重视，并指出"今后一方面要保护近海渔业资源，另一方面要大力发展远洋捕捞"。④ 1994年，国务院公布《九十年代中国农业发展纲要》，对开发外海和远洋捕捞提出明确要求；1996年财政部和国家税务总局联合发文，对农业部直属远洋渔业

---

① 《日照市远洋捕捞再获丰收 运回千吨水产品 总价值超2000万元》，齐鲁网，http://rizhao.iqilu.com/rzgushi/2018/0907/4041356.shtml，最后访问日期：2019年1月15日。

② 《于康震副部长在中国远洋渔业30年座谈会上的讲话》，中国渔业政务网，http://jiuban.moa.gov.cn/sjzz/yzjzw/yyywyzj/201503/t20150331_4467025.htm，最后访问日期：2018年8月2日。

③ 聂启义：《我国远洋渔业管理政策研究》，硕士学位论文上海海洋大学，2011，第37页。

④ 聂启义：《我国远洋渔业管理政策研究》，硕士学位论文上海海洋大学，2011，第37页。

企业 1994 年和 1995 年度给予免征企业所得税照顾。1997 年 1 月，财政部国家税务总局发文对远洋渔业企业进口自用和国内不能生产的远洋渔船、轮机及冷冻设备等直接渔用物资，在"九五"前三年免征进口环节增值税。在公海或按有关协议规定的国外海域捕获并运回国内销售的自捕水产品（包括加工制品），视同为非进口的国内产品，不征收关税以及进口环节增值税。① 1997 年，国务院批转《农业部关于进一步加快渔业发展意见的通知》，指出在"九五"期间需积极发展远洋渔业。②

调整和优化时期：2000 年，我国明确指出远洋渔业发展新方向为"效益第一"，从单纯重视发展船队规模，逐渐转变为重视综合经济效益。③ 2001 年，国务院批准实施《我国远洋渔业发展总体规划（2001—2010 年）》，明确指出远洋渔业是"走出去"战略和发展外向型经济的重要组成部分；2007 年农业部办公厅下发《关于发放渔业柴油补贴资金有关问题的通知》。④ 2008 年中国共产党第十七届中央委员会第三次全体会议通过《中共中央关于推进农村改革发展若干重大问题的决定》以及《中共中央国务院关于 2009 年促进农业稳定发展农民持续增收的若干意见》，提出大力扶持和壮大远洋渔业。⑤ 2011 年，《全国渔业发展第十二个五年规划（2011—2015 年）》提出扶持和壮大远洋渔业。2012 年，农业部发布《关于促进远洋渔业持续健康发展的意见》，对"十二五"时期我国远洋渔业发展做出全面部署；2013 年，《国务院关于促进海洋渔业持续发展的若干意见》提出"积极稳妥发展外海和远洋渔业"。2016 年，农业部印发《全国渔业发展第十三个五年规划（2016—2020 年）》，提出规范有序发展远洋渔

① 聂启义：《我国远洋渔业管理政策研究》，硕士学位论文，上海海洋大学，2011，第 38 页。
② 郭香莲：《我国远洋渔业发展的支持政策研究》，硕士学位论文，中国海洋大学，2009，第 23 页。
③ 郭香莲：《我国远洋渔业发展的支持政策研究》，硕士学位论文，中国海洋大学，2009，第 22 页。
④ 郭香：《我国远洋渔业发展的支持政策研究》，硕士学位论文，中国海洋大学，2009，第 23 页。
⑤ 聂启义：《我国远洋渔业管理政策研究》，硕士学位论文，上海海洋大学，2011，第 39 页。

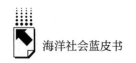

业，优化产业布局，提升竞争力。2017 年，农业部印发《"十三五"全国远洋渔业发展规划（2016—2020 年）》，提出建设负责任的远洋渔业强国。① 2017 年，农业部印发《远洋渔业海外基地建设项目实施管理细则（试行）》的通知。②

四　我国远洋渔业发展相关渔业协定及法律法规

《联合国海洋法公约》和《联合国鱼类种群协定》是国际上与远洋渔业相关的最重要的法律文件。1982 年 12 月第三次联合国海洋法会议通过，并于 1994 年 11 月 16 日起正式生效的《联合国海洋法公约》，对一些重要概念，如内水、领海、毗连区、大陆架、专属经济区、公海等做了界定，对领海主权争端、污染处理等具有重要的指导和裁决作用。我国于 1996 年 5 月 15 日批准该"公约"。

2001 年 12 月 11 日正式生效的《执行 1982 年 12 月 10 日〈联合国海洋法公约〉关于养护和管理跨界鱼类种群和高度洄游鱼类种群的规定的协定》（以下简称《联合国鱼类种群协定》），目前我国尚未批准该协定。

世界范围内，鲣鱼、金枪鱼、鱿鱼、竹荚鱼等跨界鱼类种群和高度洄游鱼类种群，占世界海洋鱼类总渔获量的 20%，是公海渔业的主要捕捞对象。它们的生活海域经常发生变化，有时在沿海国的专属经济区内，有时在公海，也容易导致公海渔业管理混乱，资源过度利用，容易诱发不规范的渔捞活动。《联合国海洋法公约》对这些特殊种群规定不够完善，容易引起国际纠纷。在此背景下，联合国跨界鱼类种群和高度洄游鱼类种群养护与管理会议于 1993～1995 年在纽约联合国总部举行六届会议，并于 1995 年 7 月 24

① 岳冬冬、王鲁民、黄洪亮等：《我国远洋渔业发展对策研究》，《中国农业科技导报》2016 年第 2 期，第 156～164 页。
② 《农业部办公厅关于印发〈远洋渔业海外基地建设项目实施管理细则（试行）〉的通知》，中华人民共和国农业农村部网站，http://www.moa.gov.cn/nybgb/2017/201712/201802/t20180201_6136284.htm，最后访问日期：2019 年 1 月 15 日。

日至 8 月 4 日第六届会议上通过《联合国鱼类种群协定》。该协定分为 13 个部分，共有 50 条，及 2 个附件。我国于 1996 年 11 月 6 日签署该协定，但尚未递交批准书。[1]

除了《联合国鱼类种群协定》外，目前与远洋渔业有关的国际渔业公约、协定或决议主要有《联合国海洋法公约》、WTO《补贴与反补贴措施协议》（SMC 协议）、《负责任渔业行为准则》、《促进公海渔船遵守国际养护与管理措施协定》、《中白令海峡鳕资源养护与管理公约》、《北太平洋公海渔业资源养护和管理公约》、《南太平洋公海渔业资源养护和管理公约》等。[2]

在濒临我国大陆的四个海域中，除渤海为我国内海，东海、黄海和南海分别与朝鲜、韩国、日本、菲律宾、印尼、马来西亚和越南等国相邻。《联合国海洋法公约》生效后，周边国家纷纷实施专属经济区制度，对我国远洋渔业产生了一定影响。我国已于 1999 年 10 月与日本签署《中日渔业协定》，该协定已于 2000 年 6 月 1 日正式生效。《中韩渔业协定》于 2000 年 8 月签署，《中越渔业协定》于 2000 年 12 月 25 日签订。[3]

为进一步推进远洋渔业发展，我国逐步建立和完善远洋渔业法律法规体系。1986 年，第六届全国人民代表大会常务委员会第十四次会议通过《中华人民共和国渔业法》；1993 年，农业部颁布《关于办理远洋渔业船舶国籍证书有关事项的通知》（1997 年修改）；1996 年，农业部颁布《中华人民共和国渔业船舶登记办法》（1997 年修改）；1998 年，农业部渔业局发布《关于进一步加强远洋渔业船舶管理的通知》；1999 年，农业部颁布《远洋渔业船舶检验管理办法》；1999 年，农业部渔业局发布《关于切实加强海洋渔船管理的紧急通知》；1999 年，国务院颁布《中华人民共和国渔业船舶检验条

---

[1] 林龙山：《执行〈协定〉对我国远洋渔业的影响》，《水产科学》2004 年第 4 期，第 38~42 页。

[2] 高强、王本兵、杨涛：《国际海洋法规对我国远洋渔业的影响与启示》，《中国渔业经济》2008 年第 6 期，第 80~84 页。

[3] 黄金玲、黄硕琳：《国际海洋法与我国远洋渔业的发展》，《海洋渔业》2001 年第 2 期，第 57~59 页。

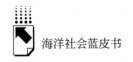

例》；2003年，农业部颁布《远洋渔业管理规定》；2007年，农业部、外交部、公安部、海关总署印发《关于加强对赴境外作业渔船监督管理的通知》；① 2011年，农业部印发《关于加强远洋渔业安全生产工作的通知》；② 2014年，为强化远洋渔业管理，严格执行远洋渔业扶持政策，履行相关国际义务，农业部制定《远洋渔船船位监测管理办法》。③

30多年来，我国与许多国家（或地区）建立渔业合作关系，与20多个国家（或地区）签署了渔业合作协定和协议，加入8个政府间国际渔业组织。④ 全面深入地参与了7个区域渔业管理组织（Regional Fisheries Management Organization，RFMO）事务；坚持履行国际义务，会同国际社会坚决打击"非法、不报告和不受管制"渔业活动。⑤

2016年以来，已对264艘违规渔船（涉及78家远洋渔业企业）依法处罚，扣减国家财政补贴约7亿元，取消3家远洋渔业企业的从业资格，并将15名相关人员列入从业"黑名单"。⑥

五 我国远洋渔业主要品种

经过30多年的发展，我国远洋渔业发展取得了很大进步，2017年的《中国渔业统计年鉴》第一次统计了各地区远洋渔业主要品种的产量（见表3）。⑦

---

① 中华人民共和国农业部：《中国远洋渔业30年》，第103页。
② 中华人民共和国农业部：《中国远洋渔业30年》，第103页。
③ 中华人民共和国农业部：《中国远洋渔业30年》，第103页。
④ 《于康震副部长在中国远洋渔业30年座谈会上的讲话》，中国渔业政务网，http://jiuban. moa. gov. cn/sjzz/yzjzw/yyywyzj/201503/t20150331_4467025. htm，最后访问日期：2018年8月2日。
⑤ 中华人民共和国农业部：《"十三五"全国远洋渔业发展规划》。
⑥ 《农业部：关于部分远洋渔业企业及渔船违法违规问题和处理意见》，中华人民共和国农业农村部网站，http://www. moa. gov. cn/nybgb/2018/201806/201809/t20180904_6156764. htm，最后访问日期：2018年11月18日。
⑦ 农业部渔业渔政管理局编《中国渔业统计年鉴》，中国农业出版社，2017，第46页。

表3 2017年各地区远洋渔业主要品种产量

单位：吨

地区	远洋捕捞产量	其中		
		金枪鱼	鱿鱼	竹荚鱼
北京	9000	538	4978	—
天津	11900	516	422	—
河北	48200	—	1898	—
辽宁	285400	26920	14914	—
上海	129900	75612	16994	17406
江苏	26200	—	11396	—
浙江	467900	87976	308107	—
福建	428200	34635	14754	—
山东	431300	50381	98018	—
广东	47700	20171	1233	—
广西	8900	—	—	—
海南	—	—	—	—
中农发集团	191600	46792	47007	—
全国总计	2086200	343541	519721	17406

资料来源：农业部渔业渔政管理局：《中国渔业统计年鉴》，中国农业出版社，2018，第46页。

（一）金枪鱼

2001年我国引进第一艘金枪鱼围网船。至2015年，我国金枪鱼围网船已发展到24艘，年产量约16万吨，作业海域集中在中西部太平洋公海和密克罗尼西亚、巴布亚新几内亚等岛国的专属经济区。[①]

我国金枪鱼延绳钓船起于20世纪90年代初。根据捕捞对象不同，金枪鱼延绳钓渔业可分为超低温型、常温型和冰鲜型。超低温金枪鱼延绳钓船属大洋性渔船，自持力较大，通常一年进港一次，冷冻渔获能力较强，鱼舱温度可达−55℃，冻结室温度更低至−60℃。渔获从捕捞上甲板到进入市场，往往间隔半年以上，主要捕捞大眼金枪鱼。常温延绳钓船与超低温延绳钓船相似，主要捕捞长鳍金枪鱼。冰鲜型金枪鱼延绳钓船属过洋性渔船，将作业水域所属沿海国作为据点，以小型船舶为主，船长往往小于30米，经过加冰保鲜，通常三周左

---

① 中华人民共和国农业部：《中国远洋渔业30年》，第34页。

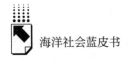

右即进港经空运进入金枪鱼市场，鲜度较高，售价亦较高。① 至 2015 年，我国金枪鱼延绳钓船队已达近 500 艘，其中超低温金枪鱼延绳钓船 130 多艘、常温金枪鱼延绳钓船达 300 多艘、冰鲜金枪鱼延绳钓船近 30 艘，年产量 10 万多吨，船队规模和产量均居世界前列。作业海域分布在太平洋、大西洋和印度洋公海，部分渔船进入斐济、所罗门、瓦努阿图等太平洋岛国专属经济区。②

《"十三五"全国远洋渔业发展规划》指出：着力提升金枪鱼渔业国际竞争能力，积极参与相关区域渔业管理组织事务，提高履约能力。允许符合条件的企业通过境外收购、并购等方式适当引进带国际配额的金枪鱼围网船，形成与国内水产品加工市场并行和匹配的发展格局。以投资入渔、租赁、"基地 + 渔船"等合作方式，推进综合渔业基地建设，与大西洋、太平洋、印度洋等有关国家开展长期友好互利合作，积极稳妥地开拓拉美国家金枪鱼渔场。③

（二）鱿钓渔业

我国从 1993 年开始，对北太平洋公海鱿鱼资源进行探捕，之后逐步开发至东南太平洋和西南大西洋公海渔场，取得了明显的经济和社会效益。至 2015 年，我国鱿鱼钓渔船近 600 艘，年产量约 70 万吨，船队规模和产量均居世界第一。④《"十三五"全国远洋渔业发展规划》指出：优化鱿鱼渔业生产布局，合理调控各海域渔业规模。推进综合渔业基地建设，为我国公海作业渔船提供后勤保障服务。大力推广海上流动公益服务平台建设。积极研究开展捕捞限额试点工作，提高鱿鱼渔业的效益。加强鱿鱼资源中长期预测技术研究。探索建立鱿鱼进出口证明制度和国际鱿鱼指数，以舟山国家远洋渔业基地为平台推进建立中国远洋鱿鱼交易中心。建立健全配套完善的鱿鱼产业体系，打造一批知名鱿鱼品牌和特色综合性产品。积极开展北太平洋公海联合执法。⑤

---

① 郑超：《我国中西太平洋金枪鱼延绳钓渔业发展研究》，上海海洋大学，2015，第 9～10 页。
② 中华人民共和国农业部：《中国远洋渔业 30 年》，第 42 页。
③ 中华人民共和国农业部：《"十三五"全国远洋渔业发展规划》。
④ 中华人民共和国农业部：《中国远洋渔业 30 年》，第 46 页。
⑤ 中华人民共和国农业部：《"十三五"全国远洋渔业发展规划》。

（三）南极磷虾

南极磷虾是生活在南大洋中的甲壳类浮游动物，体长 30~60mm，最大体长超过 60mm。虽然南极磷虾分布的南极海域是世界上环境最险恶的渔场，产量相当不稳定，管理制度却越来越严格，但随着南极磷虾应用价值被逐步发现，世界各国都积极参与到南极磷虾开发之中。[①] 我国在南极磷虾资源开发利用，尤其是捕捞装备、虾粉虾油制备以及生产工艺方面已取得了一定进展。[②]

2009 年，我国首次派出渔船赴南极海域实施南极磷虾探捕。2012 年引进专业南极磷虾捕捞渔船"福荣海"号后，捕捞和加工能力得到显著增强（见表 4）。2014 年 10 月，国务院批复同意《农业部关于加快推进南极磷虾资源规模化开发有关问题的请示》，南极磷虾渔业迎来新的发展机遇。至2015 年，南极磷虾捕捞渔船达 5 艘，年产量 5 万多吨。[③]

表 4　2010~2012 年南极磷虾主要捕捞国家产量

单位：吨

年份	挪威	韩国	日本	波兰	俄罗斯	中国	智利	总计
2010	120429	43805	29919	7007	8065	1956	0	211181
2011	102815	28052	26390	3044	—	16020	1811	179131
2012	101965	23122	16258	—	—	418	10727	156289

《"十三五"全国远洋渔业发展规划》指出：深入南极海洋生物资源养护委员会（CCAMLR）事务，积极稳妥开发南极海洋生物资源，提升履约保障能力。加大资源调查力度，扩展捕捞区域，积极推进极地渔业科学考察船建设。加快南极磷虾捕捞成套装备和产品加工的自主创新与研发，全面提高

---

① 黄洪亮、陈雪忠、刘健等：《南极磷虾渔业近况与趋势分析》，《极地研究》2015 年第 1 期，第 25~30 页。

② 岳冬冬、王鲁民、黄洪亮等：《我国南极磷虾资源开发利用技术发展现状与对策》，《中国农业科技导报》2015 年第 3 期，第 159~166 页。

③ 中华人民共和国农业部：《中国远洋渔业 30 年》，第 54 页。

南极磷虾渔业的综合效益。关注并积极参与北极渔业事务，积极参与北极渔业资源调查与管理研究。①

<h2 style="text-align:center">六　我国远洋渔业发展的问题与对策</h2>

经过30多年的发展，我国远洋渔业事业已取得了一定成绩，但还存在一些问题。

（一）远洋渔业发展后劲不足，仍然需要大力扶持，推进供给侧结构性改革

我国远洋渔业渔船数量以及总功率占比仍旧较低。远洋中拥有丰富的渔业资源，远洋渔业具有较大的发展潜力，仍然需要国家大力扶持。重点推进远洋渔业的供给侧结构性改革，实行全球布局，在梳理原有捕捞点的基础上进行"点－线－面"的全面规划，鼓励有条件的企业，在其作业海域建设基础设施和经营基地，加强与其他国家（或地区）的国际合作，走可持续发展道路。②

（二）我国远洋渔船总体装备水平不高，捕捞方式落后，发展潜力不足

我国多数鱿鱼钓渔船、冰鲜金枪鱼延绳钓船和过洋性渔船是由近海捕捞渔船改造而成，船龄高，维修成本大。渔船装备落后，严重制约我国远洋渔业综合生产能力和捕捞水平的进一步提升。即使是新建远洋渔业渔船，其机械化程度也低，劳动强度大，放钩数量少，渔获物保鲜能力差，与境外同类

①　中华人民共和国农业部：《"十三五"全国远洋渔业发展规划》。

②　同春芬、夏飞：《供给侧改革背景下我国海洋渔业面临的问题及对策》，《中国海洋大学学报》（社会科学版）2017年第5期，第26～29页。

渔船相比，渔获率低，缺乏竞争力。① 需要对远洋渔船进行升级换代，增加国际竞争能力。稳定公海渔业捕捞，严控公海渔船规模。暂停审批新建公海作业渔船，严控进口或境外收购二手渔船，加快老旧渔船更新改造。②

（三）国际社会对公海渔业资源管理日趋严格，国际合作门槛提高

世界各国对海洋渔业资源的开发越来越重视，沿海国家为保护本国资源，普遍提高合作门槛，往往将提供渔业设施等作为合作的先决条件，以支付捕捞许可费进行捕捞合作的方式难以为继，我国企业面临经营成本增加等困难情况。另外，不少西方发达国家凭借其雄厚经济实力为其远洋渔船提供高额补贴，向相关沿海国家支付高额入渔费用，使我国远洋渔业企业在竞争中处于十分不利位置。③ 我国应该加大力度培养国际渔业履约团队，为我国争取更为有利的国际环境。

（四）过度注重海外市场，国内市场关注度不够

远洋渔业属于资源和市场"两头"在外产业，国内绝大多数远洋企业以国际市场为产品销售重心，国内消费市场关注度不够，④ 在国际市场发生剧烈波动时，极易受到致命影响。2011年的欧债危机，不仅影响了我国向欧盟的出口订单，而且影响了出口至日本等的市场，对我国鱿鱼加工业造成巨大影响。⑤ 国内远洋渔业企业应在注重国外市场的同时，密切关注国内市场的发展，做好两个市场之间的联动。

---

① 张衡、唐峰华、程家骅等：《我国远洋渔业现状与发展思考》，《中国渔业经济》2015年第5期，第16～22页。
② 中华人民共和国农业部：《"十三五"全国远洋渔业发展规划》。
③ 张衡、唐峰华、程家骅等：《我国远洋渔业现状与发展思考》，《中国渔业经济》2015年第5期，第16～22页。
④ 乐家华、陈新军、王伟江：《中国远洋渔业发展现状与趋势》，《世界农业》2016年第7期，第226～229页。
⑤ 岳冬冬、王鲁民、郑汉丰等：《中国远洋鱿钓渔业发展现状与技术展望》，《资源科学》2014年第8期，第1686～1694页。

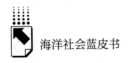
（五）抓住"一带一路"机遇，谋求更高发展

2018 年 9 月中非论坛期间，浙江省远洋渔业协会组织相关部门、企业负责人赴京与坦桑尼亚桑给巴尔农业、自然资源及生物与渔业部 JUMA 部长一行进行座谈。在"一带一路"倡议框架下共同推进双方渔业共赢发展，为浙江远洋企业开展与坦桑尼亚的渔业合作迈出坚实的一步。① 积极推进与"一带一路"沿线有条件的国家建立政府间合作机制，加强信息共享和技术合作。鼓励开展捕捞、养殖、加工、基础设施建设等相结合的综合渔业合作，提高合作水平，努力融入当地经济与社会发展。②

参考文献

陈晔：《我国远洋渔业企业对外直接投资研究》，《海洋开发与管理》2018 年第 3 期。

黄洪亮、陈雪忠、刘健等：《南极磷虾渔业近况与趋势分析》，《极地研究》2015 年第 1 期。

张衡、唐峰华、程家骅等：《我国远洋渔业现状与发展思考》，《中国渔业经济》2015 年第 5 期。

林龙山：《执行〈协定〉对我国远洋渔业的影响》，《水产科学》2004 年第 4 期。

刘芳、于会娟：《我国远洋渔业发展阶段特征、演进动因与趋势预测》，《海洋开发与管理》2017 年第 9 期。

同春芬、夏飞：《供给侧改革背景下我国海洋渔业面临的问题及对策》，《中国海洋大学学报》（社会科学版）2017 年第 5 期。

乐家华、陈新军、王伟江：《中国远洋渔业发展现状与趋势》，《世界农业》2016 年第 7 期。

岳冬冬、王鲁民、郑汉丰等：《中国远洋鱿钓渔业发展现状与技术展望》，《资源科学》2014 年第 8 期。

高强、王本兵、杨涛：《国际海洋法规对我国远洋渔业的影响与启示》，《中国渔业经济》

---

① 浙江省远洋渔业协会：《中非论坛期间我省远洋渔业企业应邀与坦桑尼亚政府官员座谈》，http://www.zjoaf.gov.cn/dtxx/zyxw/2018/09/03/2018090300008.shtml，最后访问日期：2018 年 11 月 18 日。

② 中华人民共和国农业部：《"十三五"全国远洋渔业发展规划》。

2008 年第 6 期。

郭香莲：《我国远洋渔业发展的支持政策研究》，中国海洋大学，2009。

聂启义：《我国远洋渔业管理政策研究》，上海海洋大学，2011。

郑超：《我国中西太平洋金枪鱼延绳钓渔业发展研究》，上海海洋大学，2015。

B.11
中国海上丝绸之路建设发展报告

刘　勤*

摘　要： 民心相通领域的 2017 年海上丝绸之路建设进行了多方位、有深度的互动行动，具体包括海上丝绸之路的历史深挖、海港融入、海神传播、海洋移民、域外之音、教育探索等，有一定的学术发现和研究推进。结合 21 世纪海上丝绸之路建设需求，以及对这些成果的分析发现进一步的推进研究亟须基于内省视角的海洋社会史研究，亟须基于他者视角、定量方法和智库贡献的民心相通研究，期待研究成果能够更好地对接 21 世纪海上丝绸之路建设需求。

关键词： 民心相通　海上丝绸之路　"一带一路"倡议

2013 年 9 月，习近平同志正式向全世界友好国家倡导共建"一带一路"。服务于此项倡议，中国政府进行顶层设计，着力践行这一充满东方智慧、致力于共享繁荣的重大倡议。2015 年，中国政府正式公布了"一带一路"愿景与行动。2017 年，习近平同志提出谱写海上丝绸之路新篇章。

21 世纪，中国最早倡导并努力与沿线国家一起，共同建设海上新丝路。本报告将从民心相通的角度梳理 2017 年内海上丝绸之路建设的动向，分析

* 刘勤（1979～　），男，湖北十堰人，广东海洋大学法政学院副教授，硕士生导师，博士，研究方向：海洋社会学、农村社会学等。

促进海上丝绸之路沿线国家路相同、心相连的民意基础，探讨文明交流、互鉴和共存的实践路径，进一步推进海上新丝路建设。

一 2017建设海上新丝路的若干行动

我国在海上丝绸之路建设过程中，以民心相通，建立情感和命运共同体为目标，展开了一系列的交流、互访、研讨等行动，对外全方位地阐释着海上新丝路的初衷，并理解沿线国家和地区对此的认知、意愿与行动等。

延续 2013 年以来海上丝绸之路沿线国家和地区互动交流的良好态势，中国继续与沿线国家在旅游、科技文化合作、人才培养流动、民间往来等展开充分的互动。以入境旅游为例，2017 全年入境的外国游客达到 2917 万人，同比增长 3.6%，入境过夜的有 2248 万人，增长 3.8%。外国游客中，来自亚洲的比例为 74.6%，37.1% 的以观光休闲为主。① 游客来源以海上丝绸之路的沿线国家为主。

围绕海上丝绸之路建设的政府间合作磋商持续扩展。2017 年 10 月在北京，中葡两国相关政府机构进行以蓝色伙伴关系与 21 世纪海上丝绸之路为主题的研讨。两国政府海洋机构负责人出席，就推动中葡两国蓝色伙伴关系进行磋商并构建了海洋合作联合行动框架。蓝色伙伴关系将为海上新丝路转换为具体的行动提供一种模式。

相关职能部门积极策划、组织和参与许多重要的海上丝绸之路建设活动。在 2017 年 7 月，上海举办了以"新机遇新动力新空间"为主题的第二届"21 世纪海上丝绸之路"建设高峰论坛，近 400 位相关行业和部门的代表出席。论坛依托上海航运中心的建设成效，展现了航运、港口和贸易等在建设海上新丝路中所扮演的角色和发挥的功能，以及海上新丝路建设为新时代航运、港口和自贸区等发展提供的重要契机。海洋航运（交通）、港口和

---

① 国家旅游数据中心：《2017 年全年旅游市场及综合贡献数据报告》，http：//zwgk. mct. gov. cn/auto255/201802/t20180206_ 832375. html？keywords =，最后访问日期：2018 年 8 月 23 日。

自贸区建设的进一步提升最终助力和服务于国家的海洋战略，推动国家和全球经济发展。

2017年9月，东莞承办了"海丝国际博览会"，广州举办了该博览会的主题论坛。论坛依托广东会展优势，探讨了加强与沿线国家和地区的商贸、人文等交流措施。论坛通过邀请沿线国家的政府官员、商会代表等参与，向国民介绍了走进非洲的政策和机遇、金融领域的合作共享。主题论坛启动了国际实用汉语培训合作，进一步助力汉语语言的普及，助力不同国家和地区间文化文明的相互认知和相互分享。

"海丝国际博览会"有79个国家和地区参展，有15项采购对接活动和27场文化交流活动。海博会搭起一座世界的桥梁，各国符合相关国际认证的特色产品琳琅满目。海博会主题展区开设的粤港澳大湾区展示板块，展示了粤港澳大湾区的概况、合作目标、重点领域等内容。

2017年12月，在文化与旅游部和福建省政府支持下，福建泉州承包了第三届海上丝绸之路国际艺术节，涵盖了展演展示、思想文化论坛等四个方面的内容。10个核心项目和60多个联动项目，凸显了国际元素，突出了地方特色，包括海上丝绸之路国内外非物质文化遗产、货币与贸易、摄影等展览、中国-中东欧国家文化季、海丝古城徒步穿越活动、海丝嘉年华系列活动、咖啡艺术文化节、泉州海丝工艺美术精品博览会等项目。

同在12月，广西壮族自治区在南宁召开了第十四届"中国-东盟"博览会、商务与投资峰会。这已经成为与东盟国家互动的重要平台，推动了中国西南地区和东盟的经济社会联系。此次东博会涵盖了诸多领域的高层论坛，包括中哈合作、海洋旅游、灾害防治、人道援助、女企业家创业等36个领域。

福州结合地方人文，打造富有海丝特色的旅游品牌。11月，该市举办了第三届海上丝绸之路国际旅游节，包括节庆启动仪式、旅行商品采购、相关论坛、温泉与民俗开发等内容。旅游节策划的活动内容新颖，具有很强的参与性，凸显休闲化、大众化和社会化，充分发挥了旅游在惠及民生、促进消费方面的重要作用。

沿线国家和地区的文化社会活动持续举办，"走出去"和"请进来"的交流相得益彰。"走出去"的筹划有序展开。2017年11月，广东珠海召开了"21世纪海上丝绸之路"国际传播暨中国（广东）企业走出去论坛。论坛围绕国际贸易合作、领域拓展合作、人文交流合作等"合作"议题展开对话。论坛就境内外企业如何实现优势互补与合作发展，如何在传播中促进民心相通，达成跨区域的共识等主题进行了商议。

中国相关机构和社会文化组织积极行动，在沿线国家和地区呈现了浓郁的中国风情。2017年3月，福建博物院受邀赴南美，分别在巴西圣保罗亚洲文化中心、智利圣地亚哥孔子学院拉丁美洲中心和阿根廷波萨达斯州博物馆举办了以"丝路帆远"为题的文物精品图片展，获得了广泛赞誉。7月，莆田相关部门进行了为期一周的"妈祖下南洋，重走海丝路"活动，在马来西亚、新加坡成功举行。10月，第四届海上丝绸之路发展论坛在马来西亚吉隆坡举行。论坛期间，北京大学全球互联互通中心发布了"21世纪海上丝绸之路"五通指数解读，东盟十国中新加坡、马来西亚更是连续两年处于前三位置，其他国家"五通指数"表现优良。

国内相关部门和社会团体积极筹划，邀请海上丝绸之路沿线国家和地区进入中国展示自身的文化。2017年11月，海口市举办了21世纪海上丝绸之路合唱节，开展了多个主题的系列活动，如音乐会、合唱比赛、进校园进社区活动、研讨会等。国内外66支合唱团队（海上丝绸之路沿线国家12支合唱团共375人）唱响天籁之音。

同月，在南京市举办的"CHINA与世界——海上丝绸之路沉船与贸易瓷器大展"上，22家文博机构通过使用11艘古代沉船和300余件文物描绘了古代海上丝绸之路的壮举。有近12万名观众观看为期40余天的展览。活动的主办方考虑到吸引不同年龄层级观众的需求，提供了真人航海棋对抗赛等参与度较高的活动。

结合行业行情和地方特色的一些民心相通活动陆续举办。青岛市举办了第二届"远东杯"国际帆船拉力赛。泉州市举办了海上丝绸之路环泉州湾国际公路自行车赛。兴城市举办了2017海上丝绸之路（中国·觉华岛）横

渡挑战赛。日照举办了"万泽丰海上牧歌"2017丝绸之路经济带百家电视台聚焦日照采风活动。福州市举办了舞蹈发展与合作为主题的研讨会，探讨如何促进沿线国家和地区舞蹈文化发展繁荣，如何实现舞蹈交流与合作，如何形成舞蹈共享的可持续机制等。

相关学术研讨等交流活动有序开展，形成了一些影响较大、关注度较高的论坛。2017年5月，《中国高校社会科学》编辑部与厦门大学联合主办了"中国与世界：多元视野下的海上丝绸之路研讨会"。国内十余所高校和科研机构的数十位专家从多学科角度探讨了海上丝绸之路的历史与现实的多学科对话。

2017年9月，莆田市举办了第九届世界华文传媒论坛。50多个国家和地区的近300家华文媒体代表就海上丝绸之路、妈祖文化、海外华文传媒等展开深入讨论，共同推动妈祖文化的海外传播。

11月，厦门市举办了第二届中马"一带一路：海上丝绸之路"国际学术研讨会。50多位中马学者就善用东盟框架、发掘历史积淀、深入互动协作、注重政党外交，着力经贸人文交流、发挥华侨华人因素作用等方面达成共识。双方约定2018年秋季由马来西亚南方大学学院承办第三届研讨会。

12月，珠海市召开了"海上丝绸之路"与南中国海历史文化学术研讨会。会议围绕古代中国与外国的海上贸易与文化交往、南中国海的文化网络与地域社会、历史上的海洋文明与世界体系、"海上丝绸之路"与沿线国家港口城市发展、华侨华人的历史地位与贡献等主题展开了研讨。

相关智库比较活跃，组织和参与了一些智库论坛等活动。"一带一路"智库合作联盟在大连举办的智库论坛，吸引了多个国家的政府、智库和企业代表。论坛重点围绕互联互通领域展开了讨论和交流，包括港口、高新技术产业、农业及其他领域，并尝试通过项目对接推进沿线国家的深度合作。

2017年9月，广州市举办了21世纪海上丝绸之路（广东）国际智库论坛。26个国家和地区的300多位智库专家、政府官员和企业代表参会。论坛以"共商规划对接，共建繁荣之路"为主题，致力于推动中国与海丝沿线国家智库的深度交流，推进各国在对外投资、经贸合作、产能合作、环境治理、全球治理等领域的更紧密合作。

高等教育也在积极参与海上丝绸之路建设，与沿线国家和地区展开对应的交流。2017 年 6 月，集美大学举办了为期 2 周的"探寻海上丝绸之路"中澳国际交流项目，帮助澳大利亚查尔斯特大学师生进一步了解中国经济社会文化形态、海上新丝路建设的目的和愿景等。

一些高校着力进行海上丝绸之路知识普及与宣讲。云南大学以"海上丝绸之路"系列讲座的形式向师生进行宣介，设计了"历史时期"和"重要领域"两个专题，比较全面、系统、整体地呈现了古代海上丝绸之路的发展演变状况。

一些海洋类院校引入海上丝绸之路沿线国家和地区高校的办学模式，推进高等教育教学改革等。如福建高校吸收台湾高校校企合作模式的经验，尝试应用型人才培养的定位，凝练旅游专业的办学特色，满足地方旅游产业集群发展的需求。

二 2017民心相通领域的海上丝绸之路发现

围绕民心相通领域，研究者们也从各自的学科基础出发，探究了 21 世纪海上丝绸之路建设的价值、思考、诊断等，具体的年度学术成果可归纳如下。

（一）海上丝绸之路的历史深挖

古代海上丝路大体分为三大航线，即从中国北方沿海港口到朝鲜半岛、日本、琉球群岛的东洋航线，由中国南方沿海港口到东南亚诸国和地区的南洋航线，以及至南亚、阿拉伯等地沿海港口的西洋航线。对于古代海上丝绸之路的历史贡献主要围绕沿线国家间经贸往来的互利合作之路、文化交流的融会贯通之路、族群互动的共生共享之路等。

古代海上丝绸之路的兴盛，有其特定历史时期的原因。开拓于两汉的陆上丝绸之路时断时续，其目的是寻找共同应对匈奴的盟友，而非为了追求贸

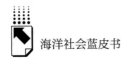

易和利润。随着中国经济重心的逐渐南迁，唐中后期陆上丝绸之路因战败中断，但航海术、造船术的突破，海上丝绸之路逐渐兴盛，到明代中期盛极一时。同时，中国南方沿海山多平原少的地理资源，生计不易，于是借助海航贸易维持生计。

一些沿海港口与古代海上丝绸之路共同生成和发展。如广州作为古代海上丝绸之路的重要始发港，对外贸易的扩展，带来了运输、仓储、销售等生计变革，对岭南的开发和地域社会具有重要的影响。港口数量增长、业务多元，产业链不断扩展，结合航海技术的进步，逐渐改变了贸易方式。①

政权的变更，政治体制的局限、安全关注和政策倾向，缺少互利经济的支撑，以及新的生产技术和物品本土化产生的替代效应等导致了古代海上丝绸之路在18世纪逐渐走向衰落。②

海上丝绸之路是东西方社会通过交通，形成交流、互动与融合的道路，涉及经济社会的诸多方面，并非一条单纯的商贸之路。理解海上丝绸之路，需要改变将二者结合起来进行研究的状况，从"丝路"和"瓷路"二者的互动关系中比较陆海丝绸之路的异同，追寻"丝瓷之路"的丰富内涵。③

古代先民在漫长的历史中逐步掌握了季风与洋流的规律，凭此拥有的传统航海技术，沿着海岸开展了跨地区的海上交流。不同的族群语言、不同的宗教信仰、不同的生活习惯等相互碰撞，是不同文明板块之间相互传输的过程。沿线国家和地区进行沉船、商品、遗址等遗产发掘，突出地展示了不同文明的海洋对话。④ 如在福建泉州港遗留的一些景观，包括摩尼寺，印度教、景教建筑等，再现了古代海上丝绸之路带来的跨区域的宗教文化交流。

对于航行在古代海上丝绸之路的海商、船员、海洋移民、海洋渔民等，对大海怀有敬畏之心。海神信仰贯穿于这些以海为生的人群的生计生活中，

---

① 郑学檬：《唐宋元海上丝绸之路和岭南、江南社会经济研究》，《中国经济史研究》2017年第2期。

② 傅梦孜：《对古代丝绸之路源起、演变的再考察》，《太平洋学报》2017年第1期。

③ 李锦绣：《古代"丝瓷之路"综论》，《新疆师范大学学报》（哲学社会科学版）2017年第7期。

④ 姜波：《海上丝绸之路：环境、人文传统与贸易网络》，《南方文物》2017年第2期。

扮演着重要的角色。它既是敬畏海洋风险的体现，又是战胜艰难险阻的信念支撑。[①] 海上丝绸的航迹，伴随着包括妈祖在内的诸多海神，生成了以海为生的人群的文化与心理认同。

围绕考古发掘，相关部门和研究者认为非常有必要有序开展海上丝绸之路史迹调查。国家文物局印发了《国家文物事业发展"十三五"规划》，其中明确提出实施"海上丝绸之路文物保护工程""开展海上丝绸之路史迹调查"。只有尽快落实实施，才能进一步推动海上丝绸之路史迹调查的有序开展，深入发掘中国海洋文化遗产及其价值内涵，为海上丝绸之路建设奠定深厚的人文底蕴。目前，海上丝绸之路史迹调查有待推动文物、考古等学术资源和信息共享，深化"海上丝绸之路"各领域的学术互访与研究，开拓相关领域各自进展的宣传介绍、文化创意产品研发和市场推广，海上丝绸之路沿线国家和地区史迹的发掘保护等。

（二）海上丝绸沿线的海港融入

相比此前的进展，一些研究者和地方政府结合各地具体情况不断探索21世纪海上丝绸之路建设的融入之道，突显了融入的地方特色。广东依据自身海上丝绸之路的悠久历史和庞大海洋经济当量，提出了争创"排头兵"的定位。广西借助毗邻越南、泰国等东盟国家的地理位置和不断加深的中国－东盟多元往来，提出"新门户、新枢纽"的定位。福建凭借厚重的海洋历史、优越的海西区位，提出"重要枢纽"的定位。海南提出成为"海丝"的桥头堡和先行区、"海丝"建设的排头兵和主力军、重要战略支点等。

海港城市积极探索何以融入海上丝绸之路建设。连云港是古代海上丝绸之路东方航线的起点之一，见证了海上丝绸之路的变迁。该市正积极融入海上新丝路建设，深入挖掘起点城市、坐标城市、商贸港口、文化港口、军事

---

① 林国平：《海神信仰与古代海上丝绸之路——以妈祖信仰为中心》，《福州大学学报》（哲学社会科学版）2017年第2期。

港口等内涵，期待通过加快海上基础设施互联互通的"海上驿站"建设，加强与沿线国家和地区的海洋产业、海洋科技和海洋生态等方面合作，拓展与沿线国家和地区的人文交流和旅游合作，构建具有"海丝"特色的商贸物流和金融政策创新基地，打造展会价值链等，融入21世纪海上丝绸之路建设。①

从琅琊古港到近代的"下南洋"，不断演绎着"东方走廊"——青岛市的海上丝绸之路历史。在融入海上丝绸之路的建设中，青岛需要充分发掘自身丰厚的历史积淀，服务于当代的海上新丝路建设。

海上新丝路建设中，厦门定位为战略支点城市。南宋以降的很长一段时期，厦门就是对外商贸和社会交往的重要口岸。闽籍华侨华人依靠航海，赴台湾、下南洋，谋生计，与故土就有了割舍不断的亲缘、文化和经贸等关系。凭借历史积淀、海洋移民、地缘优势和特区体制，厦门积极融入海上新丝路建设，加快与一些沿线国家和地区的港口城市互联互通，拓展双边的经贸合作，加强海洋领域合作，密切人文社会交流，以期担当起国家战略的桥头堡。

广州融入海上新丝路建设，除去强大的经济能力外，也展现了雄厚的文化软实力。广州的海上丝绸研究已展开了多学科的综合交叉，形成了"21世纪海上丝绸之路研究""广东海上丝绸之路研究院"等有影响力的研究机构，从多学科视角开展座谈、博览、研讨等活动，从行动层面加强了与沿线国家和地区的文化交流。但是，相比其深厚的历史感和现实感，其研究还可以扩展文献资料的运用，拉长时间限度，尤其是地方性的清代以前的资料，对其他海上丝绸之路港口城市的融入与发展的比较较少。②

（三）海神信仰的沿线传播与交流

海上丝绸之路的兴起，推动了沿线国家在海神信仰层面的互联互动，成

---

① 马红：《21世纪海上丝绸之路：历史回溯、现实意义与连云港融入》，《丝路经济》2017年第7期。

② 杨洸：《广州海上丝绸之路研究综述》，《广州社会主义学院学报》2017年第2期。

为沿线海洋社会互动的重要内容之一。以海为生的风险性、海洋生产的不确定性、社群内聚的现实性等，使以海为生的人群就有了一些约定俗成的民俗。海上丝绸之路将沿线国家和地区不同的海洋民俗进行了互联互动。

海神信仰中，妈祖、观音等在国内外广泛传播。随着海洋移民、海商贸易等，这些海神也散布到了沿线国家和地区的港口及腹地。其中，广泛传播的妈祖信仰是最为典型的案例。

古代海上丝绸之路的兴起，促进了妈祖信仰向国家的边疆地带传播，如向海南的传播。这一过程伴随着海南经济社会的开发。宋元之际，随着海路繁盛，闽粤地区与海南的海上往来日益频繁，大量移民迁往海南；明代中期的航海，促进了妈祖信仰在海南的进一步传播；聚集在海南港口、津渡的闽粤籍移民和海商，积极修建和重建妈祖庙，并将其传播到中国南海诸岛，进而沿着海上丝绸之路传播至海外广阔的区域。①

海神妈祖信仰在沿线国家和地区的传播，经历了兴起、兴盛和衰落的转换，到现今相对稳定传播。明代郑和航海壮举的结束，成了妈祖传播由盛转衰的节点。欧洲人带着枪炮、宗教和商品等东来，在古代海上丝绸之路航线上与东方发生碰撞。官方使节、传教士和冒险海商记叙了妈祖信仰。官方使节被要求审慎对待中国的信仰习俗。传教士因为宗教使命，将妈祖视为"异端"，反而对沿途的妈祖庙宇、神龛和仪式等进行了详细的记载。冒险海商、水手等则因猎奇也有一些妈祖信仰的加载。② 西方的远来者对妈祖信仰有着不同的群体认知和行动策略，显示了丝路的多元文化碰撞。

古代海上丝绸之路东方航线，以山东半岛沿海地区为起点，对中日、中朝海神传播发挥了积极作用。③ 明朝时期，朝贡体系逐渐发展成型。朝贡体系下的琉球与王朝的人员往来已是常态，特别是"闽人36姓"移民群体迁

---

① 李一鸣、李洁宇、黄海蓉：《古代海上丝绸之路与海南妈祖信仰关系初探》，《新东方》2017年第3期。

② 刘婷玉：《明代海上丝绸之路与妈祖信仰的海外传播》，《中国高校社会科学》2017年第6期。

③ 蔡凤林：《丝绸之路对日本文化形成的历史影响》，《日本问题研究》2017年第6期。

往琉球。妈祖信仰在这种海上交往中被传播到琉球。海洋迁移寻求妈祖的庇护，以期化险为夷。同一时期，海洋迁移人群也将妈祖信仰传播到日本，建立了众多的融祭祀、联谊的妈祖庙。

印尼的民丹岛，贸易港口、华人移民与海神信仰使其成为该国重要的历史与文化遗产地。来自广东潮汕与福建南部地区的华人移民，漂洋过海来祈求妈祖保佑，海不扬波，平安南渡；异域求生的闽粤籍移民广建庙宇，祈求神灵赐恩庇护，和岛屿的地方信仰共存。

20世纪70年代，民丹岛华人华侨重新扩建了很多庙宇，成为移民群体的精神家园和文化避难所。庙宇供奉了妈祖、关帝等主神，还祀奉了佛祖等神灵。庙宇内设理事会，管理庙宇的日常运作和节日庆典活动。日常捐助和庆典活动中的福物竞标成为庙宇的主要经济来源。①

海上丝绸之路的互联互动推动了沿线国家和地区的宗教信仰、民俗习俗等相互传播和融合。这种情况通常出现在一些港口城市，如泉州，进而扩展到更为广阔的地区。相对宽容的宗教政策，出现了"多教共存""多教文化共存"的现象，呈现共融共生的景象。这是中国海洋文化开放、包容的体现。

（四）海洋移民的相互迁移及其影响

海洋移民是实现海上丝绸之路互联互通的重要群体。它是民众在海上丝绸之路的沿线国家和地区之间进行迁移的现象。随着航运航空等交通的日趋发达，海洋移民逐渐增多。

古代海上丝绸之路兴起之时，就有较大规模的海洋移民现象。在中国的唐代，因其开明包容、繁荣强大所产生的巨大吸引力，大量海外人群移居中国。其中，新罗人最多，积极融入当地社会。宋元时期，海洋移民在东南沿海大规模出现。即使在明清海禁之时，海洋移民被看成水客"走私"、弃民

---

① 施雪琴、许婷婷：《海上丝绸之路与印尼民丹岛华人民间信仰的传播》，《海交史研究》2017年第1期。

"偷渡"，依旧强有力地存在。

海洋移民这一群体在沿线国家的互联互动中发挥了重要的作用。沿线国家和地区的民众迁移，带来了不同经济行为、文化形态的碰撞、交融。这其中有冲突，但更多的是融合和理解。[①] 长时段里，中国始终能够以包容、理解、和平的态度与异域相处。

民心相通是海上新思路建设的重点内容之一。积极发挥海上丝绸之路沿线国家和地区的华人华侨的独特作用，对海上丝绸之路建设非常重要。这是目前政策部门和研究者普遍持有的观点和期待。在 2016 年海上丝绸之路的华侨移民分析中，已经有较多的成果探索如何发挥华人华侨在海上新丝路建设中的作用。进入 2017 年，相关的探讨仍旧在继续。

然而，华人华侨对古代海上丝绸之路的贡献尚有待展开深入研究。这主要在于海上丝绸之路的发端、发展和由盛及衰，与华人华侨大规模向海外迁移存在错位。因此，学界将华人华侨对海上新丝路建设的贡献作为研究的重点，较少将其与古代海上丝绸之路建设联系起来研究。

经由海路的华人华侨迁移到海上丝绸之路的沿线国家和地区的港口城市求生。可以说，古代海上丝绸之路成就了华人华侨，他们又为丝路繁荣做出了自己的贡献。这主要表现在：散落的、数量众多的华人华侨奠定了沿线国家和地区建设海洋海上丝绸之路的坚实群众基础；他们的生计方式直接推动了沿线地区的商贸繁荣；他们的身份和文化传承为沿线地区的民心相通奠定了民意基础。华人华侨的身份扮演和功能发挥对丝路建设有着重要的历史贡献。

对于大力推进海上新丝路的民心互通，研究者认为，要积极发挥华侨华人的独特作用。华侨华人是海上新丝路建设的天然合作者、积极贡献者和努力推动者，在参与建设、协助公关、舆论宣传等方面具有得天独厚的优

[①] 张赛群：《华侨华人与"海上丝绸之路"：基于历史和现实的思考》，《东南亚纵横》2017年第 3 期。

势。① 华人华侨群体是丝路沿线国家和地区相对比较集中、实力雄厚的群体，又因人缘相亲、地缘相近、业缘相连，成为开展民心互通的首选助力群体。海上新丝路的建设同样为华人华侨的发展提供了新时期的历史性机遇，助力这一群体破解转型升级面临的问题。

此外，需要注意的是，华人华侨群体参与海上新丝路建设具有一定的变数和阻碍因素，包括侨居国政策不稳定性带来的跌宕起伏，华人华侨与当地其他人群的关联性及其敏感性，华人华侨企业与中国企业的关系处置等。② 发挥华人华侨在海上新丝路建设中的作用，仍旧需要探究如何落实到具体沿线国家和相关组织，形成可以参与建设的操作化机制。

（五）沿线国家和地区的海丝之音

截至 2017 年年初，100 多个国家和国际组织表达了对"一带一路"建设的支持态度和参与意愿。其中，40 多个国家和国际组织与中国签署了"一带一路"建设合作备忘录或协议，一些沿线国家和地区已经开始积极采取行动响应这一倡议。海上新丝路快速推进，域外相关的关注开始增多。

海上新丝路建设，推动了中国和印尼的文化交流，强化了印尼华侨的文化认同，提高了国家传播能力，有助于增进以印尼为代表的东南亚国家对海上新丝路的了解，便于形成良好的舆论基础和情感认同。

中印尼双方的人文互动，需要互惠、规范，理顺民心相通的方向，应相互照顾彼此关切的内容，能够有效地促进对方的长远发展，特别需要采取包括公关在内的各种方法，加强正向引导当地有影响的社会群体，从而增进两国人民相互理解，夯实民意基础。围绕民心相通，需要注意的内容包括：非印尼籍人员必须仔细了解印尼的相关法律法规；中国企业应尽可能多地吸收印尼本国劳工，对劳工队伍进行合理有效的管理；企业需要加强有效传播，

---

① 许培源、贾益民：《21 世纪海上丝绸之路及其建设路径》，载《21 世纪海上丝绸之路研究报告》，社会科学文献出版社，2017，第 14 页。

② 张赛群：《华侨华人与"海上丝绸之路"：基于历史和现实的思考》，《东南亚纵横》2017年第 3 期。

准确传递信息，及时做好公关；中国企业走出去，要避免过于倚重华侨华人族群，应当加强与印尼穆斯林的交流与互动等。①

从现实层面看，海上新丝路建设的信息传播和建构，无论数量还是质量，在政治、经济、文化、社会等广泛的领域，传播和建构明显弱于西方国家的传播状况和效果。只有增强国家的传播能力，才能将海上新丝路的立场、观点、态度和行为等信息准确且及时地传播给印尼政府和民众。这将意味着，国家传播乃至国家形象建构方面还需要采取有效措施，加大力度，形成对海上丝绸之路建设和国家有利的议程设置和主题框架。②

海上新丝路建设，需要对接沿线国家和地区的海洋主张。如印度尼西亚的佐科政府提出了"全球海洋支点"战略，主要包括五个方面的内容：梳理海洋文化，增强印尼海洋国家的认同，重视海洋对国家未来建设的重要性；加强海洋资源管理，积极发展海洋渔业；重视海洋基础建设，通过海上高速公路项目实现印尼各岛互联互通；广泛开展海洋外交，加强海上安全合作，解决各种海上领土争端与非传统安全；突出海上防务建设，确保海洋航道安全，维护领土完整。

21 世纪海上丝绸之路建设在贸易、基础设施建设、安全、海洋文化较力等方面存在对接的基础，但也面临潜在挑战。如施政基础的"朝小野大"对战略对接产生的影响，民族主义思潮发展迅速将对两国战略对接展示潜在负面影响，对待华人的态度、大国干扰等都将挑战既有的合作对接。维持、建设 21 世纪海上丝绸之路，需要中国加强与印尼社会的沟通机制建设，积极支持华人华侨融入印尼社会，增进互信，扩大战略对接的政治社会基础。③

孟加拉国是个有强大经济发展潜力的南亚国家，对中国倡导的 21 世纪海上丝绸之路和"孟中印缅"经济走廊具有浓厚的兴趣。孟国国内对中国

---

① 〔印尼〕王小明：《21 世纪海上丝绸之路建设对接当地发展研究——印度尼西亚视角》，《国际展望》2017 年第 4 期。
② 刘荃、曾慧岚：《"21 世纪海上丝绸之路"的传播现状与建议——以印度尼西亚为例》，《中国出版》2017 年第 17 期。
③ 黄永弟：《"21 世纪海上丝绸之路"与印尼"全球海洋支点"战略对接思考》，《宏观经济管理》2017 年第 3 期。

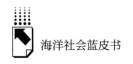

总体持友好态度，但西方媒介渲染、中国宣传不足等，导致其对海上新丝路建设存有不解和误解。一方面是海上丝绸之路带来的巨大机遇，另一方面是多处的地缘政治环境，使之选择"务实平衡的方式"。①因此，孟加拉国是有条件支持海上新丝路的国家，把合作意愿转变为合作行动，将取决于双方需求、国家能力和现实选择。

印度政府在经过一段时期的摇摆后，明确落实"海洋花环"战略。"海洋花环"以港口建设为导向的基础设施建设倡议，通过港口现代化和新港发展，建立了高效海上运输系统，促进了本国沿海经济带的发展，推动了印度海洋国家建设。虽然项目实施取得了一定的进展，但受限于投资不足、基础设施落后、政治体制限制和外部竞争等因素，项目进展仍显得比较缓慢。②目前，此项目的进展对中国的影响较弱。随着项目的实施和完善，两国在基础设施建设和海洋经济领域有望实现对接、相互合作，保持经济持续高速增长，但也会推动印度对南亚国家形成影响，进而影响中国。

澳大利亚是21世纪海上丝绸之路南线航线的重要国家。该国学界对中国的海洋战略极为敏感，讨论全面而深入。在经济和地缘因素推动下，该国学者倾向于把南线及相关议题放到国际政治转型的大背景下考察，关注中国经济活动的政治寓意，对中国的政治意图进行全方位解读。围绕南线问题，该国学者主要探讨了南海航行自由、达尔文港租借、南太平洋区域事务、亚投行经济合作等问题，③较少涉及民心相通的主题。

总体而言，中国对海上丝绸之路沿线国家和地区的海洋关切尚处于初步认知阶段。目前关注较多的是海上新丝路建设基础较好的马来西亚、印度尼西亚等部分东盟国家，与海上新丝路的关涉范围相比，还有较大的发掘空间。这对于构建海上丝绸之路的社会基础极为不利。

---

① 杨怡爽：《"一带一路"视角下的中孟合作意愿、需求与空间》，《印度洋经济体研究》2017年第4期。
② 邹正鑫：《印度"海洋花环"项目的实施、影响与对策》，《印度洋经济体研究》2017年第6期。
③ 赵昌、许善品：《澳大利亚学者对"21世纪海上丝绸之路"南线的认知述评》，《国外社会科学》2017年第3期。

（六）民心相通中的教育功能

近年来，海洋国家和滨海国家都开始重视海洋高等教育。各个层级的海洋类高校和专业得到一定的发展，国家和地区间的海洋教育交流得到支持。随着 21 世纪海上丝绸之路倡议的提出和实施，为高等教育和海洋类高等教育的发展提供了重大机遇。

要想适应 21 世纪海上丝绸之路建设的需求，中国海洋高等教育还存在人才储备不足、地域分布不均、专业构建重"理"轻"文"等问题。全面提升中国海洋高等教育质量，需要加强沿海临海与内陆腹地的海洋教育联系，培养适应海洋新型产业需求的专业人才，重视薄弱专业，调节海洋产业，培养复合型人才，为海洋国家的全面提质提供智力支持。[①]

高等教育逐步融入海上新丝路建设的具体环节，如何进一步推动高等教育发挥科研、教学、社会服务等积极作用，助力沿线国家和地区的民心相通，推动境内外高校之间的合作发展，成为探究的课题。高校主动服务"一带一路"建设的常见方式是成立相关主题的研究机构，形成相关的智力成果，对外进行留学生、教师的校际交流，开展相关主题的推广活动等。

高校图书馆是重要的文献信息情报中心，对服务 21 世纪海上丝绸之路建设具有重要作用。关于目前海上丝绸之路研究和智库建设推进等，研究者认为需要针对主题进行相关文献的整合与建设，加强馆际之间文献资源的共建共享，完善文献信息资源的搜集和维护，针对丝绸之路主题的文化推广，对"一带一路"学术研究提供嵌入式学科服务和学术延伸服务等。[②]

海上丝绸之路建设对闽台互动影响深远。21 世纪海上丝绸之路建设中，福建高校积极参与，发挥特长，大力开展海上丝绸之路的传统文化的保护和传承工作。围绕文化遗产的保护与传承，台湾高校的文化艺术传承工作启动

---

① 张毅：《"21 世纪海上丝绸之路"建设对我国海洋高等教育的启示》，《农村经济与科技》2017 年第 19 期。

② 植素芬：《高校图书馆助力"一带一路"建设的服务策略》，《宁波教育学院学报》2017 年第 4 期。

较早，成效比较显著，已经形成了比较稳定的机制。福建省可以依靠坚实的
"五缘"优势，多借鉴学习，联手台湾合理打造、积极创设以古代海上丝绸
之路为文化传承环境的教育。① 有研究者比较分析了闽台校企合作服务旅游
产业发展的绩效，提出适应区域旅游产业发展的"校企合作"应用型本科
教育策略。②

探究 21 世纪海上丝绸之路建设的智库以高校为依托，逐步筹建、发声，
如华侨大学海上丝绸之路研究院、广东外语外贸大学 21 世纪海上丝绸之路
协同创新中心等。此外，还有一些面向特定区域的高校智库建设，如广西高
校面向东盟建立的相关智库，福建高校面向中国台湾建立的相关智库，广东
高校面向东南亚建立的相关智库等。这些智库兴起的时间较短，目标清晰，
致力于推动中国与海上丝绸之路沿线国家和地区的智库深度交流，推进沿线
各国和地区在对外投资、经贸合作、全球治理等领域紧密合作，为实现区域
共同发展、打造命运共同体，积极建言献策。

三 围绕民心相通的2017海上丝绸之路：挑战与前瞻

总体而言，2017 年度，我国围绕民心相通的 21 世纪海上丝绸之路建设
已经取得了一定的进展，其研究与行动凸显了一定的成效，但与宏伟目标还
有较大的距离。目前的进展状况，还面临一些挑战。

（一）亟须基于内省视角的海洋社会历史发掘

回顾 2017 年民心相通领域的海上丝绸之路建设成果，海洋社会历史的
发掘依旧方兴未艾，甚至在某种程度上是历史折射现实的有效方法。海洋社
会历史的发掘者们，包括史学研究者、博物馆、考古工作者、民俗传承等，

---

① 高云：《海上丝绸之路视域下闽台高校对文化艺术遗产保护的研究》，《北京印刷学院学报》
2017 年第 7 期。
② 李彬：《论闽台高校旅游管理专业校企合作——以建设 21 世纪海上丝绸之路为视角》，《闽
南师范大学学报》（哲学社会科学版）2017 年第 1 期。

就中国不同时期、不同领域的涉海人群以海为生的多元领域进行深挖，展示了海洋文化的深厚基础和厚重经验。

目前，海上丝绸之路的社会历史发掘构成了 21 世纪海上丝绸之路建设的重要支撑之一。但其仍需要回应一些基本的命题，这包括：中国海洋社会的历史及其发掘对当下的民心相通有什么价值和功能；这些价值和功能如何服务于当前的民心相通建设；其价值和功能的实现途径和机制有哪些；如何在构建和实现其价值和功能的过程中实现民心相通的"和合"精神；等等。

同时，海洋社会历史发掘不仅是发掘海洋中国古代历史的碎片，需要发掘海洋中国的当代进展，还需要发掘海洋丝绸之路沿线国家和地区的当代进展。这些命题构成了民心相通的经验基础，需要海洋社会历史进行内省反思，以期形成可见的助力。

（二）亟须基于他者视角的民心相通认知和发掘

建设 21 世纪海上丝绸之路的倡议由中国最早提出，围绕民心相通，2017 年度中国社会各界进行了卓有成效的活动、交流，以期使海上丝绸之路沿线国家和地区能够审视中国、理解中国，共同建设合作共赢的海上丝绸之路。

2017 年民心相通的成果依旧显示的是从中国立场看沿线国家和地区海上丝绸之路建设的倾向。这表现在其成果多以中文形式研究中国主体的民心相通，具体策略就会偏向沿线国家和地区的华人华侨。其成果缺少以沿线国家和地区不同族群为主体的民心相通，在具体策略上就严重缺少沿线国家和地区的其他民族和族群的交往互动。

21 世纪海上丝绸之路建设，需要沿线国家和地区的民众参与建设。围绕民心相通，至少需要中国的学者、新闻工作者、评论家等走出去，用调查而非臆想呈现沿线国家和地区民众的社情民意，探究建设民心相通的可操作路径。即使面向东南亚的较多成果，也尚未明确中国国家形象在这些国家和地区到底如何；社会交往除去华人华侨之外，当地民众往来的途径、机会、内容等究竟如何；当地民众对中国的态度如何；对华关系的重要性程度如

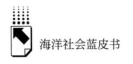

何；等等，这些需要基于他者视角去努力树立、建构和发掘民心相通。

目前，形成或提供他者视角的民心相通的努力，可以通过尝试这样一些途径获得短期提升。其一，高校和研究机构可以对一些沿线国家研究自身社会状况的成果进行翻译。海上丝绸之路沿线国家和地区的交流应该是双向的输入与输出，不仅是中国社会科学"走出去"的问题，还有沿线国家和地区的成果走进来的面向。民心相通的交流，是双方平等的互动交流，以满足各方需求为基础。中国的社会科学在强调"走出去"，"走出去"的不仅是西方，还包括海上丝绸之路沿线国家和地区。同时，中国还需要海上丝绸之路沿线国家和地区的社会民生等多方面成果的翻译和介绍。

其二，借助21世纪海上丝绸之路建设，推动留学生教育研究流出地社会民生的主题交流。应该讲，自海上丝绸之路建设倡导和推进以来，沿线国家和地区来华留学生的数量与日俱增，进一步夯实了民心相通的基础。这些留学生关注的热点，基于关键词共现发现集中在跨文化适应、管理制度及激励、教育质量等方面。对于沿线国家和地区的留学生培养，可以激励他们使用所掌握的研究方法，推进研究本民族文化的发展之路，探究流出地社会民生的若干主题，以及与中国的异同比较等。

其三，相关智库可以针对海上丝绸之路沿线国家和地区的媒介舆论等进行专题研讨和形势预判，加强智库报告的预测性和前瞻性。

其四，相关基金管理部门可以对外提供科学研究的基金支持。既可以资助中国学者就民心相通的若干主题进行海外社会调查，有针对性地了解相关命题，也可以资助沿线国家和地区的学者就民心相通的若干主题进行本土的社会调查，提供有价值的研究报告，还可以推动中外学者联合进行科学研究，就围绕民心相通的若干主题进行经常性的互动往来。

（三）亟须基于定量方法的民心相通的研究推进

综观2017年民心相通的研究成果，就其研究方法而言，基本上是定性研究成果。80%以上的研究成果发表在一般刊物上，发表层次较低，成果下载引用次数较少，社会影响较弱。其中部分研究成果论据含混，主观臆想成分较多，需要科学严谨地推进相关主题。

这种状况在资料收集、使用方法、结论深度等方面，和 2016 年的研究进展存在的问题相似，具体可参见《回顾与前瞻：海洋社会学视域下的 2016 海上丝绸之路建设》。①这种状况未能在 2017 年的研究进展中得到解决。

定量研究成果较为稀少、稀缺，甚至影响了海上丝绸之路建设的若干决策依据。以马来西亚民众对中国的态度的研究为例，目前能够寻找到的相关调查结果，一份来自由美国的皮尤研究中心定期进行的全球调查提供的数据及成果，另外一份来自马来西亚中国研究所和独立民调中心联合进行的一项针对马来西亚人对中国的态度展开的调查。毫无疑问，皮尤研究中心的相关调查有非常强烈的服务美国政策的意图。中国的研究者虽然可以利用这些数据对"一带一路"的相关主题进行分析，但其基础数据匮乏、分析实效滞后等弊端暴露无遗。这从另一个方面显示了中国的国家软实力建设还有较大的提升空间。

服务于 21 世纪海上丝绸之路建设的倡议，从中国主位的视角看，迫切需要使用定量方法进行民心相通研究。这包括精确呈现沿线国家的民众对海上新丝路的认知、态度、行为等；这包括对沿线国家民众自身经济社会状况的行为方式、思维方式、因果关联等基础状况的探究；这包括基于高质量的研究设计、科考数据等，将沿线国家的社会机制、社会过程和统计分析结合起来形成有解释能力的因果分析；这还包括建立建构模型，形成对行动预期的有效预测分析，从而更好地服务改善措施、制定对策、改良社会，切实形成命运共同体。

（四）亟须基于智库贡献的民心相通的策略和路径供给

21 世纪海上丝绸之路建设需要各类智库的专业支持。海上丝绸之路沿

---

① 刘勤：《回顾与前瞻：海洋社会学视域下的 2016 海上丝绸之路建设》，载崔凤、宋宁而主编《中国海洋社会发展报告（2017）》，社会科学文献出版社，2018，第 163～164 页。

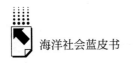

线国家和地区的政治体制、社会习俗、宗教信仰等千差万别，这对海上丝绸之路的建设提出了诸多挑战，需要围绕沿线国家和地区的各类主题进行专题分析。如沿线国家和地区的政府与民众的政策沟通，就充满了变数和不确定性；中国企业的项目和服务供给，就需要了解需求方的真实需要等。

推进海上丝绸之路建设，智库能够发挥重要的作用，可以对项目的社会风险进行事前评估、事中预案、危机应对等。智库的智力支持，将是全面、广泛的支持。当前的智库建设和发展水平，对中国海外项目、政策目标、建设方案、风险评估等提供的支持尚处于起步阶段，迫切需要提供高水平的咨询和决策服务。

海上丝绸之路主题的相关智库在2017年进行了相关主题的活动，展开了一些交流。目前，专门探索海上丝绸之路的智库数量较少，华侨大学、福州大学、广东外语外贸大学、海南师范大学等高校成立了几个智库机构。无论是在数量上还是质量上，国内智库建设无法满足海上丝绸之路建设快速推进的战略需求，难以为其推进和实施提供强有力的支持。

2017年，国内海上丝绸之路的相关智库有了一定的成果展示和交流活动，但需要进一步发挥自身的优势，形成比较明确的目标和定位，加强成果的转换，以便更好地服务海上丝绸之路建设。

这包括，其一，智库定位准确，深耕海上丝绸之路的若干领域，形成自身建设的特色化、功能化和模块化的结构。其二，智库瞄准方面，需要围绕海上丝绸之路建设的战略问题和公共政策问题展开，提升智库研究成果的应用性，能够转化为相关政策的咨询、决策等需求。其三，智库应用对接方面，需要和政府决策部门进行更为有效的沟通，实现结构和功能的对接。其四，加强智库合作，尤其是加强与海上丝绸之路沿线国家和地区的智库建立良好的合作关系，完善在国际相关领域有良好背景的智库交流机制，积极参与国际事务，在有关海上丝绸之路建设的热点问题上积极发声。其五，提升智库的影响力。智库建设及成果发声，要以沿线国家能够接受的方式对政府、政党、民众等多个层次提高话语表达能力，提升成果转换和推广能力，营造平等协商的社会氛围，增进相互了解，增强国家间的互信。其六，形成多种形式的智库成果，包括相关主题论坛报告、社交网络的舆情、多语种的研究报告、国际会议、报纸杂志、人力培训等。

概而述之，海上丝绸之路建设的提出，契合了沿线国家和地区的发展需求，为中国和海上丝绸之路沿线国家和地区优势互补、互惠共赢创造了新的机遇。沿线国家和地区的发展阶段参差不齐，海上丝绸之路建设的实施能够助力双方拓展共同利益。目前，中国与沿线国家的合作事业正在稳步推进，但提升空间仍旧很大，需要双方积极拓宽、深化合作，促进民心相通，引导沿线国家和地区从利益共同体转向命运共同体。

参考文献

崔凤、宋宁而主编《中国海洋社会发展报告（2017）》，社会科学文献出版社，2018。

刘勤：《回顾与前瞻：海洋社会学视域下的 2016 海上丝绸之路建设》，载崔凤、宋宁而主编《中国海洋社会发展报告（2017）》，社会科学文献出版社，2018。

习近平：《携手推进"一带一路"建设》，人民出版社，2017。

许培源、贾益民：《21 世纪海上丝绸之路及其建设路径》，载《21 世纪海上丝绸之路研究报告》，社会科学文献出版社，2017。

傅梦孜：《对古代丝绸之路源起、演变的再考察》，《太平洋学报》2017 年第 1 期。

姜波：《海上丝绸之路：环境、人文传统与贸易网络》，《南方文物》2017 年第 2 期。

黄永弟：《"21 世纪海上丝绸之路"与印尼"全球海洋支点"战略对接思考》，《宏观经济管理》2017 年第 3 期。

李锦绣：《古代"丝瓷之路"综论》，《新疆师范大学学报》（哲学社会科学版）2017 年第 7 期。

林国平：《海神信仰与古代海上丝绸之路——以妈祖信仰为中心》，《福州大学学报》（哲学社会科学版）2017 年第 2 期。

刘婷玉：《明代海上丝绸之路与妈祖信仰的海外传播》，《中国高校社会科学》2017 年第 6 期。

刘益梅：《根治民粹土壤，建设海上丝绸之路——兼论排华与民粹主义的关系》，《新疆社会科学》2017 年第 1 期。

马红：《21 世纪海上丝绸之路：历史回溯、现实意义与连云港融入》，《丝路经济》2017 年第 7 期。

孙颖：《国内"一带一路"相关文化研究综述——基于中国知网的分析》，《兰州大学学

报》（社会科学版）2017 年第 6 期。

涂明谦：《关于福建海上丝绸之路文化交流与传播的思考》，《福建论坛》（人文社会科学版）2017 年第 10 期。

〔印尼〕王小明：《21 世纪海上丝绸之路建设对接当地发展研究——印度尼西亚视角》，《国际展望》2017 年第 4 期。

张赛群：《华侨华人与"海上丝绸之路"：基于历史和现实的思考》，《东南亚纵横》2017 年第 3 期。

郑学檬：《唐宋元海上丝绸之路和岭南、江南社会经济研究》，《中国经济史研究》2017 年第 2 期。

朱锦程：《21 世纪东南亚海上丝绸之路文化传播与海外华人文化认同研究》，《福建论坛》（人文社会科学版）2017 年第 8 期。

朱雄：《海上丝绸之路与中外海洋社会互联互动》，《泉州师范学院学报》2017 年第 3 期。

国家旅游数据中心：《2017 年全年旅游市场及综合贡献数据报告》，http：// zwgk. mct. gov. cn/auto255/201802/t20180206_ 832375. html？ keywords ＝，最后访问日期：2018 年 8 月 23 日。

B.12
中国沿海区域规划发展报告*

董 震 叶超男**

摘 要： 2017 年，我国沿海区域规划经历了一段承前启后的发展转型期。从国家总体规划、跨省区域规划、省级区域规划、城级试点规划四个层面来讲，"十三五"规划、党的十九大报告以及"一带一路"倡议依然是我国沿海区域规划发展的主轴逻辑，环渤海、长三角、珠三角三大区域仍然是沿海区域规划的重点区域。沿海各省份的省级区域规划方面，在对海洋主体功能区规划继承发展的基础上，根据各省不同的发展情况和特点，进行相应的对接并出台配套规划。综上，未来我国的沿海区域规划可在如下几方面进行重点建设：首先，以空间协同治理为主导，进行全域统筹，按照"多规合一"的方式编制规划，统筹各类发展空间需求和优化资源配置的平台；其次，注重生态保护红线，坚决打好海洋生态保卫战；最后，大力发展"海湾带""海岸带"建设，在全国全面建立实施"海湾带""海岸带"的规划制度。

关键词： "十三五" 区域规划 沿海区域规划

---

* 本文系中央高校基本科研业务费青年骨干教师基金项目"中国沿海区域规划历史现状与发展趋势研究"（3132017092）、辽宁省社会科学规划基金青年项目（L15CSH005）阶段性成果。

** 董震（1984～），男，博士，副教授，硕士生导师，大连海事大学公共管理与人文艺术学院社会工作与心理系主任，社会工作专业学位硕士（MSW）负责人，辽宁省社会学会常务理事，主要研究领域为海事社会工作、海洋社会学；叶超男（1997～），女，大连海事大学公共管理与人文艺术学院硕士研究生在读，主要研究领域为海洋区域规划与治理。

2017年，我国沿海区域规划在"十三五"规划、党的十九大报告以及"一带一路"总路线的指导下，继续坚持海陆统筹，节约海洋资源，保护海洋生态环境，增进海洋权益，努力打造海洋强国的发展战略，同时注重加强国际合作，不断使我国海洋事业朝着蓬勃的方向发展。2017年10月，我国农业部印发《国家级海洋牧场示范区建设规划（2017—2025年）》的通知，响应国家建设生态文明和实现海洋强国战略的有关要求，充分发挥国家级海洋牧场示范区的模范带动作用，提高综合效益，体现国家在进行海洋规划时，更加注重生态的导向作用。另外，2017年12月，国家海洋局发布《关于开展编制省级海岸带综合保护与利用总体规划试点工作的指导意见》，以全国生态安全政策为背景，调和各海岸带整体布局，努力打造海陆统筹的生态安全格局，构建人与自然和谐发展的海岸带空间治理新格局。此外，2018年2月，国家海洋局印发《全国海洋生态环境保护规划（2017—2020年）》，具体指出以源头护海、绿色发展，顺应自然、生态管海，质量改善、协力净海，改革创新、依法治海，聚力兴海、广泛动员的原则。这些都决定了2017年以来我国沿海区域规划呈现的一些不同于以往的特点。笔者从国家总体规划、跨省区域规划、省级区域规划和城级试点规划四个层面对我国沿海区域规划的发展情况进行梳理。

其中，国家总体规划是指国家出台的与区域规划相关的总体性规划或指导意见；跨省区域规划是指涉及区域横跨若干个省份、多省协同联动的区域规划；省级区域规划是指省内多个城市协作执行的区域规划；城级试点规划是指在特定城市辖区内试点运行，未来有可能在区域规划层面推广执行的规划。需要指出的是，2017年以来我国的沿海区域规划与上一年度规划在具体规划领域更注重生态，即2017年以来的跨省和省级区域规划大多是"十三五"规划周期中出台的总体规划的落实与回应，在理解具体规划建设时应予以注意。

一 与沿海区域规划相关的国家总体规划

长期以来，在沿海区域规划中，国家总体规划发挥着指引作用，沿海省区等具体规划应按照国家总体规划的思路进行编制部署。《全国海洋经济发展"十三五"规划》统筹部署了"十三五"时期促进海洋经济发展的总体目标和重点任务，明确了进一步强化海洋工作的总体要求、主要任务和重大改革事项。同时，我国注重与"一带一路"沿线国家的合作，加强区域整合、共同发展。

2017年3月，国家海洋局印发《海岸线保护与利用管理办法》，意在提高海洋生态环境质量，在保护海岸线的基础上，进行有效的利用管理，实行天然海岸线保有率管控标准，形成科学合理、集约发展的海岸线格局。以保护优先、节约利用、陆海统筹、科学整治、绿色共享、军民融合为原则，进行海岸线保护与利用管理，依法严格保护天然岸线，修复治理受损岸线，开放民众近海区域，形成与近海区域、沿海区域环境管理相连接的一体化水治理体系，进而实现海岸线区域的经济效益、社会效益、生态效益与军事效益相统一。此外，还明确了负责全国海岸线保护与利用工作的指导、协调和监督管理的牵头主体，即国家海洋局，国务院有关部门按照职责分工做好其他相关工作，各省市负责本行政区域内的海岸线保护与利用的监察工作。

2017年10月，农业部印发了《国家级海洋牧场示范区建设规划（2017～2025年）》（以下简称《规划》），目的在于建设海洋强国和推进国家生态文明建设，以国家级海洋牧场示范区为"领头羊"，示范带动其他区域的建设。《规划》中提到，以黄渤海区、东海区、南海区的三区建设为总体布局，在全国创建区域代表性强、生态功能突出、具有典型示范和辐射带动作用的国家级海洋牧场示范区178个，形成近海"一带三区"（一带：沿海一带；三区：黄渤海区、东海区、南海区）的海洋牧场新格局。《规划》印发后，海洋区域规划有了新的重点领域，以海洋生态物种为规划重心，这使得区域海洋规划的编制和实施有了更加明确的主题，能在提高海洋生态环境质量的同时，保护海洋生物，带动沿海地区发展，提高社会效益。

2017年12月，国家海洋局发布《关于开展编制省级海岸带综合保护与利用总体规划试点工作指导意见》的通知，指出要尽快推进省级实施海岸带综合保护与利用总体规划工作，抓紧形成陆海统筹的海岸带地区协调发展

新模式和综合管理新机制。具体要求有：加强顶层设计，提高资源利用率，合理构建海岸带空间治理模式；海陆统筹、以海定陆，协调和配合陆海主体功能定位，科学合理地制定发展方向和发展强度；坚持海洋生态利用，加强沿海资源节约集约利用；全面深化改革，以构建海岸带空间管控制度体系为突破口，推动海岸带管理体制机制创新。

总体来说，"十三五"的推进实施使我国进入了一个新的规划时代，全国海洋生态环境保护规划的方针为我国沿海区域的总体规划提供了许多新的重点。首先，沿海区域规划不仅要考虑海洋生态环境的保护，还应该注重海洋生态环境的治理和改进，在陆海统筹的基础上，科学合理地布局规划。其次，我国应进一步加强海洋规划协同治理，从政策入手，加强各省市区域联动，同时也要顺应"一带一路"号召，加强沿线国家间的合作交流，共同打造 21 世纪的海洋蓝图。

二 跨省沿海区域规划

自 2017 年《全国海洋经济发展"十三五"规划》发布后，我国沿海地区开始逐步对各自所属区域进行规划建设。长期以来，我国沿海区域规划基本划分为环渤海、长三角、珠三角"三大城市群"。因此，大多跨省沿海区域规划的制定主要围绕着三个区域进行，具体表现为发布了《实施珠三角规划纲要 2017 年重点工作任务》。

2017 年 5 月，广东省人民政府印发了《实施珠三角规划纲要 2017 年重点工作任务》（以下简称《任务》）。《任务》中提出，全面完成珠三角"九年大跨越"目标任务，建设粤港澳大湾区城市群，推动珠三角和粤东西北一体化发展。在国际方面，积极参与"一带一路"建设，实现海铁、江铁等多式联运，力争使珠三角新增一批国际客货运航线。还指出要在广州、深圳、珠海等城市与沿线友好城市，打造空港和港口联盟。《任务》中还提出要推进重大平台建设，形成珠三角智慧城市群，提高珠三角一体化水平，进而推进珠三角与粤东西北一体化发展。针对大珠三角经济区的建设，主要集中在推动珠三角与粤东西北地区交通基础设施一体化上，分别在轨道交通、高速公路、内河航道等方面提高一体化水平。将推动珠三角地区与粤东西北地区的新一轮综合援助，实现全面对口帮扶，重点是产业转移和共建。深化粤港澳合作，实现珠澳口岸人工岛至南湾互通，加强沟通交流。《任务》促进了珠三角区域融合发展，着力提升了其核心竞争力和对外开放水平。

在"十三五"规划时期内，跨省沿海区域规划的制定将成为我国沿海区域规划工作的重点。就目前来看，我国对跨省沿海区域的规划仍处于不完善状态，原有的对我国跨省沿海区域的划分（环渤海、长三角、珠三角三大城市群）显然已不合时宜，当务之急是突破原有的对沿海区域划分的桎梏，建立起崭新的沿海地区经济带。"海岸带"的这个设想，实施起来虽然难度较"经济带"小，但为推动未来我国沿海地区发展再平衡，完善跨省沿海区域规划，其政策仍需进一步跟进。

三　省级沿海区域规划

2017年，我国省级沿海区域规划工作进展主要沿着《全国海洋主体功能区规划》的主线展开，陆续出台了《浙江省海洋主体功能区规划》《广东省海洋主体功能区规划》等。

2017年4月，浙江省人民政府印发《浙江省海洋主体功能区规划》。规划的制定和实施，进一步界定了浙江省海洋主体功能区定位，提出要统筹海洋空间开发活动，实现优化海洋产业结构，在保护海洋生态环境的基础上，构建海陆统筹、人海和谐的海洋空间开发格局，加快建设海洋强省。规划的实施同时要遵循自然规律，根据海洋资源环境承载力、现有开发强度和发展潜力，按照生态优先、海陆统筹、优化结构、集约开发的原则，实现海洋生态环境优化和海洋经济可持续发展的和谐统一。此外，浙江省海洋主体功能区分为优化开发区域、限制开发区域、禁止开发区域三类分区，根据开发方法，进行分区规划管理。

2017年12月，广东省海洋与渔业厅、省发展改革委联合发布《广东省

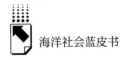

海洋主体功能区规划》（以下简称《规划》）。《规划》对促进海陆空间发展、区域协调和国土空间可持续发展，加快转变发展方式，优化海洋经济结构，从而提升发展质量和效益，具有重要意义。根据《规划》，广东省海洋主体功能区包括优化开发区域、重点开发区域、限制开发区域和禁止开发区域四类，还针对各功能分区的定位、边界、发展方向、管制措施等方面做出了明确规定。总体上看，广东省、广西壮族自治区、河北省和浙江省在海洋主体功能区上的规划，都是针对重点、特点和难点进行区域划分，科学制定海洋规划，因地制宜地采取具体措施。

制定省级沿海区域规划一直是沿海区域规划工作的热点。为了更好地促使沿海地区建设发展，在各省份制定规划的过程中，应着重做好其发展定位，防止地区间重复定位这类问题的产生。

四 城级试点规划

在我国"十三五"建设时期内，贯彻落实"十三五"规划中与海洋领域相关的发展规划，不仅体现在一些沿海省份出台的海洋经济发展规划，还体现在部分沿海城市发布的规划，如《珠海市海洋功能区划（2015—2020年)》《广州市海洋功能区划（2013—2020年)》《东莞市海洋功能区化（2013—2020年)》《福州市海洋功能区划（2013—2020年)》，它们同样具有现实意义。

2017年8月，东莞市人民政府、广东省海洋与渔业厅联合发布《东莞市海洋功能区划（2013—2020年)》（以下简称《区划》）。东莞市地理位置优越，位于珠江三角洲东北部，毗邻港澳，深水岸线资源突出，水域生境多样。因此规划用海、集约用海、生态用海、科技用海、依法用海很有必要，还要合理利用海洋资源，实现海洋开发空间科学布局。《区划》指出，在海域安排时要注重海域使用、体制建设、机制完善，严格按照规定保护海洋环境，实现规范用海。对于海洋执法监察，要确保海洋功能区划目标能够合理地实现，坚持做到依法监察。《区划》的制定出台，为合理开发利用海洋资源，有效保护海洋生态环境提供了法定依据，对促进东莞市经济平稳较快发展和社会和谐稳定，具有重大意义。

2017 年 10 月，广州市人民政府发布《广州市海洋功能区划（2013—2020 年)》（以下简称《区划》)。《区划》在综合评价了广州市海域自然条件、开发保护现状和社会经济用海需求的基础上，明确了广州市海洋开发战略，科学确定了广州市的海洋资源利用和保护方向与重点，指出要增强海域管理调控作用，严格把控围填海规模，保留海域后备空间资源，加强海洋环境保护，修复整治海域海岸带发展。坚持海陆统筹、集中集约、重点保障、生态保护、兼容协调的原则。《区划》还将广州市海域进行分级分类的划分，根据划分类别进行有重点的管理。

不难看出，上述城级试点规划都与国家出台的"十三五"、"十九大"和"一带一路"发展规划密不可分，按照中央"加快建设海洋强国"战略部署和习近平总书记关于海洋发展"四个转变"的要求，积极探索建设"全球海洋中心城市"，这也意味着国家总体规划或多或少会对其城市海洋规划的制定产生一定影响。就此看来，除了积极响应国家战略部署，进一步落实国家总体发展规划，对沿海城市如何制定更适合城市发展的规划展开新设想便具有一定的可行性和必要性。

五　总结与反思

将上述区域规划置于"十三五"规划与"一带一路"建设的大背景下可以发现，国家所提出的"生态保护红线""拓展蓝色经济空间""坚持陆海统筹，加快建设海洋强国"等号召在沿海区域规划层面得到了一定的回应，近期的大多数沿海区域规划都以"十三五"规划为主轴展开，但是未能有效体现从"建设海洋强国"到"加快建设海洋强国"的转变。各类规划中对不同区域整体格局的部署没有太大变动，跨省沿海区域规划方面仍然是以长三角、珠三角、环渤海三大城市群为规划主体，各省份和部分城市的沿海区域规划还在厘清认识、寻找定位，未能有效从操作层面为国家总体规

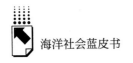

划提供必要的推广支持和试点支撑。

2017 年，珠三角区域发布了《实施珠三角规划纲要 2017 年重点工作任务》，在政策反馈上较为及时和主动，上海市人民政府办公厅发布的《上海市海洋"十三五"规划》和浙江省人民政府发布的《浙江省海洋主体功能区规划》都可以视作珠三角、长三角沿海省份对国家号召的主动回应，但环渤海各省份大多未能给出有效的后续规划，给出的反馈不如珠海、长三角区域规划有针对性，北方沿海省份在政策回应上的滞后值得我们深思。结合上述情况，未来我国的沿海区域规划可在如下几方面进行重点建设。

首先，以空间协同治理为主导，进行全域统筹，按照"多规合一"的方式编制规划，统筹各类发展空间需求和优化资源配置的平台，重点依然集中于提升环渤海区域规划的水平和质量上。加强环渤海地区各省市港口的功能布局和疏港通道研究，提升港口发展水平和带动效应，提升京津冀和"三北"地区的对外开放门户作用，加强环渤海地区"小圈"带动"大圈"的作用，辐射带动东北地区，促进其经济发展。抓住"一带一路"建设等重大国家战略机遇，将渤海打造为内联诸省、外向大洋的箱庭式走廊。

其次，注重生态保护红线，坚决打好海洋生态保卫战。针对围填海的情况，督察沿海各地不合理乃至违法围填海等一系列问题，增强海岸带和海岛整治修复能力。一是要采取相应举措，强力把控围填海；二是明确规定地方政府在海域生态修复治理工作中的主体责任，支持推进地方政府开展相应工程，计划到 2025 年，生态功能和服务价值显著提升，生态环境整治修复能力全面提升，近岸海水环境质量得到改善，"水清、岸绿、滩净、湾美"的美丽海洋生态建设目标基本实现。

最后，大力发展"海湾带""海岸带"建设。在全国全面建立实施"海湾带""海岸带"的规划制度。引入"湾长制"创新规划制度，有效填补管理规划体制机制中的漏洞，落实海洋生态环境保护主体责任。其目的在于有针对性、有重难点地治理规划海洋区域，将责任落实明确，实现权责统一。海岸线连接着海洋与陆地，在海洋规划中具有重要意义。近年来，沿海地区经济社会文化等方面不断发展，促使海岸线和近岸海域的开发强度日益加大，以致海洋生物栖息地大量消失，海湾与滨海湿地面积锐减，海岸生态功能明显退化，海洋生态系统安全面临巨大挑战，这些情况甚至制约了沿海地区经济社会的可持续发展。所以重视海岸线，提高其保护与利用管理的能力，是海洋经济规划的重要组成部分。

参考文献

东莞市人民政府、广东省海洋与渔业厅：《东莞市海洋功能区划（2013—2020 年)》，
    2017。
广东省海洋与渔业厅、广东省发展改革委：《广东省海洋主体功能区规划》，2017。
广东省人民政府：《实施珠三角规划纲要 2017 年重点工作任务》，2017。
国家海洋局：《关于开展编制省级海岸带综合保护与利用总体规划试点工作指导意见》，
    2017。
国家海洋局：《海岸线保护与利用管理办法》，2017。
农业部：《国家级海洋牧场示范区建设规划（2017—2025 年)》，2017。
广州市人民政府：《广州市海洋功能区划（2013—2020 年)》，2017。
浙江省人民政府：《浙江省海洋主体功能区规划》，2017。

B.13
中国近海渔民渔业发展报告

王利兵*

摘　要：　2017年，中国近海渔民渔业发展总体情况良好，渔业经济产值继续呈现一种增长趋势，渔民人均收入同样保持不断增长的趋势。2017年，中国近海渔民渔业发展所面临的问题主要以结构性失衡问题为主，但海洋生态破坏、环境污染以及管理不到位等问题依然存在。因此，优化海洋渔业生产结构，加强海洋生态环境监测与保护以及进一步完善海洋渔业规划与管理应该成为今后一段时间内解决和改善近海渔业渔民发展问题的重要措施。

关键词：　近海　渔民　渔业　生产结构

一　中国近海渔民渔业发展现状

2017年，中国渔业发展总体情况良好，渔业经济产值继续呈现增长趋势，渔民人均收入同样保持不错增长。统计数据显示，2017年中国海洋渔业产值为5295.05亿元，其中海洋捕捞产值1987.65亿元、海洋养殖产值3307.40亿元，全国海洋渔业产值占全社会渔业经济总产值的43%。在渔民收入方面，2017年全国渔民平均纯收入18452.78元，相比2016年略有增

---

* 王利兵（1987~），男，安徽安庆人，广州大学公共管理学院社会学系，助理教授，硕士生导师，博士，主要研究方向为海洋历史与文化。

长，增长幅度约为 9.16%。需要注意的是，渔业从业人口却继续呈现下降趋势，2017 年全国渔业从业人口相比 2016 年减少了 41.56 万人，下降幅度约为 2.11%。[①] 以下将具体从渔业产量、渔船保有量、渔民人口、海洋灾害等几个方面对 2017 年中国海洋（近海）渔民渔业发展的总体情况进行简单介绍和分析。

（一）渔业产量

2017 年，全国海洋水产品产量总计约 33217376 吨，其中海水养殖产量 20006973 吨、海洋捕捞产量 11124203 吨、远洋渔业产量 2086200 吨。从地区分布来看，广东、山东、福建、浙江、江苏等五省在海洋渔业经济产值及产量方面占据绝对优势地位。比如，在海洋渔业经济产值方面，2017 年排名前三名的分别是山东、福建和广东，三省海洋渔业经济总产值分别为 12154035.6 万元、10384879 万元、6895170.5 万元。又比如，在海洋水产品产量方面，2017 年排名前三的省份分别是山东、福建和浙江，其产量分别为 7371727 吨、6624580 吨、4723721 吨。[②]

传统的海洋渔业经济主要以海洋捕捞业为主，受困于近海渔业资源的减少，近些年传统的海洋捕捞所贡献的产量和产值却在不断降低。从对比数据来看，我们可以发现 2017 年全国海洋捕捞产量为 11124203 吨，较 2016 年（11872029 吨）减少了 747826 吨，降幅为 6.30%。与此同时，2017 年沿海各省份海洋捕捞产量较之前一年无一例外都呈现减少趋势，其中江苏省海洋捕捞产量较前一年减少了 17820 吨，浙江省减少了 221188 吨，福建省减少了 138899 吨，山东省减少了 135009 吨，广东省减少了 23635 吨，广西壮族自治区减少了 32242 吨，海南省减少了 153251 吨。具体来看，鱼类、甲壳类、藻类和头足类的捕捞产量下降最为明显，降幅分别为 4.06%、4.18%、

---

① 农业农村部渔业渔政管理局、全国水产技术推广总站、中国水产学会编制《2018 中国渔业统计年鉴》，中国农业出版社，2018，第 3 页。

② 农业农村部渔业渔政管理局、全国水产技术推广总站、中国水产学会编制《2018 中国渔业统计年鉴》，中国农业出版社，2018，第 18 页。

13.45%和4.90%，其中鱼类中尤以鲱鱼、沙丁鱼、鳀鱼、黄姑鱼、大黄鱼、金线鱼等鱼类品种的捕捞量下降最为明显，这说明海洋渔业资源的总体形势不容乐观。[①] 从海域划分来看，四大海域的海洋捕捞产量皆出现较大幅度减少，其中东海海域的海洋捕捞产量减少最大，其较上一年捕捞量减少369647吨，减幅达7.57%，其他三大海域渤海、黄海和南海的减幅则分别为5.05%、4.77%和5.96%。[②] 相比较而言，近些年海水养殖所贡献的产量和产值在水产品总量及总产值方面越来越大。2017年全国海水养殖产量较2016年增加853894吨，沿海各省份海水养殖产量同样在不断增加，如江苏省2017年海水养殖产量增加了26586吨，浙江省增加了190657吨，福建省增加了293303吨，山东省增加了62996吨，广东省增加了123862吨，广西壮族自治区增加了103172吨，海南省增加了41820吨。[③] 值得指出的是，海水养殖产量的增加在较大程度上弥补了海洋捕捞产量的下降，为社会提供了源源不断的水产品供给，但是海水养殖给沿海海洋生态环境所造成的污染和影响同样不容忽视，值得关注和研究。

（二）渔船保有量

2017年，全国渔船保有量为946160艘，总吨位10823609吨，其中海洋渔船250234艘，总吨位8996883吨。在海洋渔船总量中，专门从事海洋捕捞的渔船数量为166349艘，专门从事海洋养殖的渔船数量为65699艘，海洋辅助渔船数量为12664艘。从海洋渔船的动力及船长来看，我们可以发现小型动力渔船依然占据海洋渔船的多数，如44.1千瓦以下的海洋捕捞渔船数量总计达109498艘，占所有海洋捕捞渔船的65.8%；从渔船船长来看，船长12米以下的渔船的数量为164769艘，占机动渔船总数的67.3%。与此同时，大型作业

---

① 农业农村部渔业渔政管理局、全国水产技术推广总站、中国水产学会编制《2018中国渔业统计年鉴》，中国农业出版社，2018，第17页。
② 农业农村部渔业渔政管理局、全国水产技术推广总站、中国水产学会编制《2018中国渔业统计年鉴》，中国农业出版社，2018，第40页。
③ 农业农村部渔业渔政管理局、全国水产技术推广总站、中国水产学会编制《2018中国渔业统计年鉴》，中国农业出版社，2018，第20页。

渔船的数量依然较少，2017 年全国海洋渔船中动力在 441 千瓦以上的渔船数量仅为 2595 艘，船身长度在 24 米以上的渔船数量为 35608 艘。[①] 大型渔船数量的欠缺不仅在整体上影响了海洋渔业的生产效率，而且直接制约了我国远洋渔业的发展。统计数字显示，2017 年全国从事远洋捕捞的渔船数量只有 2491 艘，而在近海从事捕捞作业的机动渔船数量则高达 163858 艘，后者占比高达 98.5%。按作业类型来划分，从事近海拖网作业和刺网作业的机动渔船数量较多，两种作业渔船数量分别为 31437 艘和 90375 艘。[②]

为合理开发利用海洋渔业资源，实现海洋渔船的专业化、标准化、现代化和信息化建设，以及促进我国海洋渔业可持续发展，2016 年农业部制定了《全国海洋渔船更新改造标准船型选定工作方案》，并于 2017 年正式出台了《海洋渔船更新改造项目实施管理细则》。此项工作的主要目的是淘汰那些老、旧、木质渔船以及装备落后、安全和污染性能较差的渔船，从而严格控制海洋捕捞强度和实施减船转产。受此政策影响，2017 年全国渔船保有量继续呈现减少趋势，对比来看，2017 年渔船数量比 2016 年减少了 62911 艘，渔船总吨位减少了 161173 吨，其中机动渔船减少了 54823 艘，总吨位减少了 154227 吨。在所有机动渔船中，海洋机动渔船淘汰最多，2017 年全国共计淘汰海洋机动渔船 16446 艘，沿海各省份中海洋机动渔船减少较多的主要有山东、福建、辽宁和广东，2017 年四省海洋机动渔船减少数量分别为 3710 艘、3279 艘、2951 艘和 2386 艘。[③]

（三）渔民人口

截至 2017 年年底，全国共有海洋渔业乡镇 391 个、海洋渔业村庄 3663 个，从事海洋渔业的家庭约计有 1417718 户，海洋渔业相关人口约计

① 农业农村部渔业渔政管理局、全国水产技术推广总站、中国水产学会编制《2018 中国渔业统计年鉴》，中国农业出版社，2018，第 63 页。

② 农业农村部渔业渔政管理局、全国水产技术推广总站、中国水产学会编制《2018 中国渔业统计年鉴》，中国农业出版社，2018，第 74 页。

③ 农业农村部渔业渔政管理局、全国水产技术推广总站、中国水产学会编制《2018 中国渔业统计年鉴》，中国农业出版社，2018，第 67 页。

5558764人。在海洋渔业人口中，专业从事海洋渔业工作的人员共计2295780人，其中包括海洋捕捞渔民990325人，海洋养殖渔民910333人，此外，专业从事海洋渔业渔民中女性渔民大约有338823人，占专业渔民总数的14.8%。从地区分布来看，福建、广东和山东三省海洋渔民人口人数较多，分别为1395072人、1062374人和917765人。[①] 无论是从全国范围，还是地区范围来看，海洋渔业从业人员都在持续减少。相比2016年，2017年全国海洋渔民家庭减少了21749户，海洋渔民人口减少了93589人。

2017年全国渔民人均收入继续保持增长趋势，2017年全国渔民人均收入达18452.78元，较2016年全国渔民人均纯收入（16904.20元）增加了1548.58元，增幅约9.16%。从地区来看，沿海各省份渔民人均收入皆呈现较大幅度增长，其中增长幅度最大的省份为广东省，2017年广东省渔民人均收入较之2016年增长幅度为17.10%，其他几个沿海渔业大省如福建、江苏、浙江、山东等渔民人均收入增幅皆在7%以上。相比以上几个渔业大省而言，四面环海的海南省在2017年的渔民人均收入增幅却较低，全年渔民人均收入为15262.61元，较2016年渔民人均收入（14740.31元）增幅仅为3.54%，[②] 究其原因可能与海南省的渔业生产方式有很大关系。与广东、福建、浙江等渔业大省不同，海南虽然是一个以海洋经济为主要经济支柱的省份，但其中渔业生产方式主要还是以海洋捕捞业和小型渔船作业为主，以海水养殖业为辅，而近几年海南岛周边海域渔业资源的持续减少在很大程度上影响了渔民的海洋捕捞收入，进而导致渔民人均收入增长放缓。

（四）海洋灾害

国家海洋局发布的《2017年中国海洋灾害公报》显示，2017年我国

---

① 农业农村部渔业渔政管理局、全国水产技术推广总站、中国水产学会编制《2018中国渔业统计年鉴》，中国农业出版社，2018，第82、85页。
② 农业农村部渔业渔政管理局、全国水产技术推广总站、中国水产学会编制《2018中国渔业统计年鉴》，中国农业出版社，2018，第9页。

海洋灾害主要包括风暴潮、海浪、海冰、马尾藻暴发和海岸侵蚀等，此外像赤潮、绿潮、海平面变化、海水入侵等灾害也有不同程度的发生。2017 年全年海洋灾害造成直接经济损失共计 63.98 亿元，死亡（含失踪）17 人，其中风暴潮灾害造成的直接经济损失为 55.77 亿元，占直接经济总损失的 87%。在全年所有海洋灾害中，造成影响最大和损失最重的当属 1713 号"天鸽"台风，其造成的直接经济损失约计 51.54 亿元，其次还有 1709 号"纳沙"、1710 号"海棠"和 1720 号"卡努"等台风造成的经济损失较为严重。从地区分布来看，2017 年全国海洋灾害直接经济损失最严重的的省份是广东省，其直接经济损失达 54.10 亿元（见表 1）。

表 1　2017 年沿海各省（自治区、直辖市）主要海洋灾害损失统计[①]

省（自治区、直辖市）	致灾原因	死亡（含失踪）人口（人）	直接经济损失（亿元）
辽宁	海浪、海冰、海岸侵蚀	0	0.22
河北	海岸侵蚀	0	0.64
天津	海岸侵蚀	0	0.00
山东	风暴潮、海浪、海岸侵蚀	0	0.26
江苏	海浪、马尾藻暴发、海岸侵蚀	7	4.63
上海	无	0	0
浙江	风暴潮、海浪、海岸侵蚀	4	0.92
福建	风暴潮、海浪、海岸侵蚀	0	1.27
广东	风暴潮、海浪、海岸侵蚀	6	54.10
广西	风暴潮、海岸侵蚀	0	0.12
海南	海浪、海岸侵蚀	0	1.82
合计		17	63.98

资料来源：国家海洋局：《2017 年中国海洋灾害公报》，http：//www.soa.gov.cn/zwgk/hygb/zghyzhgb/201804/t20180423_61097.html，最后访问日期：2018 年 11 月 12 日。

---

① 国家海洋局：《2017 年中国海洋灾害公报》，http：//www.soa.gov.cn/zwgk/hygb/zghyzhgb/201804/t20180423_61097.html，最后访问日期：2018 年 11 月 12 日。

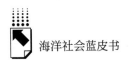

二 中国近海渔民渔业发展面临的问题

（一）海洋渔业生产结构不合理

海洋渔业生产包括海洋捕捞与海水养殖两个方面，其中海洋捕捞又分为近海捕捞与远洋捕捞。首先，从海洋捕捞业与海水养殖业的对比中，我们可以发现海洋捕捞产量（不包括远洋捕捞）在逐渐下降。2017 年，全国海洋捕捞产量为 11124203 吨，较 2016 年（11872029 吨）减少 747826 吨，降幅高达 6.3%；2017 年全国海水养殖产量为 20006973 吨，较 2016 年（19153079 吨）增加 853894 吨，增幅为 4.46%。在地区分布上，无论是海洋捕捞业抑或海水养殖业均表现出较大的不平衡性。比如，海洋捕捞产量较高的地区主要集中在浙江（3093263 吨）、福建（1743208 吨）、山东（1749591 吨）等省份，海水养殖产量较高的地区主要集中在山东（5190836 吨）、福建（4453172 吨）和辽宁（3081374 吨）等省份，而像广西、海南、江苏、上海等沿海省份在海水养殖和海洋捕捞产量方面均表现平平。[①] 中国作为一个海洋渔业大国，历史上长期以来都呈现以"捕"为主的海洋渔业生产结构，现在不仅彻底实现了从以"捕"为主到以"养"为主的转变，并且两者之间的差距越来越大。捕捞业的下滑不仅严重影响了我国海洋渔业产量，而且从长远来看还会对海洋渔业生产造成许多社会文化问题。其次，海洋捕捞业中的近海捕捞与远洋捕捞之间也存在不平衡性问题。在我国的海洋捕捞业中，近海捕捞产量始终占据大头，远洋捕捞产量对于整体渔业发展的贡献还是很小。例如，2017 年，我国远洋渔业的产量为 2086200 吨，这一数字不仅很小，而且与 2016 年（1987512 吨）相比来说增长也极为缓慢。在远洋渔业发展方面，同样表现出省际不平衡的问题。比如，2017 年远洋

[①] 农业农村部渔业渔政管理局、全国水产技术推广总站、中国水产学会编制《2018 中国渔业统计年鉴》，中国农业出版社，2018，第 17 页。

渔业产量较高的主要还是那些在远洋渔业发展方面比较强势的省份如浙江、福建、山东等，其他省份的远洋渔业产量则很低。除了上述渔业生产结构不平衡性问题之外，2017 年我国海洋渔业生产结构在诸如作业船只大小、捕捞作业方式、渔民人口等方面依然存在许多突出问题，这些问题相比 2016 年而言并没有得到较大改善。

（二）海洋污染严重，海洋灾害频发

2017 年，我国近海局部海域污染形势依然很严峻，海域环境风险依然突出，海域生态系统健康状况受损严重。根据国家海洋局发布的《2017 年中国海洋生态环境公报》，2017 年春夏秋冬四季近海海域劣于第四类海水水质的海域面积分别占近海海域的 14%、11%、15% 和 16%，其中夏季劣于第四类海水水质的海域面积为 33720 平方公里，秋季劣于第四类海水水质的海域面积为 47310 平方公里。此外，海水质量检测还发现入海河流水体污染是造成近海海域水质恶化的一个重要原因。2017 年，在国家海洋局监测的 371 个陆源入海排污口中，工业污染口占 29%，市政排污口占 43%，排污河占 24%，其他类排污口占 4%，其中 76 个入海排污口全年各次检测均超标。整体来看，入海排污口邻近海域环境质量状况总体较差，90% 以上无法满足所在海域海洋功能区的环境保护要求，同时对近海海域捕捞和养殖造成较大影响。[1] 除此之外，国家海洋局在 49 个区域开展海洋垃圾检测，内容包括浮漂垃圾、海滩垃圾和海底垃圾的种类和数量。检测结果显示，滨海旅游休闲娱乐区、港口航区等海域的海洋垃圾密度较高。诸如此类的海洋污染不仅导致近海海洋生态系统失衡、服务功能降低、海洋生物多样性下降等问题，而且还导致近海渔业资源的衰退，尤其是传统经济鱼类资源的枯竭等问题突出。

2017 年是海洋灾害频发的一年，诸如台风、赤潮、海冰、溢油等海洋

---

[1] 国家海洋局:《2017 年中国海洋生态环境状况公报》，http://www.oceanol.com/keji/201804/03/c75726.html，最后访问日期：2018 年 11 月 13 日。

灾害都对近海渔业生产以及渔民生活造成很大损失。除了第一部分中介绍的台风造成的巨大影响和经济损失之外，2017 年较为突出的海洋灾害是赤潮。据统计，2017 年我国近海海域共发现赤潮 23 次，累计面积 1497 平方千米，其中我国东海海域发现赤潮次数最多且累计面积最大，分别为 40 次和 2189 平方千米。①

（三）海洋渔业管理不健全，管理难度大

我国是海洋渔业大国，海岸线漫长，海域面积辽阔，这一现实决定了我国的海洋渔业管理困难会很大；与此同时，沿海不同地区实际情况的差异也要求我国的海洋渔业发展政策应该因地制宜。从现实来看，我国海洋渔业管理难度较大的问题主要表现在"三无"渔船清理整治难度较大、小型渔业生产的安全性问题突出、渔业生产工具监管困难以及近海渔事冲突和纠纷不断，诸如此类问题都加大了渔政管理部门的管理难度。② 另外，渔政管理部门自身也存在较多问题，比如统一领导不足、分级管理多余、海洋渔业法律法规不健全、海洋渔业执法力量不足等。此外，部分沿海地区因为顾虑经济发展而存在严重的地方保护主义，管理部门面临的渔业资源开发利用与保护之间的矛盾较为突出。

三 中国近海渔民渔业发展建议

（一）优化渔业生产结构

自 2015 年习近平第一次提出"供给侧结构性改革"以来，农业部明确表示要推进农业供给侧结构性改革，其中针对海洋渔业结构的调整重点要做好资源保护和减量增收两方面的工作，以提质增效、减量增收、绿色发展、

① 国家海洋局：《2017 年中国海洋灾害公报》，http：//www. soa. gov. cn/zwgk/hygb/zghyzhgb/201804/t20180423_ 61097. html，最后访问日期：2018 年 11 月 12 日。

② 同春芬、夏飞：《我国海洋捕捞渔船管理问题探析》，《广东海洋大学学报》2017 年第 2 期。

富裕渔民为目标，着力转变养殖方式，调整优化区域布局，促进渔业转型升级。同春芬认为，在经济新常态的新时期，我国海洋渔业要坚持"创新、协调、绿色、开放、共享"的五大发展理念，改变传统的粗放式经营方略，根据市场需求合理调配海洋渔业三大产业结构。具体来说，就是要坚持"第一产业抓特色、第二产业抓提升、第三产业抓创新"，优化配置海洋渔业的劳动力、资本、技术等各项要素，提升渔业核心竞争力和服务的规范有序性，进而在供给侧改革的大背景下使海洋渔业各生产要素活力竞相迸发，实现海洋渔业现代化发展。[1]

合理调整优化渔业生产结构，除了要注重优化配置生产要素，还有一个重要方面值得重视和改变，即远洋捕捞渔业的发展。一方面，近海海域环境日趋恶化以及近海渔业资源日趋枯竭的现实必定将持续影响近海捕捞渔业的发展；另一方面，远洋渔业的发展程度将会成为未来衡量国际海洋渔业竞争力的一个重要内容和标准。因此，合理调整近远海渔业发展的结构，规划布局远洋捕捞渔业发展应该成为未来一段时间内我国海洋渔政管理部门制定海洋渔业发展的一项重要内容。

（二）加强海洋渔业资源监测

2013年，国务院曾发布《国务院办公厅关于促进海洋持续健康发展的若干意见》（以下简称《意见》），《意见》共列举了四项基本原则，其中第一项基本原则即要求坚持资源利用与生态保护相结合。具体来说，就是要合理开发利用海洋渔业资源，严格控制并逐步降低捕捞强度，积极推进从事捕捞作业的渔民转产转业，加强海洋渔业资源环境保护，养护水生生物资源，改善海洋生态环境。《意见》还对如何开展海洋渔业资源调查及检测提出了具体要求，比如每五年开展一次渔业资源全面调查，常年开展检测和评估，重点调查濒危物种、水产种质等重要渔业资源和经济生物产卵场、江河入海

---

[1] 同春芬、夏飞：《供给侧改革背景下我国海洋渔业面临的问题及对策》，《中国海洋大学学报》（社会科学版）2017年第5期。

口、南海等重要渔业水域，等等。① 鉴于现实，在这些具体意见基础上，我们认为还应着重加强两方面工作：一是切实提高海洋渔业监测机构的能力和水平，提升海洋生态环境监测实力，利用先进技术建立一个覆盖面更加广阔和深入的海洋环境监测体系，从而及时掌握所有海域的海洋环境状况；二是大力宣传和强化海洋生态文明理念，利用互联网等多种途径向公众普及和推广尊重自然、保护自然的生态文明理念以及"绿水青山就是金山银山"的发展理念，营造一种全民保护海洋生态的良好氛围。

（三）完善海洋渔业规划与管理

完善海洋渔业规划与管理的前提应是加大体制机制改革力度，转变政府职能和理念。首先，政府应该转变海洋渔业管理与保护的职能和理念，让企业与公众切实承担起应有的社会责任，为保护海洋生态环境做出应有的贡献。其次，沿海地区政府应该弱化经济发展的指标考核，加强海洋环境指标考核的力度，从而逐渐提高政府及社会大众对于海洋环境保护的意识。最后，政府部门应从长远出发做好海洋渔业发展以及海洋生态保护的整体规划，避免和杜绝各自为战、盲目开发、破坏生态的现象发生，同时加强跨行政区域之间的合作，共同解决跨界海洋污染和资源流动等问题。

参考文献

农业农村部渔业渔政管理局、全国水产技术推广总站、中国水产学会编制《2018 中国渔业统计年鉴》，北京中国农业出版社，2018。

同春芬、夏飞：《我国海洋捕捞渔船管理问题探析》，《广东海洋大学学报》2017 年第 2 期。

同春芬、夏飞：《供给侧改革背景下我国海洋渔业面临的问题及对策》，《中国海洋大学

---

① 《国务院关于促进海洋渔业持续健康发展的若干意见》，中央政府门户网站，http://www.gov.cn/zwgk/2013－06/25/content_2433577.htm，最后访问日期：2018 年 11 月 13 日。

学报》（社会科学版）2017 年第 5 期。

国家海洋局：《2017 年中国海洋生态环境状况公报》，http：//www. oceanol. com/keji/
201804/03/c75726. html，最后访问日期：2018 年 11 月 13 日。

国家海洋局：《2017 年中国海洋灾害公报》，http：//www. soa. gov. cn/zwgk/hygb/
zghyzhgb/201804/t20180423_ 61097. html，最后访问日期：2018 年 11 月 12 日。

《国务院关于促进海洋渔业持续健康发展的若干意见》，中央政府门户网站，http：//
www. gov. cn/zwgk/2013 – 06/25/content_ 2433577. htm，最后访问日期：2018 年 11
月 13 日。

B.14
中国海洋生态文明示范区
建设发展报告

张 一　马雪莹*

摘　要： 海洋生态文明示范区建设注重集约利用海洋资源和有效保护海洋环境，在海洋经济发展、海洋环境保护等方面取得了一些成绩。但是在工业化和城镇化发展过程中，随着海洋经济活动的增多，海洋生态系统所面临的资源减少与系统退化压力与日俱增，不仅为海洋生态环境带来风险，而且使得示范区的可持续发展面临挑战。近年来，国家陆续出台关于海洋生态文明示范区建设工作的意见，并开展了针对海洋环境保护的首次海洋督察，地方政府也加大了示范区建设的投入力度。针对沿海地区海洋生态文明建设的现状和存在的问题，示范区需要坚持联动管理、生态优先、点面结合、公众参与的原则，通过完善的制度设计、科学的发展方式和广泛的社会参与等来进一步实现海洋生态文明建设的全面推进，进而形成全面推进示范区建设的大格局。

关键词： 海洋生态文明　示范区　城市发展　人海和谐

---

* 张一（1985～），男，吉林四平人，社会学博士，硕士生导师，中国海洋大学国际事务与公共管理学院副教授，研究方向为海洋社会学与社会治理；马雪莹（1996～），女，河北承德人，中国海洋大学国际事务与公共管理学院社会学专业硕士研究生，研究方向为海洋社会学。

习近平总书记强调，要更加注重认识海洋、经略海洋。① 在党的"绿水青山就是金山银山"的思想指导下，海洋生态文明示范区建设就是要建设海上"绿水青山"。《全国海洋经济发展"十三五"规划》在经济发展布局、产业结构优化升级、创新能力发展、经济体制改革等六个方面做出了重点规划，提出到 2020 年建设形成"陆海统筹、人海和谐"的海洋发展新格局的目标，② 这对海洋生态文明示范区建设提出了更进一步提高综合实力和质量效益的发展要求。海洋生态文明示范区的建设，标志着海洋实践经历了从被动保护到主动治理为特征的发展过程，呈现由追求经济效益到发展经济和保护生态并重的发展方式转变。在今后的时间内，海洋生态文明示范区建设需要形成公众共同参与、社会全面推进的大格局，这对于全面推进海洋生态文明建设具有重要价值和意义。

一 问题的提出

我国是一个陆海复合型国家，海洋面积相当于陆地面积的三分之一，海洋是我们赖以生存的"第二疆土"和"蓝色粮仓"。在长达 1.8 万公里的海岸线上，分布着数十个港口城市。改革开放四十年来，随着工业化和城市化的发展，东部沿海地区的社会经济发展水平得到极大提升。然而，随着人口的快速集聚和海洋经济活动的增多，开发海洋资源的幅度不断增大，海洋生态系统所面临的资源减少与系统退化压力与日俱增，海洋生态灾害也时有发生。

加快推进生态文明建设是党和政府做出的重大战略部署，在《关于加快推进生态文明建设的意见》中，明确要求要深入持久地推进生态文明建设。作为生态文明建设进程中的重要环节和结构性短板，国家海洋局要求将

---

① 新华网，http://www.xinhuanet.com/201710/27/c_1121867529.htm，最后访问日期：2019 年 3 月 14 日。

② 引自中华人民共和国自然资源部网站，http://www.mlr.gov.cn/xwdt/hyxw/201705/t20170515_1507704.htm，最后访问日期：2018 年 10 月 25 日。

海洋生态文明建设贯穿于海洋事业发展的各方面和全过程,于2012年和2015年两次下发通知,鼓励有条件的沿海市、县、区申报国家级海洋生态文明示范区,并出台《海洋生态文明建设实施方案(2015～2020年)》,①规定了海洋生态文明示范区建设的10个方面31项主要任务。2013年,福建省厦门市、浙江省玉环县、山东省日照市等12个市、县(区)规划成为首批国家级海洋生态文明建设示范区,2015年底,示范区数量增加到24个,新增了包括山东省青岛市、广东省深圳市大鹏新区、江苏省南通市等在内的12个市、县(区),形成了山东5区、浙江4区、福建3区、广东5区、辽宁2区、江苏2区、广西1区、海南2区的总体分布格局。海洋生态文明建设示范区重在示范,旨在创新。②建设以来,各示范区依据当地的资源禀赋、历史传统、区位条件等因素,基于地区特色的自主建设探索成效显著,凝练了海洋生态文明建设的最新实践成果和典型经验。

对海洋生态文明示范区建设问题进行研究,不仅有利于认清当前由于传统增长方式造成的海洋环境破坏倒逼趋势,以及经济效益与生态效益失衡而引发的社会矛盾,把握海洋生态文明建设的阶段目标,同时有利于理性分析当前海洋发展的阶段性特征,在反思以往海洋环境保护不足的同时,不断优化设计当前和未来海洋要素的发展格局。本文通过对2017年度海洋生态文明示范区建设情况的考察,厘清示范区建设过程中的问题与障碍,并探讨促进示范区海洋生态文明建设的思路与路径。

二 2017年海洋生态文明示范区建设现状

2017年,在以习近平同志为核心的党中央领导下,国家海洋局与国务院各部门、沿海地方各级人民政府深入贯彻落实党中央、国务院决策部署,

---

① 引自国家海洋局网站,http://www.soa.gov.cn/xw/hyyw_90/201507/t20150716_39139.html,最后访问日期:2018年10月25日。

② 引自国家海洋局网站,http://www.soa.gov.cn/xw/hyyw_90/201601/t20160115_49729.html,最后访问日期:2018年10月26日。

继续加强海洋生态文明建设，优化海域海岛资源的市场化配置，密集出台了海岸线保护、围填海管控等系列配套制度，加快解决海洋资源环境突出问题，促进节约集约利用海洋资源，推动地方政府依法落实海洋资源管理和海洋生态环境保护主体责任。1月22日，国务院同意印发实施《海洋督察方案》（以下简称《方案》），授权国家海洋局代表国务院对沿海省、自治区、直辖市人民政府及其海洋主管部门和海洋执法机构进行监督检查，国家海洋局按照《方案》，完成了对包括辽宁、海南、山东、江苏、福建等沿海省份在内的11省（市、自治区）的首次海洋督察。[①] 对于2017年海洋生态文明示范区的建设情况，可主要从海洋经济发展、海洋资源利用、海洋生态保护、海洋文化建设等几个方面进行分析。

（一）海洋经济发展

发展海洋经济是海洋生态文明示范区建设的重要部分，《关于开展"海洋生态文明示范区"建设工作的意见》明确提出了海洋生态文明示范区建设需要突破传统发展方式的制约，在生态文明理念指导下有效发展循环经济和低碳经济，重点支持海洋文化产业、滨海旅游业等海洋产业的发展。加快海洋经济健康发展是提高海洋资源利用效率、缓解陆域资源紧缺的必要手段。就目前的发展态势来看，在我国15个国民经济门类中，海洋经济活动范围已覆盖了13个，环渤海、长三角和珠三角已成为现代化海洋产业的代表性集群。随着"科技兴海"的推进，在国家科技兴海产业示范基地与海洋生态文明示范区建设的双重作用下，科技应用于海洋实践的速度大幅提高，我国海洋科技创新步伐不断加快，一批新的海洋生态经济门类如海洋电力、海洋生物制药等产业逐渐发展壮大。在广东和山东等地，建设形成了一批海洋科技产业园，呈现出规模化和集聚化的发展模式。

国家海洋局公布的《海洋生态文明示范区建设指标体系》以"海洋产

---

① 引自国家海洋局网站，http://www.soa.gov.cn/xw/hyyw_90/201708/t20170823_57497.html，最后访问日期：2018年10月26日。

业增加值占地区生产总值比重"作为衡量地区海洋经济总体实力的重要指标，这里的海洋产业包括海洋渔业、海水利用业、海洋船舶工业、海洋矿业、海洋化工业、海洋油气业、海洋盐业、海洋工程建筑业、海洋电力业、海洋交通运输业、海洋生物医药业、滨海旅游业及海洋科研教育管理服务业。2017年，日照市蓝色经济实现增加值达1061.57亿元，增长了12.9%，占GDP的53.0%；烟台市海洋生产总值突破2000亿元，比2016年增长了10%以上，全市滨海旅游总收入年均增长20.2%；厦门市全年总产值同比增长10.5%，占全市GDP的14.4%；惠州市海洋产业增加值达到1110亿元，深圳市大鹏新区新兴产业增加值占GDP的比重达60.4%。各地海洋经济呈现蓬勃发展态势。[①]

（二）海洋资源利用

作为地球上面积最大、最重要的生态系统，海洋具有调节全球气候、净化空气、降解污染物等功能，多样的海洋生物也为人类提供了丰富的食物、医药和旅游等资源。[②] 习近平总书记指出，要"着力推动海洋开发方式向循环利用型转变"，秉承以人为本、绿色发展、生态优先的理念。[③] 就目前看来，我国海洋资源开发利用方式依然较为粗放和单一，主要是资源密集型和劳动密集型产业。国家海洋局《海洋生态文明示范区建设指标体系》衡量示范区海洋资源利用情况的指标分为海域空间资源利用、海洋生物资源利用和用海秩序三部分，具体包括围填海利用率、近海渔业捕捞强度、开放式养殖面积占养殖用海面积比重、违法用海（用岛）等。

统计结果显示，珠海市横琴新区2017年围填海面积为1450.30平方千米，围填海利用率达到100%，所有养殖户均采用开放式养殖，自新区挂牌

---

① 引自国家海洋局网站，http：//www.soa.gov.cn，最后访问日期：2018年12月5日。

② 郭见昌：《我国海洋生态文明建设路径探究——基于综合视角》，《当代经济》2017年第7期，第25页。

③ 引自中国科学院网站，http：//m.cas.cn/zjsd/201811/t20181114_4670301.html，最后访问日期：2019年6月11日。

成立以来，未查处过违法用海案件；惠州市 2017 年休渔船 1575 艘，涉及渔民 8816 人，免休渔船共 270 艘；洞头区所造陆地均按相关规划进行利用，2017 年无违法用海案件，示范区的海洋资源利用状况整体向好。不过，不可否认的是一些示范区在利用海洋资源过程中也不同程度地存在过度依赖甚至浪费资源的现象。如辽宁省已核查的 15150 公顷区域建设规划内填海造地中，空置土地面积 9441 公顷，空置面积占已核查面积的 62%，其中锦州市、大连市、盘锦市占全省违法填海的 83%；国家海洋督察核查的 3.8 万公顷围海养殖中，东营和威海等地有 2.2 万公顷养殖用海未纳入海域法管理，以签订承包协议等形式直接使用。[①]

（三）海洋生态保护

习近平总书记提出要"把海洋生态文明建设纳入海洋开发总布局之中"，共抓大保护、不搞大开发，坚持开发和保护并重，像对待生命一样对待海洋生态环境，全面遏制海洋生态环境恶化趋势，[②] 加强海洋资源集约节约利用。海洋生态保护主要包括区域近岸海域海洋环境质量状况、生境与生物多样性保护和陆源防治与生态修复，2017 年海洋环境监测结果显示，各示范区在发展中对海洋生态保护的投入力度不断加大，海洋环境状况总体良好。

以青岛市为例，2017 年青岛市积极开展"蓝色海湾"整治行动，推进"南红北柳"滨海湿地修复工程、"智慧胶州湾"等项目，建设胶州湾综合管理平台和大数据中心，海洋生态保护取得良好成效。近岸 98.5% 的海域符合第一、二类海水水质标准，与 2016 年持平，近岸海域海水环境质量达到海洋功能区水质要求的海域面积为 12140 平方千米，占青岛市近岸海域面积的 99.5%，冬季、春季、夏季、秋季近岸符合第一、二类海水水质标准的海域面积分别为 12105 平方千米、12156 平方千米、11854 平方千米、

---

① 国家海洋局网站，http：//www.soa.gov.cn，最后访问日期：2018 年 12 月 5 日。
② 陈墀成、邓翠华：《论生态文明建设社会目的的统一性——兼谈主体生态责任的建构》，《哈尔滨工业大学学报》（社会科学版）2012 年第 14 期，第 120~125 页。

11966 平方千米，分别占近岸海域面积的 99.2%、99.6%、97.2%、98.1%；近岸海域沉积物质量状况总体良好，除部分站位（胶州湾东部、董家口及丁字湾）石油类含量超第一类海洋沉积物质量标准外，大部分海域沉积物监测指标均符合第一类海洋沉积物质量标准。不过，目前原生自然岸线占全部岸线的比例不足 20%，大部分岸线已建设防潮（浪）堤、护坡、养殖堤坝、围海养殖池塘等建筑物，未开发利用的岸线所剩无几，这成为青岛市海洋生态文明建设中不容忽视的问题。①

（四）海洋文化建设

从陆海统筹的角度来看，现代文明的建构可分为海洋生态文明建构和陆地生态文明建构两个部分，而不论在哪个环节，人们的主观能动性，即主体的文明意识和道德水平都直接影响着文明建设效果。② 海洋文化建设包括海洋宣传与教育、海洋科技发展、海洋文化传承与保护等内容。长期以来，与对海洋经济发展和生态环境保护的重视程度相比，人们对海洋文化建设的关注并不明显。然而值得注意的是，2017 年有示范区已在海洋文化发展层面做了大量实际工作，这不仅是示范区建设的一大完善，更有助于提升海洋文化在城市建设和日常生活中的影响力，从而在提升公众海洋生态文明意识、培育海洋生态文明建设公众参与行为等层面发挥文化的引导作用。

厦门市的海洋文化建设工作在示范区建设中表现得较为完善，不仅重视海洋科技发展，而且不断强化海洋生态文化宣传和教育，推动海洋文化遗产保护工作。目前，厦门国家级海洋公园、海峡两岸科技馆、火烧屿濒危物种保护中心科普馆等涉海公共文化设施已全部免费向公众开放，另外，海洋文化博物馆和海洋文化公园等设施也正在建设当中，以进一步推动厦门海洋文化的传承。同时，厦门市每季度开展一次海洋科普问答，组织市民参观中华

---

① 青岛市海洋与渔业局，http：//ocean. qingdao. gov. cn/n12479801/index. html，最后访问日期：2018 年 12 月 5 日。

② 雷泽远、董彬、蔚海东：《构建海洋生态文明的问题及解决途径》，《绿色科技》2008 年第6 期，第 67 页。

白海豚救护繁育基地等，以提高社会民众对海洋的关注度，并利用"5·12 防灾减灾""6·8 全国海洋宣传日"等提供海洋意识公众参与平台，以丰富海洋特色内容为重点，提高海洋宣传教育水平，引导社会公众自觉参与建设。

三 海洋生态文明示范区建设中的问题

自海洋生态文明示范区建设以来，沿海各市、县（区）实现了从被动保护到主动治理为特征的发展方式的转变，其建设工作也明显取得了一些成绩。但是在工业化和城镇化发展过程中，人们对海洋的开发利用规模和强度也不断加大，海洋实践中因海洋资源开发和海洋生态环境问题而引发的社会矛盾依然存在，海洋生态文明示范区建设仍然面临诸多问题。

（一）管理体制缺陷，政策法规落实不力

2017 年国家海洋督察发现，各示范区存在不同程度的用海问题。山东省内港口布局、岸线保护等方面缺乏统筹规划，沿海部分港口距离相近、主营业务相似，港口建设存在低质同构问题；广西壮族自治区海域管理界限不清，部门管理职责交叉，部分海域未按自治区政府批准的法定海岸线进行管理，导致海域管理缺位；东山县政府海砂开采相关监管部门协调联动不到位，综合整治力度不够，将 235 万罚款违规返还给福建裕华石油化工有限公司，海上非法采砂屡禁不止；三亚市海洋部门对三亚红塘湾海域违法填海查处不及时，以罚代管，放任违法填海行为，导致违法填海面积由 13.42 公顷扩大到 101.59 公顷。产生上述问题的主要原因是涉海的城市、土地等规划与海洋规划缺乏有效衔接，海洋、国土、规划、水利等部门在海洋环境保护和围填海管控方面的协作能力有待提高。

海洋生态文明建设是一项涉及多领域的系统性、全面化工程，涉及海洋与渔业局、环保局、水利局、城市管理局等多个行政单位，需要政府部门联动形成合力，然而，受行政管理体制的影响，存在各主管单位各自为政，分而治之的问题。首先，在管理规章制度上，大多是针对某一海洋功能区或区

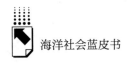

域制定的专项政策，制度冗杂，缺少协调，也缺乏相应的配套细则和执行标准，使得政策执行缺乏系统性和连贯性；其次，在管理体制上，统一管理与部门管理相结合的方式使得各部门间各自为政，缺乏有效的沟通和协调，导致职责缺位和越位等问题；最后，在具体实践上，依然以自上而下的传统政府主导的管理模式为主，缺乏社会参与，使得执行进程缓慢，难以达到预期的制度和政策效果。

（二）生态环境破坏，海洋资源利用粗放

随着工业化、城镇化进程的加快，各示范区产业结构调整和转变经济发展方式的任务繁重，依然存在违法围填海、粗放利用海洋资源和破坏海洋生态环境的问题。2017年，青岛市有10个海岸工程建设项目环评审批前未征求或未取得相关部门同意，如黄岛区城建局未取得海域使用权擅自占用丁字湾等重要海湾、河口围海，并以签订承包协议、合同发包的形式不经审批直接用海，改变了近岸海域自然属性，严重破坏了海洋生态环境；广西围填海项目审批不规范、监管不严，2012年以来，全区涉及化整为零、分散审批围填海项目14宗，面积591.8133公顷，占批准围填海面积的23%。2016年6月，南洋造船厂搬迁改造项目违法用海，至今未立案查处。2017年上半年广西近岸海域水质优良率为79.5%，与2016年同期相比下降了6.9%，北海市西门江部分断面水质为劣V类。

海洋生态文明建设存在公共性和外部性问题，政府作为建设主体具有难以避免的"经济人"属性，企业等市场主体的生产、经营活动也具有趋利性，容易采取与海洋生态文明价值观相违背的逐利行为，将生产成本转移到海洋环境之中，导致社会成为海洋环境污染的承担者。"公地悲剧"理论生动地揭示了这一现象，如果草原上的牧民都以个人利益最大化为价值理念，尽量多养羊增加收益，只会导致牧场持续退化和牧民全体破产。海洋生态文明建设的公共性与海洋环境污染的外部不经济现象的存在，表明海洋生态文明建设是不可能仅靠建设主体，依靠经济理性解决的，需要全社会合力共同转变海洋资源利用方式和保护海洋生态环境。

（三）海洋意识淡薄，公众社会参与欠缺

海洋文化建设一直是海洋生态文明建设的一个结构性短板，目前示范区在海洋文化建设进程上比较缓慢，主要表现为公众海洋意识薄弱、海洋文化产业发展不足等。长期以来，生态文明建设多重视陆域发展，政府对社会公众关于海洋文化的宣传、弘扬力度不足，对外缺乏对本土海洋文化品牌的宣传，缺少与文化传媒企业的合作；市民对海洋生态文明建设的认识还比较表面，大多认为就是保护海洋环境，同时，对海洋环保的参与意识不强，环保行为仅限于捡拾海滩垃圾等，主要关心的是一些涉及个人利益的问题，缺乏对海洋环境保护的公共责任意识。

从 2017 年各示范区的海洋文化建设情况来看，整体的建设效果并不乐观。多个示范区如辽宁省盘锦市、大连市旅顺口区、浙江省嵊泗县和玉环市等在海洋宣传与教育、海洋技术发展等方面存在建设空白。"一个社会的价值观决定了这个社会的发展模式和路径方向。"① 海洋文化建设与推进海洋生态文明示范区建设的价值取向是一致的，从某种意义上说，海洋文化建设的水平直接体现了海洋生态文明示范区的建设效果。海洋文化建设难以取得明显进展的原因，主要基于两个方面的因素。一个是社会参与机制不够完善，海洋文化的宣传教育多采用自上而下的动员方式，参与人数及规模不大，也缺乏公众的自觉参与；另一个是海洋类社会组织的影响力不足，与其他社会公益组织的联系和合作程度不高，也难以提供有效助力。

四 海洋生态文明示范区建设的原则与路径

海洋生态文明示范区建设，重在示范，旨在创新，应以"系统的海

---

① 郑苗壮、刘岩：《关于建立海洋生态文明制度体系的若干思考》，《环境与可持续发展》2016 年第 5 期，第 32 页。

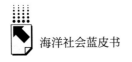

洋生态文明建设理念"为导向，以"现实问题"为指向，丰富建设内容。海洋生态文明示范区建设关键在于落实，其创新路径应注重探究完善示范区发展规划、提升海洋生态文明意识、扶持海洋生态文化产业等具体做法，重点是要突出海洋特色，聚焦问题与差距，满足多向度的建设需求。

（一）海洋生态文明示范区建设的原则

1. 坚持联动管理原则

以"陆海统筹、部门联动、协同管理"为基本原则，开展"多规合一"试点，建立全方位、跨部门的建设机制，通过加强各部门合作，整合政府资源，提升公共管理的整体性。为示范区建立统一的发展规划和行动规则，对示范区统筹管理、统一决策，打破地方和部门保护主义，以合作规则来规范各行政单位的管理行为，统筹示范区海洋生态文明建设工作。

2. 坚持生态优先原则

在示范区建设过程中，必须以生态为前提，以海洋生态文明价值观为指导，秉承以人为本、生态优先的发展理念，注重运用"生态环境、生态经济、生态文化、生态社会、生态治理"等在海洋生态文明价值追求中的要素集成与协同。同时应将保障重心放在事先预防而非事后修复上，对自然保持尊重，发挥海洋生态的自我修复能力，从根本上防止海洋环境恶化。

3. 坚持点面结合原则

应当以全面保护为前提，进行适当的点上开发。要划定自然保护区，在开发过程中以生态安全为原则，用价值理性代替工具理性，既考量区域整体海洋生态保护，也尊重社会发展需要和主体利益诉求，真正将海洋生态文明建设作为关乎广大民众生存和发展的事业，而不仅仅是一项需要执行和落实的政策。

4. 坚持公众参与原则

示范区建设需要具有海洋生态文明素养的公民参与。生态文明是对工业文明的反思和超越，更为高级和理想的人类生态文明素养是生态文明建设必要的条件之一。[①] 公众是海洋生态文明建设的主体，应有效地调动公众的参与热情，增加参与途径，号召并鼓励人民群众共同参与到建设之中，从而打造"社会制衡型"的发展方式。

（二）海洋生态文明示范区建设的路径

1. 网络化管理，完善海洋生态文明制度体系

海洋生态文明制度是将价值理念转化为行动规范的关键举措，在进行海洋生态文明建设制度体系设计的时候必须考虑到，这一制度体系既要有约束政府指导建设的作用，也要具备规范社会公众行为的功能，更应将其服务于社会公众涉海权益，实现海洋生态文明示范区建设的可持续发展作为基本设计准则。由于以往原有制度界定下的利益关系同示范区建设实践需要之间存在不适应和不匹配的情况，有必要对原有制度进行调整、完善和创新。首先，要充分厘清旧账，发挥激励性，对原有制度中制约海洋经济发展转型、制约海洋民生发展需要、制约海洋生态系统良性循环、制约社会参与共促共建的内容进行根本改革；其次，要通过制度设计，来限制损害海洋生态文明建设社会效益的行为，在最大程度上提高公众对于海洋社会的安全感和幸福感；最后，制度不仅要夯实法律法规保障等正式规则，而且要包括海洋民俗、涉海生活习惯等更广泛的伦理约束，这些非正式约束对促进海洋生态文明建设自觉是大有裨益的。

因此，需要在理性框架下努力探索适应整体性发展的制度体系。建设海洋生态文明示范区，需要从转变职能权限、改革管理体制机制、完善法律法规、调整部门合作机制、创新经验推广机制等方面设计符合海洋生态

---

① 康鸿：《生态社会主义对我国生态文明建设的价值观照》，《西北师大学报》（社会科学版）2013 年第 5 期，第 30 页。

文明建设特点的制度体系，用最严密的法治来保障建设效果。一是要将示范区建设纳入城市及区域发展的整体规划，明确建设过程的总体目标、阶段目标及重点任务，保证所有的建设工作应在此框架下进行详细设计、规划与开展。二是着力破除海洋生态文明建设的体制机制制约，加快构建统筹全局的利益协调和利益导向制度体系，创新海洋管理机制，树立"依法治海"的法治意识，注重示范区建设的全局性。三是明确立法主体权责界限，提高协作能力，制定具有全局指导意义的法律法规和制度体系，确保其系统性和连贯性，用法制规范涉海群体的生产、生活行为。四是科学划分部门权限，明确部门职责，加强各主管部门之间的合作交流，减少与其他规划之间的冲突，避免重复建设。通过开展"多规合一"的试点发展，建立全方位、跨部门、多主体、聚合力的示范区建设机制，提升公共管理的整体性。

2. 循环型利用，坚持海洋资源开发与保护并重

海洋生态文明建设本身是在积极对待和处理人与海洋、人与社会的关系问题。示范区发展需要落实习近平总书记提出的"把海洋生态文明建设纳入海洋开发总布局之中"的要求，秉承以人为本、绿色发展、生态优先的理念，像对待生命一样对待海洋生态环境，加强海洋资源集约节约利用。在海洋生态文明示范区建设过程中，要坚守海洋生态红线，力争实现海洋经济发展和海洋生态保护之间能量的交换与平衡。一是转变传统用海方式。应在全国新旧动能转换背景下，努力提高海洋资源开发利用效率，逐步淘汰"旧动能"，即产业结构中落后的、资源驱动型海洋产业，加大对"新动能"，即海洋新能源利用、海洋生物医药等绿色新兴产业的投入力度。二是实现科技兴海。要在"科技兴国"与"海洋强国"的碰撞中，将科技创新重点融入示范区建设，通过建设海洋科技产业园区、引进和培育海洋人才等方式提高区域海洋科技应用能力，以实现海洋资源的有效开发和永续利用。三是合理规划发展模式。要形成对区域海洋资源的科学统筹和合理配置，避免在同一地区出现重复开发与过度开发的现象，利用集约、适度、高效相结合的开发模式，构建具有示范区特色的可持续发展方式。

总之,示范区建设要充分贯彻习近平总书记"陆海一体化"的理念,确立多层次、大空间、海陆资源综合开发的思想价值观念,不能就海洋论海洋,要从单一的靠海吃海的方式转变为开放的多元的统筹发展。对海洋资源的开发利用应将海域资源环境承载能力和现有开发强度统筹考虑,科学谋划,以构建人海和谐的示范区发展格局。

3. 社会化参与,凝聚海洋生态文明价值共识

海洋生态文明建设是一项多主体参与的社会工程,涉及人与人、人与海洋、人与社会等方方面面,其实践具有系统性,在包括政府、企业、社会组织、社区等参与者构成的主体中,社会公众是最广泛、最基础、最有力的推动力量。从相反的视角来看,近些年来海洋生态系统退化、海洋环境恶化以及人海关系的紧张无不与人们的海洋实践息息相关,要实现人海和谐,必须着眼于现实的"人类社会-海洋实践"活动。明确海洋生态文明示范区建设不仅要发展海洋经济和保护海洋环境平台,而且要树立公众对海洋生态文明的认知,引导公众自觉参与到海洋生态文明建设的过程中,更是满足公众美好生活需求的重要媒介。无论对于公民个体还是对于组织群体甚或社会整体而言,海洋生态文明建设自觉性的培育都不是能够自发完成的,也需要有利的外部环境的熏陶、浸染,应该重视公众参与海洋生态文明建设关联性的研究,进一步认识和把握海洋生态文明建设公众参与的必要性,并在实践基础上努力使公众认识到海洋生态文明建设之于社会发展和人民生活的重要性,争取从根本上改变社会公众海洋生态文明意识欠缺的现状。

首先,提升公众参与意识。以开展"主题活动"为载体,发挥媒介传播作用,构建适应海洋事业发展的全方位、多角度、广覆盖、常态化的宣传教育体系,普及海洋生态科学知识,为示范区海洋事业发展凝聚力量。其次,拓展社会参与渠道。促进学校教育、社会活动等实践与海洋意识、海洋文化、海洋科普的有效结合,鼓励本市各级政府、各类学校、社会组织、企业、社区等开展海洋主题的兴趣活动,为多主体参与海洋生态文明建设提供有效途径,充分利用社会资源,鼓励社会各界参

与示范区建设。最后，发挥公众基础性作用。社会公众是海洋生态文明建设的参与者，公民的责任、意识、心理、动机会随着参与建设实践的深入而更为理性和清晰。加强海洋经济、海洋生态、海洋文化等信息的公开力度，保障公民的知情权，广泛听取公众意见，形成多渠道对话机制，不仅有助于转变示范区发展方式，更能够促进公众自觉牢固地树立海洋生态文明理念，营造社会公众共同参与建设的良好氛围，推动示范区海洋生态文明建设进程。

参考文献

毋瑾超、程杰：《海洋生态文明示范区架构体系研究》，海洋出版社，2014。

〔美〕奥康纳：《自然的理由》，唐正东、臧佩洪译，南京大学出版社，2003。

王越芬、孙健：《习近平新时代建设海洋强国战略思想的三重维度》，《改革与战略》2018 年第 9 期。

王永斌：《习近平生态文明思想的生成逻辑与时代价值》，《西北师大学报》（社会科学版）2018 年第 5 期。

郭秀清：《绿色发展的马克思主义政治经济学解读》，《鄱阳湖学刊》2017 年第 4 期。

于大涛、王紫竹、高范等：《旅顺口区海洋生态文明示范区建设分析与思考》，《海洋开发与管理》2016 年第 7 期。

吴晓青、王国钢、都晓岩等：《大陆海岸自然岸线保护与管理对策探析——以山东省为例》，《海洋开发与管理》2017 年第 3 期。

郭见昌：《我国海洋生态文明建设路径探究——基于综合视角》，《当代经济》2017 年第 7 期。

张晓臣：《中国梦视域下的海洋生态文明建设》，《中国水运》2017 年第 9 期。

郑苗壮、刘岩：《关于建立海洋生态文明制度体系的若干思考》，《环境与可持续发展》2016 年第 5 期。

欧玲、龙邹霞、余兴光等：《厦门海洋生态文明示范区建设评估与思考》，《海洋开发与管理》2014 年第 1 期。

杜强：《推进福建海洋生态文明建设研究》，《福建论坛》（人文社会科学版）2014 年第 9 期。

许妍、梁斌、兰冬东等：《我国海洋生态文明建设重大问题探讨》，《海洋开发与管理》2016 年第 8 期。

中华人民共和国自然资源部网站，http：//www. mlr. gov. cn/xwdt/hyxw/201705/
　t20170515_ 1507704. htm，最后访问日期：2018 年 10 月 25 日。

国家海洋局网站，http：//www. soa. gov. cn，最后访问日期：2018 年 12 月 5 日。

青岛市海洋与渔业局，http：//ocean. qingdao. gov. cn/n12479801/index. html，最后访问
　日期：2018 年 12 月 5 日。

B.15
中国海岸带保护与发展报告[*]

刘　敏　岳晓林[**]

摘　要： 2017 年以来，我国的海岸带保护事业在制度建设和具体实践中都取得了显著成绩，中央政府层面，依法治海工作扎实推进，地方政府层面，海岸带保护稳中有升，海岸带保护的制度创新与政策落实得到有效结合。但是，海岸带保护与开发的固有矛盾，在一定程度上仍然阻碍着地方政府层面海岸带保护事业的推进，尤其是填海造地等不合理的海岸带开发行为，使得海岸带保护"局部好转、总体恶化"的形势没有得到根本转变。为此，我们须树立和践行绿色发展理念，通过强化社会参与、建立整体治理体系、完善政府主导型海岸带保护模式等途径来加强和改善海岸带保护，进而实现海岸带保护与发展的和谐共生。

关键词： 海岸带保护　海岸带开发　绿色发展

改革开放 40 年来，我国的海岸带保护事业走过了一段不平凡的发展历程，在理论与实践上形成了一条具有中国特色的海岸带保护与发展道路，为

* 本文研究受到中央高校基本科研业务费专项（项目号：201813002）的资金资助。
** 刘敏（1985～），男，湖南岳阳人，中国海洋大学国际事务与公共管理学院讲师，社会学博士后，主要研究方向为海洋社会学、环境社会学；岳晓林（1994～），男，河南安阳人，中国海洋大学国际事务与公共管理学院社会学硕士研究生，主要研究方向为海洋社会学、环境社会学。

生态文明体制改革和美丽中国建设奠定了坚实基础。不容忽视的是，海岸带保护是一个艰难而复杂的实践过程。一方面，政府主导的海岸带保护有利于海岸生态修复与海洋环境保护，对推进海洋强国和美丽海洋建设具有重要意义；另一方面，沿海城市和地区是我国改革开放的窗口，同时也是我国经济社会发展水平最高的地区，地方政府对海岸生态资源的依赖程度高，向海要地的海岸带开发需求强烈，海岸带保护与开发间的协调性难题一定程度上制约了海岸带保护事业的发展。

本文基于 2017 年来中国海岸带保护事业发展历程的回溯，对海岸带保护事业所取得的成就进行总结，对海岸带开发及问题进行描述和分析，探讨如何在新时代开启中国海岸带保护与发展事业的新机制、新途径与新模式，进而提出相关政策建议。

一　海岸带保护的成绩

2017 年以来，我国的海岸带保护事业砥砺前行，中央政府的相关制度建设和地方政府的海岸带保护实践都取得了长足进步，对人与海洋关系的理解也逐步深入，有力推动了海岸带保护事业的发展。

（一）中央政府层面依法治海工作扎实推进

改革开放以来，我国的海洋环境管理体制虽经历了多次变革，但由于种种原因，"政出多门"与"多龙治海"的现象比较普遍，分散型的海洋环境管理体制难以适应海岸带整体保护的需要。党的十九大针对长期以来形成的"多龙治海"的分散型海洋管理格局与"政出多门"的海岸带保护规划，以及由此带来的海洋生态治理与海洋生态文明建设的困境进行了全面整改，我国海洋环境管理体制改革得以大刀阔斧的推进，中国的海岸带保护事业也进入新时代。

2017 年是全面落实海岸带综合管理和整理保护的关键一年。随着国家海洋局主体并入新组建的自然资源部，海洋环境保护职能并入生态环境部，以及一系列海岸带保护的新政策措施出台，我国掀开了海岸带整体保护事业的新篇章，推动了新时代中国海洋保护事业的全面发展，最终使我国的海岸带保护从立法、执法到监督等环节紧密连接、互相承接，形成了顺畅的法治海洋格局。

根据 2018 年国务院机构改革方案，国家海洋局主体并入新组建的自然资源部（自然资源部对外保留国家海洋局牌子），海洋环境保护职能并入生态环境部，海警编入武警序列，中国的海洋管理实现机构调整和资源整合，真正开启了基于海洋生态系统、陆海统筹的新型海洋环境管理体制，推动了海岸带保护事业迈上新台阶。新组建的自然资源部整合了国土资源部的职责、国家发展和改革委员会的组织编制主体功能区规划职责、国家林业局的森林和湿地管理职责等，[1] 从而将海洋保护区划分、海洋生态红线设定等海洋空间规划进行统一管理，避免了海岸带保护过程中海洋空间规划重叠和海洋管理"政出多门"的局限，最大限度地保障了海岸带生态系统的整体性，解决了海洋空间规划重叠的问题，有利于实现海洋的整体保护、系统修复和综合治理，大大推动了海洋生态治理与海岸带保护事业的发展。

在海岸带整体保护的制度建设方面，2017 年 11 月 4 日修订的《中华人民共和国海洋环境保护法》，将海岸带保护纳入国家海洋环境保护事业的整体工作范畴之中，进一步指明了海岸带保护的发展方向和重点任务。在实践过程中，支持地方政府因地制宜，实行符合当地实际的地方性海岸带保护法规，以推动海洋带保护事业的落实和巩固。

随着国务院机构改革和海岸带整体保护制度建设工作的推进，近年来，严管海、生态用海、系统护海、着力净海的工作格局基本形成，海岸带保护事业整体推进，海岸生态系统呈现局部明显改善、整体趋稳向好的积极态势。例如，海洋生态保护红线制度将全国 30% 的近岸海域和 35% 的大陆岸线纳入红线管控范围；海洋保护区面积提升为整个管辖海域面积的 4.1%；

---

① 王勇：《关于国务院机构改革方案的说明——二〇一八年三月十三日在第十三届全国人民代表大会第一次会议上》，《人民日报》2018 年 3 月 14 日。

中央政府不仅修复海岛 274 个、海岸带 6500 多公顷、沙滩 1200 多公顷、湿地 2100 多公顷，而且投入资金 52.17 亿元，重点推进 18 个城市的"蓝色海湾""南红北柳""生态岛礁"等生态修复工程。①

（二）地方政府层面海岸带保护稳中有升

海岸带保护事业越深入，越要注意协同治理。2017 年以来，除中央政府层面依法治海工作扎实推进，地方政府层面的海岸带保护实践同样稳中有升，海岸带保护的制度创新与政策落实得到有效结合。特别是广东省、山东省青岛市及浙江省台州市等地，海岸带环境保护成绩显著，值得各地学习。

广东省在改革过程中结合当地海洋区域实际情况，切实考虑地方特色，制定了《广东省海岸带综合保护与利用总体规划》，实现了中央顶层设计框架下的政策落实与政策创新，成为我国在中央海岸带规划框架下的首个省级改革试点地区。《规划》根据广东省对不同海域的功能定位，把经济发展、生态保护、灾害防御等不同功能根据具体海域的实际情况进行匹配，实现了对海洋功能区的科学规划，有效保护了海洋环境，也便于海洋环境的分块治理。同时，广东省还建立了涵括海洋生态红线制度、陆海环境污染联防联控新机制、海陆一体化生态屏障建设在内的三位一体海岸带环境保护网络。多方位、立体化的海岸带环境保护措施不仅保障了海岸带的生态安全，而且实现了对海洋资源的高效利用与精细化管控。

作为全国率先推行"湾长制"的副省级城市，青岛市不仅在"湾长制"上实现了制度创新，而且在国家级海洋公园建设等方面也取得了显著的成绩，共同推动了海岸带生态系统的恢复与保护。在制度创新层面上，青岛市结合自身实际情况创新"湾长制"，成立胶州湾保护委员会，并在其组织框架下，结合多方意见编制《青岛市海域海岸带保护利用规划》《青岛市胶州湾保护条例》等海域防治与修复办法，构筑了"一带两区六组团"的海岛空

---

① 王宏：《不忘初心　牢记使命　奋力开启新时代加快建设海洋强国的新征程——王宏局长在全国海洋工作会议上的讲话（摘登）》，《中国海洋报》2018 年 1 月 22 日。

间总体布局。在海洋环境保护实践层面上，青岛市建立了 200 平方公里的胶州湾国家级海洋公园，海域面积增加了近 25 平方公里，优良水质面积由 2010 年的 46.4% 提高到 72.1%，生物多样性保持稳定，景观品质不断提升。[①]

作为海岸带保护的重要措施，"湾长制"也在浙江省沿海各地级市全面实施，并取得了良好的保护效果。以台州市为例，在《浙江省海洋生态建设示范区创建实施方案》等海洋环境治理与保护政策引导下，按照属地管理、条块结合、分片包干的原则，台州市分别设立市、乡镇（街道）、重点村（社区）三级滩长，建立起覆盖沿海滩涂的新型海洋环境保护的基层组织管理体系。滩长利用"滩长助手"App、无人机、电子显示屏等技术手段实时监控全市各主要岸段、港口、海湾、海岛等，促进了海岸带的环境管理精细化、监督常态化和处置流程化。

在台州市长达 651 公里的海岸带上，每个村的公共区域都设有湾（滩）长公示牌。公示牌上有湾（滩）长的姓名、行政职务、手机号码、职责范围，同时还有举报微信号的二维码。村民发现问题可即时举报，不仅实现了环境保护责任主体的明确化，而且有利于调动社会力量参与海洋环境监督和保护。自台州实行"湾长制"以来，共修复海岸线 35 公里，大陆自然岸线保有率达 42.8%，居浙江之首，[②] 有效保护了海岸带的环境与生态系统。

二 海岸带开发及其问题

近年来，国家一直致力于推进海洋生态环境整治与修复工作，海岸带生态环境整体呈现趋缓向好的势头。但从具体情况来看，尽管各级政府已意识到海岸带保护的重要性，而且在经济发展过程中也加强了海岸带的环境保护，但海岸带保护与开发的固有矛盾，在一定程度上仍然阻碍着海岸带保护

---

① 王晶：《精心描绘近海"高颜值"——青岛加强海洋综合管理助力蓝色经济新跨越纪实》，《中国海洋报》2017 年 9 月 12 日。

② 赵婧、郭媛媛：《浙江台州市实行"湾（滩）长制"见闻》，《中国海洋报》2018 年 5 月 8日。

事业的整体推进。近岸海域污染与生态系统破坏较为严重，尤其是填海造地等不合理的海岸带开发行为，使得海岸带保护"局部好转、总体恶化"的形势没有得到根本转变。

（一）海岸带保护政策落实不到位

第一，地方政府未严格执行国家海域使用金减缴政策。国家在大力发展海洋经济时曾出台了关于海域使用金减缴的补贴政策，以方便沿海地区政府招商引资，提升经济实力。但在具体的政策执行中，地方政府多未按照国家规定执行海域使用金减缴政策，私自进行修改与变动。例如，《福建省海域地方政府未严格执行国家海域使用金减缴政策使用金征收配套管理办法》中指出，福建省有 3 个条例扩大了国家规定的海域使用金减缴范围，虽有利于当地企业创收，但严重违反了国家对海域使用金减缴的规定。

第二，违规调整海洋功能区。地方政府为促进当地经济发展，常把经济效益放在首位，而忽视生态效益。例如，有的地方将沿海红树林、自然湿地等不能开发的自然生态保护区违规调整为可利用的经济开发区域，造成大量违规填海造地行为的发生。这不仅破坏了海岸带环境，危害了物种多样性，同时也影响了海岸带的生态平衡，增加了海洋自然灾害的发生。

第三，海岸带整治与修复力度不足。在海岸带环境保护中多采取防治与修复双管齐下的保护行动，这样不仅可以遏制海岸带环境破坏，还可以及时恢复海岸带原貌，形成良性循环。但在具体的实施过程中，政府的修复工作往往跟不上海岸带被破坏的速度，防治与修复不能统筹兼顾、齐头并进，进而影响了海岸带保护事业的推进。例如，广西壮族自治区原计划到 2020 年整治与修复海岸线 360 公里、海域 3 万公顷，但到 2012 年，全省仅整治和修复 100 公里海岸线、海域面积 2000 多公顷，距离原设定目标相去甚远。①

---

① 《国家海洋督察组向广西壮族自治区反馈围填海专项督察情况》，国家海洋局网站，http：//www. soa. gov. cn/xw/hyyw＿ 90/201801/t20180115 ＿ 59980. html，最后访问日期：2018 年 10 月 15 日。

（二）围填海项目审批不规范

第一，地方政府违规审批围填海项目。虽然国家对于围填海的要求有明文规定，但地方政府在实践过程中多出现违规审批行为，主要为违规调整海域功能区与不按审批程序层层办理两种情况。例如，海南省违规调整麒麟菜和白蝶贝两个省级海洋自然保护区和三亚国家级珊瑚礁自然保护区的区域属性，导致自然保护区被违规填海造地，用于商业开发。福建省与广西壮族自治区在违规审批中多出现私自审批、临时审批、未批先建、边批边建等违规行为。

第二，地方政府对填海造地项目未进行有效的跟踪与监管。地方政府不仅违规进行审批，而且在对用海企业的监管中缺位，致使海岸带环境破坏进一步加剧。以福建和广西为例，福建省批准的 262 个围填海项目中，有 61 个项目没有开展环境跟踪监测，占比为 23.28%；[①] 广西壮族自治区沿海三市已确权的 131 个围填海项目中仅有 33 个项目开展了海洋环境跟踪监测，占比仅为 25%。[②] 政府在监管中的严重缺位导致海岸带破坏行为难以得到应有的管制，不利于海岸带保护事业的有效推进。

（三）海岸带监管工作存在薄弱环节

第一，海岸带管理界限不清，部门管理职责交叉。在海洋环境保护中，不仅存在临海省份与临海市之间在海域管理范围上的界定问题，而且相关的环境保护部门之间也存在职权范围重叠、缺失的现象。例如，广西壮族自治区钦州市和防城港市分别将大风江和茅岭江河口海域划定为河道，有悖于省政府设定的海岸线准则，致使该地区的海岸带保护与近海海域环境保护管理缺位。

---

① 《国家海洋督察组向福建反馈例行督察和围填海专项督察情况》，国家海洋局网站，http://www.soa.gov.cn/xw/hyyw_90/201801/t20180116_59994.html，最后访问日期：2018 年 10 月 15 日。

② 《国家海洋督察组向广西壮族自治区反馈围填海专项督察情况》，国家海洋局网站，http://www.soa.gov.cn/xw/hyyw_90/201801/t20180115_59980.html，最后访问日期：2018 年 10 月 15 日。

第二，海岸带保护政策制定与执行的"脱钩"。由于城市发展和经济增长的需要，地方政府往往会根据当地的实际情况，对国家的海岸带保护政策进行"策略性解构"，从而进一步制约了海岸带保护的落实到位。例如，福州长乐区、宁德蕉城区与霞浦县、福安市擅自降低违规填海造地处罚标准，涉及金额达813.21万元；东山县政府甚至将对福建裕华石油化工有限公司的235万元违规围填海罚款悉数返还。[①] 这不仅加剧了用海企业对海洋环境的危害，也不利于政府权威的建构，影响海洋环境政策的推行。

第三，存在未批先填、边批边填现象。在沿海地区，地方政府存在绿色发展理念不强、海岸带保护意识不够、海岸带保护责任落实不到位等情况，进而使得海岸带无序开发、过度开发等问题日益突出，围填海存在未批先填、边批边填等问题，大量滨海湿地被违规圈占。例如，广西壮族自治区未批先建、边批边建的围填海面积共860公顷，违法围填海案件39宗。[②]

三　海岸带发展的政策建议

21世纪是走向海洋的世纪，全世界都加大了对海岸带开发与利用的强度，但这并不意味着对海岸带无节制、不科学地开发与利用。海岸带保护也并非完全限制甚至全面禁止海岸带开发，而是在重新界定人海关系的基础上，探索实现海岸带保护与开发之间关系的平衡，进而寻求海岸带的绿色发展道路。

正是海岸带在中国的经济社会发展与海洋生态系统保护中都发挥了至关重要的作用，为此，在海岸带的发展过程之中，我们才应该正确看待海岸带开发与保护之间的关系，对填海造地等海岸带开发行为所产生的积极和消极

---

① 《国家海洋督察组向福建反馈例行督察和围填海专项督察情况》，国家海洋局网站，http：//www. soa. gov. cn/xw/hyyw_ 90/201801/t20180116_ 59994. html，最后访问日期：2018年10月15日。

② 《国家海洋督察组向广西壮族自治区反馈围填海专项督察情况》，国家海洋局网站，http：//www. soa. gov. cn/xw/hyyw_ 90/201801/t20180115_ 59980. html，最后访问日期：2018年10月15日。

影响进行客观分析，要在合理利用开发海岸带的前提下，转变原有的海岸带发展方式，进而实现海岸带的绿色可持续发展。针对海岸带保护与发展过程中面临的问题，本文建议从参与主体、过程落实、结果监督三个方面入手，切实推进海岸带的绿色可持续发展。

（一）强化社会的广泛参与

协调海岸带开发与保护，重新界定人海关系，不仅需要政府改变发展理念和海洋发展模式，更需要改变公众对海岸带环境保护的观念，强化社会的广泛参与。广泛的公众参与不仅可以对海岸带污染、围填海等问题进行监督，还可以对政府主导型海岸带保护立法工作等提出切实的建议，从而在海洋带保护中发挥重要作用。此外，由于海洋溢油、海洋污染等海洋突发事件问题涉及面广，牵涉原因复杂多变，单靠政府难以实现问题的有效治理和长效治理，在这样的背景之下，我们需要更多的社会公众参与，才能更及时、更全面地处理海洋环境问题，才能够更好地实现海岸带的长期、可持续保护。①

海岸带保护与发展的重要目的在于满足广大人民群众对于优美海洋生态环境的需求，而海岸带保护与发展事业的推进，最终也要依靠广大人民群众的共同推进。为此，强化社会的广泛参与，不仅需要政府或者环保组织带头强化，而且需要两者有效配合，促进公民的广泛参与；不仅需要强化公民海岸带环境保护的重要地位，而且需要树立人海和谐的价值观；不仅需要改变公众重经济轻生态的态度，而且需要形成绿色的海岸带发展理念。

事实上，由于改革开放以来沿海地区经济社会发展水平的快速提高和生活水平的显著改善，人民群众开始热切关注海洋生态保护，具有强烈的海岸带保护意识，也有能力参与到海岸带保护的过程中来。通过积极引导沿海地区人民群众的广泛参与，让人民群众共享海岸带保护与发展所带来的经济效

---

① 参考吴志敏《风险社会语境下的海洋环境突发事件协同治理》，《甘肃社会科学》2013 年第 2 期。

益、社会效益、文化效益和生态效益，有利于海岸带绿色发展理念的形成，有利于建设人与海洋和谐共生的新格局。

（二）多措并举建立整体治理体系

第一，加强海洋立法工作，构建依法治海整体格局。要想建立依法治海的整体格局，就必须加强海洋环境保护相关立法工作，完善顶层设计，只有这样才可以有效统领海洋环境保护工作的有效开展。目前我国正在编制与完善的《海洋基本法》、《围填海管理条例》以及《中华人民共和国环境保护法》等都在逐步推动实现海洋环境保护工作顶层设计的完善。

第二，实施海洋生态红线制度，守好海洋开发底线。实施海洋生态红线制度是实现依法治海整体格局建设的托底之举。实现依法治海整体格局建设是对海洋环境的修复，而海洋生态红线制度则是对海洋环境的防治。只有防治做得好，才可以促进海岸带环境整体修复，才可以实现防治与修复双管齐下，统筹并进。国家海洋局发布的《2015年全国海洋生态环境保护工作要点》，将明确在全国全面建立与实施海洋生态红线制度。实施海洋生态红线制度，守好海洋开发底线，有利于推动我国海洋保护的制度化、规范化和常态化。

第三，科学预测与合理规划，防止盲目开发利用。对城市用地和工业开发用地进行合理预测，设定客观有效的评价机制，科学合理地征海用海；在海域使用上进行合理规划、功能分区，对填海造地所引发的风险进行科学评估并做好防范措施。在填海造地的实践过程中也要对工程实施进行科学安排，尽可能避免对海洋和湿地珍稀动植物的影响和破坏，减少重金属等的污染，做好生态保护措施。

第四，完善海域使用金征收标准，助力海洋生态文明建设。从2010年到2012年，我国共收入海域使用金9.3亿元，主要投入在海洋环境保护和海岸带生物多样性保护上。[①] 作为海洋环境保护的主要资金来源，我们在征收的标准上要杜绝乱征收、多征收现象的发生，对该征收的责任主体严格监

---

① 郭信声：《为区域经济发展做出重要贡献》，《中国海洋报》2014年12月2日。

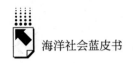

管，对要投入保护的被补偿群体要合理补偿，处理好两者之间的关系。

第五，发展生态补偿机制，明确补偿标准和受偿主体。虽然海洋生态环境保护主要依据谁开发谁保护，谁污染谁治理，谁破坏谁恢复的原则，但海洋所具有的整体性与流动性特点，导致政府在海洋污染追责中面临很大的困难。因此，在实施填海造地生态补偿之前，须厘清所填海域的权属关系，尽可能明确补偿主体。

（三）完善政府主导型海岸带保护模式

第一，要明确责任主体，完善湾长制。随着《国家海洋局关于开展"湾长制"试点工作的指导意见》的发行，我国在河北秦皇岛市、山东胶州湾、江苏连云港市、海南海口市和浙江全省率先开展"湾长制"试点工作，并已取得初步成效。在这些地方的实践过程之中，湾长制在一定程度上可以解决部门之间职责重叠、推脱的问题，进而明确责任主体和解决中国漫长海岸线无人负责的难题。因此，我们应在成功试点的基础上在全国实施"湾长制"，建立以党政领导负责制为核心的海洋生态环境保护长效管理机制，构建河海衔接、陆海统筹协同治理格局，推动我国海洋生态环境质量总体改善。①

第二，要加强环境监管队伍建设，促进部门间高效合作。以湾长制等政府主导型海岸带保护模式为目标，应规范海岸带地区环境监管部门的人员配备情况，保障环境监察及环境监测能力与实际工作量及经济发展程度相匹配。同时，在陆海统筹治理的理念之下，应适时开展相关执法督察行动，有效监督政府行为，促进相关职能部门高效合作，形成预防、监管和修复网络，为海岸带的绿色发展保驾护航。

四 结语

综上，2017 年以来，我国海洋环境保护事业取得了长足进展，但同时

---

① 国家海洋局：《2017 年中国海洋生态环境状况公报》2018 年 3 月。

也面临着一些问题，如填海造地等海岸带过度开发、无序开发问题。海岸带保护与开发问题的实质，是人海关系的失衡，是原有的海岸带发展方式在经济发展的过程之中不能兼顾海岸环境保护，进而通过不合理的经济开发行为对海岸带造成严重破坏和系统污染。作为海洋生态文明建设的难点和重点，海岸带保护与发展工作仍任重而道远。

应该强调，海岸带保护与开发的矛盾并不是完全对立、不可调和的。十九大报告提出，"我们建设的是人与自然和谐共生的现代化，既要创造更多物质财富和精神财富以满足人民日益增长的美好生活需要，同时也要提供更多优质生态产品以满足人民日益增长的优美生态环境需要"。为此，在新时代，我们要牢固树立绿色发展的新理念，协调和规范海岸带保护与开发之间的关系，形成科学的、绿色可持续的海岸带发展新模式，进而建构和谐可持续的新型人海关系。

基于海岸带绿色发展的新理念，我们不仅需要厘清经济建设、社会建设和生态文明建设之间的关系，而且需要协调好中央与地方、国家与社会、人与海洋之间的关系，而当务之急则是建立完善的社会参与机制。为了培养公众"知海、亲海、爱海"的意识和行为，以及进一步拓宽和优化社会参与的途径和空间，我们可以通过签订合作保护协议、设立生态管护公益岗位等方式，充分调动沿海社区及广大人民群众在海岸带保护与发展过程之中的积极性、主动性和创造性，真正推动社会共同参与到海岸带保护与发展的过程中来，进而形成海岸带绿色发展的新模式、新格局。

参考文献

吴志敏：《风险社会语境下的海洋环境突发事件协同治理》，《甘肃社会科学》2013 年第2 期。

郭信声：《为区域经济发展做出重要贡献》，《中国海洋报》2014 年 12 月 2 日。

王宏：《不忘初心 牢记使命 奋力开启新时代加快建设海洋强国的新征程——王宏局长在全国海洋工作会议上的讲话》（摘登），《中国海洋报》2018 年 1 月 22 日。

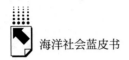
王晶:《精心描绘近海"高颜值"——青岛加强海洋综合管理助力蓝色经济新跨越纪
实》,《中国海洋报》2017年9月12日。

王勇:《关于国务院机构改革方案的说明——二〇一八年三月十三日在第十三届全国人
民代表大会第一次会议上》,《人民日报》2018年3月14日。

赵婧、郭媛媛:《浙江台州市实行"湾(滩)长制"见闻》,《中国海洋报》2018年5月
8日。

国家海洋局:《2017年中国海洋生态环境状况公报》2018年3月。

《国家海洋督察组向广西壮族自治区反馈围填海专项督察情况》,国家海洋局网站,
http://www.soa.gov.cn/xw/hyyw_90/201801/t20180115_59980.html,最后访问日
期:2018年10月15日。

《国家海洋督察组向福建反馈例行督察和围填海专项督察情况》,国家海洋局网站,
http://www.soa.gov.cn/xw/hyyw_90/201801/t20180116_59994.html,最后访问日
期:2018年10月15日。

B.16
中国国家海洋督察发展报告

张　良*

摘　要：　国家海洋督察是在国家层面建立有关海洋资源环境的政府内部层级监督制度，其目的在于督促地方政府落实海域海岛资源监管和生态环境保护的法定责任，从根本上落实海洋资源环境监管体制机制。国家海洋局以围填海专项督察为重点组建了第一批6个海洋督察组，并于2017年8月下旬完成了对河北、福建、江苏、辽宁、广西、海南6省（自治区）的督察进驻。2017年11月中旬，由国家海洋局组建的第二批5个督察组，分别对山东、浙江、天津、广东、上海5个省（直辖市）进行海洋督察。总体而言，2017年的国家海洋督察取得了如下成效：在国家层面建立海洋资源环境保护的层级监督制度；督察下沉至设区的人民政府；实施"海陆空"全方位立体式督察；注重督察过程中的社会监督和边督边改。其存在的主要问题有：海洋一体化督察有待加强；海洋督察立法有待完善；海洋督察权的独立性有待进一步保障；海洋督察效力的持久性有待加强。展望未来的国家海洋督察发展，其主要对策建议包括：加强海洋一体化督察，实现区域海洋环境资源保护的协同合作；推进海洋督察立法，实现海洋督察法治化；界定国家海洋督察机构与地方政府及其海洋行政管理部门的权力关系，确保海洋督察权的独立性；增设海洋督察机构在地方政府的派驻机构，保障海洋督察效力的持久性。

---

* 张良（1982～），男，山东栖霞人，中国海洋大学国际事务与公共管理学院副教授，博士，研究方向为公共政策、海洋资源与环境管理、城乡基层治理。

关键词： 国家海洋督察 海洋督察组 一体化督察 督察法治化

一 国家海洋督察的实施背景

十八大报告中提出经济建设、政治建设、文化建设、社会建设、生态文明建设五位一体总体布局，生态文明建设首次被提到前所未有的高度。2013年第十八届中央政治局第八次集体学习中，习近平指出，要把海洋生态文明建设纳入海洋开发总布局之中，科学合理地开发利用海洋资源，尽快制定海岸线保护利用规划，严控围填海项目，严查边申请边审批边施工的"三边工程"以及化整为零、越权审批的做法。这对海洋生态文明建设提出了新要求，并为新时期海洋督察制度的建立奠定了基础，指明了方向。[1] 2015年4月25日，《中共中央 国务院关于加快推进生态文明建设的意见》指出：强化执法监督，强化对违法排污、破坏生态环境等行为的执法监察和专项督察，并指出资源环境监管机构应该独立开展行政执法。将执法监察、专项督察、独立执法提到了议事日程。[2] 2015年9月21日，根据《中共中央 国务院关于加快推进生态文明建设的意见》，中共中央、国务院印发了《生态文明体制改革总体方案》，进一步系统、全面地提出了海洋资源开发保护制度，包括实施海洋主体功能区制度、严格生态环境评价制度、实行围填海总量控制制度。[3] 方案中专门提到了"健全海洋督察制度"。这是十八大以来首次在官方文件中明确提出海洋督察制度，也初步勾勒了国家海洋督察的方

---

[1] 《完善生态文明制度体系，用最严格的制度、最严密的法治保护生态环境》，中国共产党新闻网，http://theory.people.com.cn/n1/2018/0305/c417224-29847672.html，最后访问日期：2018年12月22日。

[2] 《中共中央 国务院关于加快推进生态文明建设的意见》，新华网，http://www.xinhuanet.com//politics/2015-05/05/c_1115187518.htm，最后访问日期：2018年12月22日。

[3] 《中共中央 国务院印发〈生态文明体制改革总体方案〉》，央视网，http://news.cntv.cn/2015/09/22/ARTI1442851997504724.shtml，最后访问日期：2018年12月22日。

向与重点。同时提到建立生态环境损害责任终身追究制，建立国家环境保护督察制度。

2016 年 12 月 30 日，为寻求党中央和国务院推进海洋生态文明建设和法治政府建设的有效抓手和制度平台，经国务院同意，国家海洋局颁布了《海洋督察方案》，[①] 这意味着海洋督察上升到国家制度层面。国家海洋局作为海洋环保的"钦差大臣"，可以有力强化中央政府对地方政府的监督和专项监督，推动地方政府落实中央有关海洋生态文明建设的相关部署与决策，加快解决海洋资源环境突出问题，促进节约集约利用海洋资源。这也与后来十九大报告中的"必须树立和践行绿水青山就是金山银山""加快水污染防治，实施流域环境和近岸海域综合治理"等理念相契合。

二 国家海洋督察的制度内容与实施进展（2017）

（一）国家海洋督察的制度内容

1. 基本目标

在国家顶层设计方面，制定保护海洋资源与环境的政府层级监督制度，从而更好地监督和督促地方政府落实中央关于海洋生态文明建设的相关制度法规。

2. 近期督察重点

（1）监督检查地方政府在海洋主体功能区规划、海洋生态保护红线、围填海总量控制等方面的政策落实情况。（2）监督检查海洋资源、海洋环境等相关方面法律法规的执行情况。（3）监督检查区域性环境破坏与生态严重退化、影响恶劣的围填海与海岸线破坏、环境灾害与重大海洋灾害等问题的处理情况。

----

① 《国家海洋局关于印发海洋督察方案的通知》，国家海洋局网站，http：//www. soa. gov. cn/zwgk/zcgh/fzdy/201701/t20170122_ 54621. html，最后访问日期：2018 年 12 月 22 日。

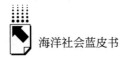
3. 组织架构

国家海洋局是海洋督察的领导机构和责任主体。国家海洋局根据《海洋督察方案》负责制定海洋督察规范、督察进驻工作规程等法规。具体督察任务由国家海洋局南海分局、东海分局、北海分局组建督察人员具体实施。

4. 督察方式与督察程序①

主要有例行督察、专项督察、审核督察三种常态化的督察方式。② 国家海洋局组建海洋督察组，对沿海各省份进行分批次督察。督察组组长一般由国家海洋局领导担任。督察程序大体分为督察进驻、撰写督察报告并进行督察反馈、被督察方整改落实、惩罚及相关问题移交移送等若干程序。

（1）督察进驻：由国家海洋局提前通知被督察方（沿海各省、自治区、直辖市）督察时间和督察要点，之后海洋督察组到地方进驻（一般为各省的省会城市或直辖市），通过听取汇报、调阅资料等方式了解海洋环境与资源的保护情况。同时，为了进一步验证省级层面数据的真实性并了解基层海洋执法等情况，督察组还会通过个别访谈、参与式观察等方式到地级市、县级市进行实地督察。督察进驻时长一般为一个月左右。

（2）撰写督察报告并进行督察反馈：国家海洋督察组根据一个月左右的督察进驻，对督察过程中发现的海洋环境与资源问题进行归纳、梳理，分析问题产生的深层次原因，并对每个被督察的地方政府反馈整改建议。按照规定，督察报告和督察意见书应该在督察结束后 20 天内完成。同时，国家

<hr />

① 督察方式与督察程序是根据《海洋督察方案》整理而成，详细内容请见《国家海洋局关于印发海洋督察方案的通知》，国家海洋局网站，http：//www. soa. gov. cn/zwgk/zcgh/fzdy/201701/t20170122_ 54621. html，最后访问日期：2018 年 12 月 22 日。
② 例行督察是对一定时期内海洋行政管理和执法工作进行的全面监督检查；专项督察主要是对海洋行政管理和执法工作中的苗头性、倾向性或者重大的违法违规问题等特定事项进行监督检查；审核督察是对省级人民政府及其海洋主管部门已批准的海洋行政审批事项进行核查，对审批工作的合法性、合规性和真实性进行监督检查，主要通过核查审批档案资料开展，必要时进行实地核查。请参见《海洋督察方案》。

海洋督察组对于督察中发现的重大问题，需要及时报备国务院，对督察中重大情况的处理，也需要请示国务院。最终的督察意见书需要在督察结束后35天内反馈给被督察的沿海各省（自治区、直辖市），明确指出督察中发现的问题及整改要求。

（3）被督察方整改落实：被督察方按照国家海洋局反馈的督察意见书，制定本省（自治区、直辖市）的具体整改计划与措施，并在督察意见书反馈后的30天内呈报国家海洋局。同时，被督察方需要具体实施整改计划和落实整改方案，并在督察意见书反馈后的6个月内将整改落实情况报备国家海洋局。国家海洋局可以根据被督察方的整改情况，进行"回头看"再次督察。

（4）惩罚及相关问题移交移送：对于在规定6个月内没有按照海洋督察组意见书进行整改落实的，国家海洋局将会通过减少围填海计划指标等方式对地方政府进行处置；如果在督察中发现违法违纪行为，将移交纪检部门处理，涉嫌犯罪的，将移送司法机关依法处理。

（二）第一批国家海洋督察组的进驻情况及发现的共性问题

国家海洋局以围填海专项督察为重点，组建了第一批6个海洋督察组，并于2017年8月下旬，完成了对河北、福建、江苏、辽宁、广西、海南6省（自治区）的督察进驻，[①] 截至2017年9月底，6个海洋督察组都结束了进驻工作，并于2018年1月完成了对以上6个省区的督察意见反馈。[②] 第一批海洋督察的重点主要围绕海洋管理方面的"失序、失度、失衡"，着重督察了6个省区在落实国家海洋环境与资源保护方面存在的突出问题，并对社会反响强烈的围填海问题进行处置。同时，督办了广大人民反

---

① 《首次国家海洋督察正式启动！解决围填海"失序、失度、失衡"问题》，搜狐网，http://www.sohu.com/a/167102979_659723，最后访问日期：2018年12月22日。

② 《国家海洋督察第一批围填海专项督察意见反馈完毕　六省区三方面问题共性突出》，国家海洋局网站，http://www.soa.gov.cn/xw/hyyw_90/201801/t20180117_60011.html，最后访问日期：2018年12月22日。

映的有关海洋环境问题的立行立改情况，对福建、河北两省就海洋生态环境保护、海域海岛资源开发利用等方面进行了专项督察。

通过督察意见反馈，发现6省区共性的、突出的问题主要集中在以下四个方面：

1. 围填海方面相关的国家政策没有严格执行

第一，擅自修改自然岸线保有率。例如，按照国务院对河北省的要求和批复［可见《河北省海洋功能区划（2011~2020）》］，河北省的自然岸线保有率应为35%，但是河北省在制定省级相关法规（如《河北省海洋生态红线》）时，擅自更改自然岸线保有率为20%；① 第二，违规将部分填海项目审批权下放。例如，2008年至2015年期间，海南省违反《中华人民共和国海域使用管理法》，违反国家管理办法私自将部分填海项目审批权下放至沿海市县；② 第三，有关海岛修复的国家级项目进展缓慢。例如，2011~2016年，福建省11个中央资金支持的海岛修复项目没有按照预定计划完成修复事宜，另有3个项目尚没有开始修复工作。③

2. 围填海项目审批不规范

第一，审批围填海项目不规范。例如，福建省在"禁止改变海域自然属性"的功能区内审批了10个经营性填海项目，涉海面积达268.08公顷。④ 第二，违反审批程序办理用海手续。例如，河北省曹妃甸工业区内17个用海项目，在未安排围填海计划指标、未取得用海预审意见的条件下，却被地方政府的

① 《国家海洋督察组向河北反馈例行督察和围填海专项督察情况》，国家海洋局网站，http://www.soa.gov.cn/xw/ztbd/ztbd_2017/2017wthzxdc/xwzx/201801/t20180116_59998.html，最后访问日期：2018年12月22日。
② 《国家海洋督察组向海南反馈围填海专项督察情况》，国家海洋局网站，http://www.soa.gov.cn/xw/ztbd/ztbd_2017/2017wthzxdc/xwzx/201801/t20180116_59997.html，最后访问日期：2018年12月22日。
③ 《国家海洋督察组向福建反馈例行督察和围填海专项督察情况》，国家海洋局网站，http://www.soa.gov.cn/xw/ztbd/ztbd_2017/2017wthzxdc/xwzx/201801/t20180116_59999.html，最后访问日期：2018年12月22日。
④ 《国家海洋督察组向福建反馈例行督察和围填海专项督察情况》，国家海洋局网站，http://www.soa.gov.cn/xw/ztbd/ztbd_2017/2017wthzxdc/xwzx/201801/t20180116_59999.html，最后访问日期：2018年12月22日。

发改部门审批通过。① 第三，越权审批，不按照规定办理审批手续。例如，海南省三亚市在国家级珊瑚礁自然保护区内，越权审批填海项目，且没有按照相应规定办理无居民海岛的审批手续。② 第四，化整为零、分散审批。一些本来应该报国务院审批的大宗用海项目，却被化整为零拆解为若干单个面积不超 50 公顷的小型项目并由省级政府审批。例如，2009 年，辽宁省锦州市将 806 公顷的大型用海项目拆解为 18 个单个不超 50 公顷的小型用海项目，进而可以同步申请并由省级政府完成审批。③ 无独有偶，2012～2018年，广西壮族自治区涉及化整为零、分散审批的围填海项目达 14 宗，面积为 591.8133 公顷。④

3. 海洋执法监管方面较为薄弱

第一，在围填海行政处罚方面存在财政代缴或返还罚款现象。以河北为例，沧州渤海新区交通运输局非法用海被处罚款 2134.57 万元，沧州渤海新区管理委员会以财政全额拨款的方式为其支付罚款。沧州黄骅港综保建设有限公司违法填海被处罚款 8.4673 亿元，沧州渤海新区管理委员会以建设资金的名义分 4 次共约 8.5 亿元拨给企业予以返还。⑤ 以上两种做法实际上变相纵容了相关政府部门和企业在用海方面的违法行为。第二，未批先建、边

---

① 《国家海洋督察组向河北反馈例行督察和围填海专项督察情况》，国家海洋局网站，http：//www.soa.gov.cn/xw/ztbd/ztbd_ 2017/2017wthzxdc/xwzx/201801/t20180116_ 59998. html，最后访问日期：2018 年 12 月 22 日。

② 《国家海洋督察组向海南反馈围填海专项督察情况》，国家海洋局网站，http：//www.soa.gov.cn/xw/ztbd/ztbd_ 2017/2017wthzxdc/xwzx/201801/t20180116_ 59997. html，最后访问日期：2018 年 12 月 22 日。

③ 《国家海洋督察组向辽宁反馈围填海专项督察情况》，国家海洋局网站，http：//www.soa.gov.cn/xw/ztbd/ztbd_ 2017/2017wthzxdc/xwzx/201801/t20180114_ 59957. html，最后访问日期：2018 年 12 月 22 日。

④ 《国家海洋督察组向广西壮族自治区反馈围填海专项督察情况》，国家海洋局网站，http：//www.soa.gov.cn/xw/ztbd/ztbd_ 2017/2017wthzxdc/xwzx/201801/t20180115_ 59981. html，最后访问日期：2018 年 12 月 22 日。

⑤ 《国家海洋督察组向河北反馈例行督察和围填海专项督察情况》，国家海洋局网站，http：//www.soa.gov.cn/xw/ztbd/ztbd_ 2017/2017wthzxdc/xwzx/201801/t20180116_ 59998. html，最后访问日期：2018 年 12 月 22 日。

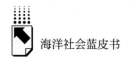

批边建现象普遍存在。仅以江苏省为例，就涉及 184 宗此类违规用海。① 第三，执法不力、执法不及时。以海南为例，海口市相关部门在对海口湾如意岛项目进行查处的过程中，存在执法不力的问题，从而造成违法填海面积由3.23 公顷扩张为 21 公顷；三亚市相关部门对红塘湾海域违法填海查处不及时，导致违法填海面积由 13.42 公顷扩张为 101.59 公顷。② 第四，执法不严，甚至执法不作为。以广西为例，钦州市相关部门发现茅尾海东岸存在违法填海问题，却没有及时立案查处，只是向其传达了《整改通知书》；北海市相关政府部门 2016 年就发现南洋造船厂搬迁改造项目存在违法用海问题，却至今仍然没有立案查处。③

4. 近海区域防污工作推进不力

第一，部分入海排污口审批违规，监管不严。以辽宁为例，省环保部门提供的 211 个入海排污口中，68 个是没有严格按照法定审批程序进行设置的；锦州市锦葫界河入海排污口污水含氮总量连续三年严重超标；④ 第二，督察组排查出的各类陆源入海污染源，与沿海各省报送的入海排污口数量相差巨大。例如，督察组发现海南省陆源入海污染源为543 个，而省环保部门仅提供了 26 个入海排污口。⑤ 在福建省，省环保部

① 《国家海洋督察组向江苏反馈围填海专项督察情况》，国家海洋局网站，http：//www. soa. gov. cn/xw/ztbd/ztbd_ 2017/2017wthzxdc/xwzx/201801/t20180114_ 59956. html，最后访问日期：2018 年 12 月 22 日。
② 《国家海洋督察组向海南反馈围填海专项督察情况》，国家海洋局网站，http：//www. soa. gov. cn/xw/ztbd/ztbd_ 2017/2017wthzxdc/xwzx/201801/t20180116_ 59997. html，最后访问日期：2018 年 12 月 22 日。
③ 《国家海洋督察组向广西壮族自治区反馈围填海专项督察情况》，国家海洋局网站，http：//www. soa. gov. cn/xw/ztbd/ztbd_ 2017/2017wthzxdc/xwzx/201801/t20180115_ 59981. html，最后访问日期：2018 年 12 月 22 日。
④ 《国家海洋督察组向辽宁反馈围填海专项督察情况》，国家海洋局网站，http：//www. soa. gov. cn/xw/ztbd/ztbd_ 2017/2017wthzxdc/xwzx/201801/t20180114_ 59957. html，最后访问日期：2018 年 12 月 22 日。
⑤ 《国家海洋督察组向海南反馈围填海专项督察情况》，国家海洋局网站，http：//www. soa. gov. cn/xw/ztbd/ztbd_ 2017/2017wthzxdc/xwzx/201801/t20180116_ 59997. html，最后访问日期：2018 年 12 月 22 日。

门提供的全省入海排污口数量为 68 个，督察组则发现各类陆源入海排污口 2678 个。①

（三）第二批国家海洋督察组的进驻情况

2017 年 11 月中旬，第二批国家海洋督察正式开始。由国家海洋局组建的第二批 5 个督察组，分别对山东、浙江、天津、广东、上海 5 个省（直辖市）进行海洋督察。本次督察以围填海督察为重点，主要督察十八大以来地方政府在国家海洋环境与资源保护方面存在的突出问题。本批 5 个督察组的进驻时间也是 1 个月左右，各督察组组长均由国家海洋局领导担任。截至 2017 年 11 月 21 日，5 个督察组全部进驻到位。②

进驻到位之后，5 个督察组分别在各自省（直辖市）政府驻地召开工作动员会。山东、广东、浙江三省的省长、上海市市长、天津市常务副市长均在工作动员会上进行了动员讲话，要求各级地方政府全力配合督察组完成督察工作。督察组向各个省（直辖市）传达了中央精神，指出通过国家海洋督察发现和解决地方政府在海洋资源与环境保护方面存在的突出问题，扎实推进海洋生态文明建设，确保习近平新时代中国特色社会主义思想在海洋领域全面落地生根。

在进驻期间，第二批 5 个督察组共计与 40 多名省级领导、800 多名有关同志进行了个别谈话；调阅资料共计 3 万多份；受理来信、来电举报共计 500 多件。5 个督察组分批向省（市）政府进行了转办，截至 2017 年年底，地方政府已办结近 400 件。在督察方式方面，督察组使用了包括船舶、飞机、应急监测车等多种技术手段，海陆空立体式多方位地对重点海域进行督察。③ 与此同

---

① 《国家海洋督察组向福建反馈例行督察和围填海专项督察情况》，国家海洋局网站，http：//www.soa.gov.cn/xw/ztbd/ztbd_ 2017/2017wthzxdc/xwzx/201801/t20180116_ 59999. html，最后访问日期：2018 年 12 月 22 日。
② 《第二批国家海洋督察正式启动》，国家海洋局网站，http：//www.soa.gov.cn/xw/ztbd/ztbd_ 2017/2017wthzxdc/xwzx/201711/t20171121_ 59137. html，最后访问日期：2018 年 12 月 22 日。
③ 《国家海洋专项督察实现全覆盖》，国家海洋局网站，http：//www.soa.gov.cn/xw/ztbd/ztbd_ 2017/2017wthzxdc/xwzx/201712/t20171227_ 59749. html，最后访问日期：2018 年 12 月 22 日。

时，被督察的地方政府全力配合督察组工作，并在督察组进驻期间解决了一些群众反映强烈的重大问题，督促各省级政府（直辖市政府）边督边改，保证基层群众举报的问题能够整改到位、问责到位。国家海洋督察得到群众一致好评。

截至 2017 年 12 月底，第二批 5 个国家海洋督察组全部结束进驻工作。这意味着 2017 年国家海洋局按照国务院批准的《海洋督察方案》完成了对沿海 11 省（自治区、直辖市）的围填海专项督察。

三 国家海洋督察的实施成效（2017）

海洋督察承载着国家海洋生命文明建设的重大使命，是党中央和政府推进海洋生态文明建设和海洋强国建设的重要抓手。

（一）在国家层面建立海洋资源环境保护的层级监督制度

国家海洋督察在国家层面建立有关海洋资源环境的政府内部层级监督制度，其目的在于督促地方政府落实海域海岛资源监管和生态环境保护的法定责任，从根本上落实海洋资源环境监管体制机制。

实际上，早在 2011 年 7 月 5 日，国家海洋局就编制了《海洋督察工作管理规定》，并于 2011 年 10 月 31 日印发《海洋督察工作规范》。但是之前的海洋督察，很少称为"国家海洋督察"，其职责主体主要是国家海洋局，负责督察的对象主要是海洋主管部门和海洋执法机构，包括沿海各省、自治区、直辖市海洋厅（局），国家海洋局北海、东海、南海分局，机关各有关部门，中国海监总队，等等，并没有权力对省、市、县等地方政府进行督察（可参见《关于实施海洋督察制度的若干意见》）。这从当时对海洋督察的界定中也可以看出，海洋督察是指上级海洋行政主管部门对下级海洋行政主管部门、各级海洋行政主管部门对其所属机构或委托的单位依法履行行政管理职权的情况进行监督检查的活动；而本次海洋督察则是在国家层面实施的，国务院授权国家海洋局代表国务院对沿海省、自治区、直辖市人民政府及其海洋主管部门和海洋执法机构进行监督检查，可下沉至设区的市级人民政府。（具体可见《国家海洋局关于印发海洋督察方案的通知》）之所以会做出如此变化，是因为过去督察仅对地方海洋主管部门，而用海项目的审批权却在地方政府手里，使督察的影响力有限、震慑力不够，难以对地方政府形成有效约束，无法从根本上解决海洋资源环境监管体制机制问题。国家海洋督察则完善了政府内部的层级监督和专门监督，落实了主体责任。

（二）督察下沉至设区的人民政府

本次国家海洋督察不仅停留在省（自治区、直辖市）人民政府及其海洋主管部门和海洋执法机构层面，而且可下沉至设区的市级人民政府及其海洋主管部门和海洋执法机构层面，从而形成纵向到底、横向到边的格局。

督察下沉是有针对性的，一般围绕着前一阶段需要深入调查和核实的问题而展开。督察组兵分多路深入市县基层进行现场核查，或者听取市区县各个部门的汇报，或者与基层执法人员谈话，或者听取人民群众的呼声，或者直接动用船舶、无人机、海监飞机等先进设备实地考察和搜集数据。督察下沉期限一般为 7～15 天。例如，国家海洋督察组江苏组自 2017 年 9 月 5 日起下沉督察，兵分三路对盐城、南通、连云港三地进行检查监督，各个督察小组与三个地区的市县政府、环保、发改、水利、国土等多个部门和部分企业共计 93 人进行了较为深入的面谈交流，调阅相关卷宗材料 908 份，并对 131 个用海项目进行外业核查。同时，督察组还认真听取基层群众对海洋行政管理和海洋执法方面的意见。[①]

现场核查是督察下沉的重要一环。为了近距离了解围填海过程中存在的重大问题，掌握海洋资源与环境保护中的一线数据，督察组一般会成立专门的外业组。以山东督察组为例，督察组分为四个小组分别对省内 7 个沿海城市进行实地核查。督察组为了获取一线精准数据，进驻山东期间累计行程多

---

① 《国家海洋督察组第三组（江苏）完成下沉督察任务》，国家海洋局网站，http：//www. soa. gov. cn/xw/ztbd/ztbd_ 2017/2017wthzxdc/bdbg/js/201709/t20170926_ 58105. html，最后访问日期：2018 年 12 月 22 日。

达 5285 公里。督察小组在下沉过程中通过"海督通"、照相机等工具获取各种类型的数据，并通过村民访谈、现场核查等方式，了解围填海项目手续办理和立案查处情况，摸清入海排污口、海洋环境污染情况，并将发现的问题及其证据整理成书面材料。①

（三）实施"海陆空"全方位立体式督察

在督察过程中，为了掌握海上环境与资源的一线数据并做到精准核查，实现"把脉体检、开方督办"的目的，督察组人员运用随身携带的录音、照相、GPS 定位测量、摄像等的专业设备，记录现场情况，采集相关数据信息。不仅如此，督察组还充分利用船舶、车辆、卫星、海监飞机、无人机等多种先进工具协同配合，保证"海陆空"无死角督察。

海监飞机是空中作业的重要工具，其优势在于能够在短时间内快速巡查大面积海域，高空中，督察人员对海岸的围填海情况尽收眼底。在飞机上拍摄的照片或视频，可以作为督察组掌握围填海情况和海洋环境与资源保护情况的重要依据。

执法船舶是近距离掌握海洋资源环境情况的必备工具。相比海监飞机或无人机，执法船舶能够更为近距离地、清晰地、准确地对用海项目进行检查和数据采集。督察工作人员都随身携带《海洋环境保护法》《海域使用管理法》《海洋专项督察法律法规汇编》等涉海法律法规，目的是在巡查期间随时查阅。

卫星遥感是实现海洋督察精准快的重要利器。通过卫星影像，可以较为迅速地从整体上掌握某一地区的围填海情况和用海情况。例如督察组在山东巡查的时候，在分析海域动态监测结果的基础上，调取国家海洋局北海分局 2011～2017 年不同阶段对山东海域跟踪监测的 537 幅高清卫星影像，从而

---

① 《空海协作　确保督察无死角》，国家海洋局网站，http：//www. soa. gov. cn/xw/ztbd/ztbd_ 2017/2017wthzxdc/bdbg/sd/201712/t20171218_ 59629. html，最后访问日期：2018 年 12 月 22 日。

可以让督察组对山东海岸围填海的情况一目了然。① 根据对卫星影像的初步分析，较为精确地锁定涉嫌违规用海的区域和违法围填海的海岸地点，据此督察组有针对性地派出外业组，配合使用"海督通"的卫星定位功能，可以准确掌握围填海的面积等信息。

（四）注重社会监督和边督边改

国家海洋督察组在进驻的过程中，会通过各种媒介主动向社会各界公布联系方式和举报电话（各组设立专门值班电话和信箱，接受办理群众的来电来信），注重收集基层群众对海洋环境与资源保护的意见和建议，重点处理群众反响强烈、社会影响恶劣的海洋环境污染问题和围填海问题。海洋督察组收到社会各界反映的问题，会进行仔细甄别和认真梳理，然后责成相关地方政府及其海洋行政管理部门进行处理。被督察方的整改落实情况需要及时通过中央或当地省级主要新闻媒体向社会公开。这样一来，国家海洋督察就将社会监督与边督边改有机结合起来，并重点督察办理群众集中反映的海洋资源环境问题的立行立改情况。

例如，国家海洋督察组江苏组要求省、市、县各级媒体在重要时段、显著位置滚动播放海洋督察组的举报信箱和电话信息。督察组第一时间将群众举报的情况反馈给江苏省政府及其有关部门，并要求他们边督边改、立行立改；② 上海市政府要求各区各部门建立联动机制、协调机制，认真处理海洋督察组转办的群众举报意见，做到齐抓共管、立行立改。为了回应社会关切并强化社会监督，上海市加强了边督边改情况的信息公开与宣传报道，上海市政府网站、上海电视台、《文汇报》、《解放日报》都在第一时间公布了督

---

① 《空海协作　确保督察无死角》，国家海洋局网站，http：//www. soa. gov. cn/xw/ztbd/ztbd_ 2017/2017wthzxdc/bdbg/sd/201712/t20171218_ 59629. html，最后访问日期：2018 年 12 月 22 日。

② 《边督边改成效好》，国家海洋局网站，http：//www. soa. gov. cn/xw/ztbd/ztbd _ 2017/ 2017wthzxdc/bdbg/js/201709/t20170915_ 57910. html，最后访问日期：2018 年 12 月 22 日。

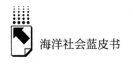

察组的进驻情况及举报方式，也都及时报道了边督边改情况。①

对于群众举报的突出问题，边督边改取得了较好成效。例如，一些违法的围填海行为得到强制整改，一些长期违法占用海岸线的砂石码头被依法拆除，一些海边临时用房及违建码头得以清理。截至2018年1月，第一批海洋督察的6个省（自治区）政府已办结来信来电举报1083件，责令整改842件，立案处罚262件，罚款12.47亿元，约谈110人，问责22人，拘留1人。②

四 国家海洋督察存在的问题

（一）海洋一体化督察有待加强

目前海洋督察是以省（自治区、直辖市）为单位，这种督察导向会造成本地只顾自己的海洋资源与环境问题，具体表现为在海洋资源开发上全力获取，而在海洋环境保护方面则各自为政、相互推诿，甚至趋利避害地将污染引向其他省份的海域。众所周知，海洋的资源和环境在空间上具有不可切割性、重叠交叉性，海洋水体的流动性和海洋环境的整体性容易使海洋污染等环境问题演变为区域问题。然而行政界限的分割使得各个沿海省份、自治区和直辖市只关注本海域的环境保护与资源管理，这与海洋资源环境的整体性产生矛盾。因此必须统筹协调开发、环保和产业布局的方方面面，相应地，国家海洋局需要对海洋资源环境进行一体化督察。目前海洋督察的对象是沿海省区在海洋资源环境方面的保护情况，但对于省际、省区之间，甚至区域之间的海洋环境资源保护的协调机制、一体化机制尚待进一步强调。

---

① 《国家海洋督察组兵分多路下沉督察》，中国海洋在线网站，http://www.oceanol.com/content/201712/05/c70677.html，最后访问日期：2018年12月22日。
② 《国家海洋督察六省区约谈问责132人 罚款12亿》，新浪网站，http://news.sina.com.cn/sf/news/fzrd/2018-01-18/doc-ifyqtwzu2153303.shtml，最后访问日期：2018年12月22日。

（二）海洋督察立法有待完善

在国家海洋督察过程中，国家海洋局缺乏完备的法律依据，造成海洋督察的影响力度、持续时间和范围比较有限，权威性不够、震慑力不大，尚不足以对地方党委和地方政府构成强有力的约束。虽然国务院授权对地方政府进行督察，但对于国家海洋督察机构、国家海洋局、地方政府、地方海洋管理部分之间的权力关系没有明确界定。虽然制定了《海洋督察方案》，但大多属于顶层设计和宏观设计，具体化、操作化的法律法规尚不健全。《海洋督察方案》的法律位阶和效力较低，海洋督察工作缺乏完备的法律支撑体系，缺乏健全系统的制度保障。这些容易导致海洋督察机构无法有效开展工作。

（三）海洋督察权的独立性有待进一步保障

当前，海洋督察机构与国家海洋局、地方党委政府、地方海洋行政管理部门之间的职能关系、权利与义务，都没有进行明确界定，这也使得海洋督察机构处于十分尴尬的位置，使其不能够独立履职，不能确保其不受地方政府和职能部门的干预，因此也很难实现海洋督察工作的公正性与客观性。

究其原因，中央政府、地方政府、海洋督察机构在海洋资源环境保护方面的利益和立场有所不同。海洋督察机构以国家海洋督察为使命，它的初衷必然是严格保护好海洋资源环境，推动海洋生态文明建设；中央政府基于长远发展和整体局面的考虑，为了实现海洋强国战略，在海洋督察方面会大力支持国家海洋督察机构。但是考虑到地方分权和央地的关系，中央政府也希望在海洋督察执行方面留有较大弹性和协商空间，力求在经济发展与生态保护之间寻求平衡；地方政府大多以经济发展为主导，对于围填海、海洋环境污染等问题往往睁一只眼闭一只眼。因此，海洋督察机构处于一个复杂的权力关系和利益结构之中，在进行督察进驻、意见反馈和实施惩罚的时候，必须考虑各种错综复杂的关系，独立性受到较多限制。

（四）海洋督察效力的持久性有待加强

国家海洋督察具有运动式治理的色彩，没有常规的组织保障和稳定的人事关系，无法确保海洋督察效力的持久性。海洋督察组是国家海洋局为了进行海洋督察而成立的临时组织，其人员大多是从国家海洋局各个部门和三个分局临时抽调出来的，组织和人事都存在较大不稳定性。同时，海洋督察组只是在对地方政府进行督察的时候，才会进驻到当地，换言之，国家海洋督察机构在地方上没有实体的派驻机构和人员，没有进行日常检查监督的抓手和管理平台。这导致海洋督察组在进驻地方的时候，大多是通过文件调阅、听取汇报、个别访谈的方式，尽管也有督察下沉的实地考察，但大多时间较短（10天左右），无法深入调查。因此，海洋督察组通过临时进驻的方式，无法完整了解地方政府在海洋资源环境保护方面存在的问题，也无法有效监督地方政府的整改情况，无法及时获知基层群众反映强烈的重大问题。

五　完善国家海洋督察的对策建议

综上所述，国家海洋督察需要在海洋督察一体化、海洋督察法治化、海洋督察权的独立性和海洋督察效力持久性四个方面进一步完善。①

（一）加强海洋一体化督察，实现区域海洋环境资源保护的协同合作

以南海、东海、北海三个区域海域为基础，组建跨区域的国家海洋督察协调机构，针对涉及跨省份的区域海洋环境保护或资源管理等方面的问题进

---

① 完善国家海洋督察的相关政策可以参考中央环保督察制度和国家土地督察制度，二者实施时间较早，在政策执行过程中积累了较多经验。关于完善中央环保督察制度的文献可以参见《环境保护督察方案（试行）——抓住了解决我国当前环境保护问题的"牛鼻子"》，搜狐网，http：//www.sohu.com/a/161292141_99927227，最后访问日期：2018年12月22日。

行责任认定，并统一协调和整合区域海域内海洋行政管理和海洋执法力量，合力解决区域海域治理问题。为了加强海洋一体化督察，实现区域海洋环境资源保护的协同合作，需要从以下几个方面努力。第一，制定由区域内各个地方政府构成、国家海洋督察组参与的海洋资源环境联席会议制度，共同商讨在区域海域范围内进行集体行动的合作事宜。国家海洋督察组把各个省份参与联席会议的情况及其发挥的作用大小作为监督检查的重要内容。第二，建立区域海洋资源环境联合执法机制。对于涉及各个省份边界之间的海洋资源环境问题、跨界的海洋资源环境问题，特别是区域性的海洋环境保护问题，各个相关省份应该根据统一的执法标准互相合作、联合执法，对涉及的政府部门、企业进行严格查处。

（二）推进海洋督察立法，实现海洋督察法治化

海洋督察目前只停留在政策层面，制度文本上体现为《海洋督察方案》，法律位阶和效力较低。尽管国家海洋督察已经实现制度化，但是并没有完全实现督察法治化。国家海洋督察中仍然存在较多随意性与不确定性，法治思维和法治方式还没有完全融入其中。因此，当前有必要明确国家海洋督察的法律依据，界定国家海洋督察机构的法律地位，规范国家海洋督察过程中的法律程序与问责程序；有必要通过法律条文的方式，界定清楚在海洋督察中海洋督察机构、国家海洋局、地方政府、地方海洋管理部门之间的权利与义务关系，其目标在于明确——国家海洋督察并非是国家海洋局在行使部门权力（如果那样的话，其对省级地方政府的干预与影响就大大降低了），而是在代表国家行使法律权力。与此同时，国家海洋局应该制定海洋督察操作层面的配套法规，从而形成在国家法律、行政法规、部门规章各个层面相得益彰、互为补充的法律法规体系。

（三）界定国家海洋督察机构与地方政府及其海洋行政管理部门的权力关系，确保海洋督察权的独立性

首先，清晰界定国家海洋督察机构与沿海各省（自治区、直辖市）地

方政府之间的关系。

通过法律明确海洋督察机构对地方政府及其行政长官拥有督察问责权。海洋督察机构及其工作人员在依法督察过程中，代表的是国务院对地方政府的检查监督，其行为受到法律保护。一切地方政府及其党政领导不得通过各种关系威胁、贿赂或报复督察人员。通过完善法律法规赋予海洋督察机构独立行使督察权的权力和手段。在督察过程中，当发现地方政府存在严重违反国家海洋资源开发利用和生态环境保护决策的时候，海洋督察机构有权向国务院和国家海洋局建议削减该地方的用海指标和围填海指标，有权建议国务院和国家海洋局按照程序和规定对地方政府采取公开约谈、区域限批、挂牌督办等处置办法；当在海洋督察中证实地方政府党政领导在海洋生态文明建设方面严重不作为或乱作为的时候，海洋督察机构有权向国务院和党中央建议处置负有主要责任的地方党政领导干部。与此同时，国家海洋督察机构与地方政府之间除了检查监督关系，还应该在海洋生态环境保护方面加强沟通交流与合作共赢。

其次，清晰界定海洋督察机构与地方政府海洋行政管理部门和执法部门的关系。通过法律明确海洋督察机构对地方涉海职能部门拥有检查监督和业务指导的权力。当在海洋督察进驻或督察下沉过程中，发现地方政府的海洋行政管理部门或执法部门存在严重不配合海洋督察并虚报数据、隐瞒事实的时候，海洋督察机构有权直接上报国务院和国家海洋局，由国务院和国家海洋局分别对地方政府和职能管理部门采取惩罚措施。与此同时，海洋督察机构应该加强对地方海洋行政管理部门和执法部门的业务指导，并就如何加强海洋生态文明建设进行沟通交流，探索出既保证眼前利益又兼顾长远利益，既保护海洋环境并集约利用海洋资源又保障经济较快发展的平衡之策。需要注意的是，应该避免对地方政府涉海事务的直接干预，不得代替地方政府及其相关部门处理具体围填海问题，不得承办基层群众反映的海洋污染案件，控制海洋督察频率，确保不干涉地方政府在自己权力范围内合法行使海洋行政管理权和海洋执法权。

（四）增设海洋督察机构在地方政府的派驻机构，保障海洋督察效力的持久性

组织与人事是督察权力有效运作的重要载体，为此有必要完善国家海洋督察机构的实体组织，形成国家海洋总督察委员会—国家海洋督察办公室—北海分办、东海分办和南海分办—国家海洋督察办事处的组织架构，并辅以国家海洋督察组对地方政府进行阶段性的例行督察和专项督察。可以在国务院设立国家海洋总督察委员会，专门处理海洋督察组上报国务院的重要情况和重大问题，并负责对各个沿海省、自治区和直辖市地方政府进行公开约谈、区域限批、挂牌督办等事宜，如此一来，相对于国家海洋局进行此类事务办理，国务院更为名正言顺；在国家海洋局设立国家海洋督察办公室，作为组织海洋督察实施的常设机构，海洋督察办公室下设北海分办、东海分办和南海分办，具体处理不同海域的督察事务。由国家海洋督察办公室向沿海各个省、自治区和直辖市的人民政府派驻国家海洋督察办事处，负责与海洋督察过程中的上下衔接工作，在日常工作中代表国家海洋督察办公室履行检查监督的职责，并负责对地方政府（省、自治区、直辖市）及其海洋主管部门已批准的海洋行政审批事项进行核查，着重对审批工作的合法性、合规性和真实性进行监督检查。每一阶段由国家海洋督察办公室派驻海洋督察组到地方政府进行例行督察、专项督察和督察回头看。由北海分办、东海分办和南海分办负责区域海域督察工作的协调工作，对跨省份的区域海洋环境保护或资源管理等方面的问题进行责任认定，并统一协调和整合区域海域内海洋行政管理和海洋执法力量，合力解决区域海域治理问题。

参考文献

《边督边改成效好》，国家海洋局网站，http：//www.soa.gov.cn/xw/ztbd/ztbd_ 2017/
2017wthzxdc/bdbg/js/201709/t20170915_ 57910.html，最后访问日期：2018 年 12 月

22 日。

《第二批国家海洋督察正式启动》，国家海洋局网站，http：//www. soa. gov. cn/xw/ztbd/ztbd_ 2017/2017wthzxdc/xwzx/201711/t20171121_ 59137. html，最后访问日期：2018 年 12 月 22 日。

《环境保护督察方案（试行）——抓住了解决我国当前环境保护问题的"牛鼻子"》，搜狐网，http：//www. sohu. com/a/161292141_ 99927227，最后访问日期：2018 年 12 月 22 日。

《空海协作 确保督察无死角》，国家海洋局网站，http：//www. soa. gov. cn/xw/ztbd/ztbd_ 2017/2017wthzxdc/bdbg/sd/201712/t20171218_ 59629. html，最后访问日期：2018 年 12 月 22 日。

《国家海洋局关于印发海洋督察方案的通知》，国家海洋局网站，http：//www. soa. gov. cn/zwgk/zcgh/fzdy/201701/t20170122_ 54621. html，最后访问日期：2018 年 12 月 22 日。

《国家海洋督察第一批围填海专项督察意见反馈完毕 六省区三方面问题共性突出》，国家海洋局网站，http：//www. soa. gov. cn/xw/hyyw_ 90/201801/t20180117_ 60011. html，最后访问日期：2018 年 12 月 22 日。

《国家海洋督察组向河北反馈例行督察和围填海专项督察情况》，国家海洋局网站，http：//www. soa. gov. cn/xw/ztbd/ztbd_ 2017/2017wthzxdc/xwzx/201801/t20180116_ 59998. html，最后访问日期：2018 年 12 月 22 日。

《国家海洋督察组向海南反馈围填海专项督察情况》，国家海洋局网站，http：//www. soa. gov. cn/xw/ztbd/ztbd_ 2017/2017wthzxdc/xwzx/201801/t20180116_ 59997. html，最后访问日期：2018 年 12 月 22 日。

《国家海洋督察组向福建反馈例行督察和围填海专项督察情况》，国家海洋局网站，http：//www. soa. gov. cn/xw/ztbd/ztbd_ 2017/2017wthzxdc/xwzx/201801/t20180116_ 59999. html，最后访问日期：2018 年 12 月 22 日。

《国家海洋督察组向辽宁反馈围填海专项督察情况》，国家海洋局网站，http：//www. soa. gov. cn/xw/ztbd/ztbd_ 2017/2017wthzxdc/xwzx/201801/t20180114_ 59957. html，最后访问日期：2018 年 12 月 22 日。

《国家海洋督察组向广西壮族自治区反馈围填海专项督察情况》，国家海洋局网站，http：//www. soa. gov. cn/xw/ztbd/ztbd_ 2017/2017wthzxdc/xwzx/201801/t20180115_ 59981. html，最后访问日期：2018 年 12 月 22 日。

《国家海洋督察组向江苏反馈围填海专项督察情况》，国家海洋局网站，http：//www. soa. gov. cn/xw/ztbd/ztbd_ 2017/2017wthzxdc/xwzx/201801/t20180114_ 59956. html，最后访问日期：2018 年 12 月 22 日。

《国家海洋专项督察实现全覆盖》，国家海洋局网站，http：//www. soa. gov. cn/xw/ztbd/ztbd_ 2017/2017wthzxdc/xwzx/201712/t20171227_ 59749. html，最后访问日期：2018

年12月22日。

《国家海洋督察组第三组（江苏）完成下沉督察任务》，国家海洋局网站，http：//www. soa. gov. cn/xw/ztbd/ztbd_ 2017/2017wthzxdc/bdbg/js/201709/t20170926_ 58105. html，最后访问日期：2018 年12月22日。

《国家海洋督察组兵分多路下沉督察》，中国海洋在线网站，http：//www. oceanol. com/content/201712/05/c70677. html，最后访问日期：2018 年12月22日。

《国家海洋督察六省区约谈问责 132 人　罚款 12 亿》，新浪网站，http：//news. sina. com. cn/sf/news/fzrd/2018－01－18/doc－ifyqtwzu2153303. shtml，最后访问日期：2018 年12月22日。

《首次国家海洋督察正式启动！解决围填海"失序、失度、失衡"问题》，搜狐网，http：//www. sohu. com/a/167102979_ 659723，最后访问日期：2018 年12月22日。

《完善生态文明制度体系，用最严格的制度、最严密的法治保护生态环境》，中国共产党新闻网，http：//theory. people. com. cn/n1/2018/0305/c417224－29847672. html，最后访问日期：2018 年12月22日。

《中共中央　国务院关于加快推进生态文明建设的意见》，新华网，http：//www. xinhuanet. com//politics/2015－05/05/c_ 1115187518. htm，最后访问日期：2018 年12月22日。

《中共中央　国务院印发〈生态文明体制改革总体方案〉》，央视网，http：//news. cntv. cn/2015/09/22/ARTI1442851997504724. shtml，最后访问日期：2018 年12月22日。

B.17
中国海洋执法与海洋权益维护发展报告

宋宁而　张聪*

摘　要：　海洋权益属于国家的主权范畴，对国家的安全以及政治经济
　　　　发展有着重要的影响。积极维护海洋权益，提高海洋执法能
　　　　力是维护国家主权的必经之路，也是实现海洋强国的必然选
　　　　择。2017年，我国海洋执法与维权维持了我国长期以来的方
　　　　针、政策与立场，同时又随着海洋开发、利用和保护活动的
　　　　发展形成了诸多新动向，产生了一系列显著变化。我国海洋
　　　　执法与维权呈现出许多新特点：海洋权益的维护更趋于系统
　　　　化；海洋利益的维护更具针对性；跨领域海洋事务合作趋势
　　　　显著；海洋事业的国际合作更趋务实。同时对目前我国海洋
　　　　执法与海洋维权中所存在的一些问题进行总结反思，包括：
　　　　海洋维权与国家发展规划的契合度有待进一步提升；海洋事
　　　　业的机制化建设仍有很大提升空间；海洋科技事业的突破攻
　　　　坚仍然任重道远；海洋事业的国际合作需要加大开放力度。

关键词：　海洋权益　海洋执法　"一带一路"

　　国家权力是维护海洋权益的基本条件，同时，维护和争取海洋权益又需

---

* 宋宁而（1979~），女，汉族，上海人，海事科学博士，中国海洋大学国际事务与公共管理学院
副教授，研究方向为海洋社会学，主要从事日本"海洋国家"研究；张聪（1995~），女，山
东平邑人，中国海洋大学国际事务与公共管理学院2017级社会学专业硕士研究生，研究方向
为海洋社会学。

要具备解决海洋争端的能力。我国海洋权益的争取与维护既需要国家权力作为基本保障，也需要不断提高海洋争端的解决能力作为有效手段。海洋执法以海洋权益为中心，对保护我国海洋争端中的合法权益具有直接的影响。

一 2017年我国海洋执法与海洋维权动向

2017年，我国海洋维权维持了我国长期以来的方针、政策与立场，同时又随着海洋开发、利用和保护活动的发展形成了诸多新动向。我国海洋执法在保持方针、政策不变的前提下，在提升执行力等方面发生了显著的变化。

（一）我国海洋事业布局安排显示出与国家发展总体战略的一致性

2017年我国的海洋事业，无论在整体布局上，还是在具体实践中，都显示出与国家总体战略一致的特点。海水淡化等海水利用事业的"十三五"规划正体现了这一特点。该规划明确了整体布局，结合目前已有的产业基础，不仅通过规模化应用，致力于改善海岛和沿海地区的缺水状况，而且更加努力地推进西部地区的相关技术应用，进而助推相关技术及应用进入"一带一路"沿线国家，凸显了海水利用技术发展进程与国家发展规划的高度一致性。[①]

2017年，我国海警各项工作的推进也充分反映了国家安全的战略统筹作用。新形势下，我国社会稳定与安全面临的挑战和威胁呈现出显著的联动效应，因此，为维护国家安全与社会稳定，需要具备系统性和统筹性的整体国家安全观。总体统筹必然包括海警建设，故而我国海警事业的各项建设必须以总体战略为指引。总体战略指引下的海警事业建设既要坚持维护东海、南海的和平与稳定，又要提升海洋权益维护的执行能力和海上执法能力，摒弃冷战思维，坚持以全球视野，以开放、合作、可持续的方式，坚决维护国

---

① 《扩大海水利用应用规模》，《中国海洋报》2017年1月4日。

家海洋权益。①

2017 年，我国海洋执法能力的提升切实体现在各省份的执法建设行动中。福建省出台有关海洋与渔业执法的"十三五"规划，确立渔业执法的目标、任务以及重点建设项目。②

（二）海洋执法力显著提升

2017 年，我国海洋执法能力获得了显著的提升。在这一年中，我国海警加大渔业执法力度，对违反禁渔期、违禁渔具、无证作业等渔业违规行为进行了严厉查处；并对海上运输中有走私嫌疑的物品展开了专项打击行动；破获 91 起海上偷渡案件，参与 349 项海上重大搜救行动，办理 5184 起海上治安案件。③

2017 年，我国辽宁省海监所属渔政局针对相关海域的海砂非法挖采行为，进行了切实有效的打击，为探索如何建设司法与行政执法相衔接的机制，开展了专项执法活动。3 月 22 日，接到信息反馈，成功抓获大型非法运砂船，查获非法采砂 5000 余吨，为公安与行政部门的执法衔接做出了有益的探索，整合了执法机构的优势资源，强化了执法能力，提升了威慑力度。④

同年 5 月 19 日，我国东海航空执法队的队长和部分队员与飞龙通航公司领导参与会议，就新型执法飞机 Y12F 的建造事宜进行座谈。与会双方均认为，新机型无论从新功能、载重、航程上都具有明显优势，将在我国海洋权益维护以及遥感领域的执法飞行中发挥重要作用，成为东海海域上空执法

---

① 白俊丰：《试论总体国家安全观于海警的战略意义》，《公安海警学院学报》2017 年第 2 期。
② 严东：《全国首个省级海洋与渔业执法"十三五"发展规划出台》，《福建日报》2017 年 1 月 5 日。
③ 《2017 年中国海警办理海上治安案件 5000 余起》，中国政府网，http://www.gov.cn/shuju/2018－02/25/content_5268674.htm，最后访问日期：2019 年 1 月 11 日。
④ 《辽宁省海监渔政局打击非法占用海域采挖海砂首战告捷》，央广网，http://news.cnr.cn/native/city/2017 0405/t20170405_523692814.shtml，最后访问日期：2019 年 1 月 11 日。

行动的新动力。① 6 月 19 日，中国海监的 B－5002 在海南的博鳌机场亮相，正式加入我国海监的执法队列，成为我国海洋局第一架实施海上监测的中远程飞机。在我国当前的海监执法飞机中，在体型、航速、航程上都具有明显优势，可覆盖我国南海的全部海域。同时，B－5002 所搭载的定位、遥感等设备，对我国行政执法能力与效率的提升、海洋权益的维护、海洋公益事业的推进都具有重要意义。②

2017 年 5 月，中国海警的 3901 号完成了首次南下的执法航行任务。3901 号是世界上最大的、适合远洋航行的大型综合海警巡逻舰，也是我国第二艘万吨级位的海警船。3901 号的建成使得我国海洋执法的能力得到了进一步的有效提升。③

为提升执法力度，2017 年 11 月 3 日又有三艘 500 吨位级的监测船加入中国海监的环境监测执法行列，正式归入我国海洋局的南海分局，以供环境监测和海洋调查使用。④

（三）海洋执法更趋综合化

2017 年度，我国海洋事务相关的执法活动也呈现出比较显著的体系化建设态势。2017 年 1 月 22 日，国家海洋局就《海洋督察方案》召开发布会，指出该方案已授权海洋局对海洋事务具有管辖权的有关部门与执法机构进行下沉式的督察。此次督察，不仅对各级政府关于海洋环境与资源的规划计划进行全面监督检查，而且也对相关政策的落实情况进行核实督察。⑤

---

① 《中国海监首架 Y12F 型飞机抵达舟山》，《中国海洋报》2017 年 5 月 26 日。
② 《首架中远程特种海上监测飞机"中国海监 B－5002"入列南海分局》，国家海洋局南海分局，http://www.scsb.gov.cn/scsb/tpxw/201706/fa35359c61314294bbc3c641df1965d7.shtml，最后访问日期：2019 年 1 月 11 日。
③ 《中国第 2 艘万吨海警船首航执法　海警 5 年新增百艘舰船》，新浪网，http://mil.news.sina.com.cn/jssd/2017－06－13/doc－ifyfzhac1859553.shtml，最后访问日期：2019 年 1 月 11 日。
④ 《国家海洋局首批 3 艘 500 吨级近岸海洋环境监测船入列南海分局》，搜狐网，https://www.sohu.com/a/202867127_543943，最后访问日期：2019 年 1 月 11 日。
⑤ 吴琼：《国务院授权国家海洋局开展海洋督察》，《中国海洋报》2017 年 1 月 23 日。

2017 年度，我国海洋执法体系呈现出显著的联合执法态势。我国台州、江苏、辽宁等地海洋与渔业局开展了海事局、海警、海监、国土资源厅等多部门联合的海上综合巡航执法行动，提升执法能力，确保安全生产与安全形势，消除各种海上活动带来的安全隐患。①

2017 年度，大连的海洋治理综合化有了长足的发展。为加大海洋环境保护的执行力，提升执法水准，大连市投资建造了大吨位的海监执法用船和执法用艇，完善执法基地，确保休渔期的水域监管，对捕捞作业强度进行控制，查办非法采砂，检查海洋倾废。②

2017 年，我国海洋治理的综合化建设趋势也体现在同一站点的综合功能建设上。2017 年度，我国海洋局完成了"智慧海洋"的信息化机制与方案的构建，新增监测站点，扩大服务的覆盖范围，实现海洋预报预警能力的提升与改造。③

（四）海洋治理呈现体系化发展

与此同时，2017 年度我国在海洋治理的各领域都呈现出体系化的局面。国家对海洋事务的管理以及对海洋领域存在的问题的治理，不再采取就事论事的态度，而是将海洋事务的管理与治理纳入海洋事业的体系中，实行系统化管理。我国海洋局在对各级海洋主管部门的通知中明确指出，要落实以网格化为特点的监督管理责任制度，各海域需合理划分各自监管责任所在的网格，落实事先审批、事务管理过程中与完成后的监督管理责任。④

国家海洋局各分局致力于推进海洋开发利用的支持能力、执法中的管控力，以及对沿海地区发展的推动力的建设。东海分局以"一站多能"为目

---

① 《辽宁省海监渔政局参加打击非法采运海砂联席会议》，国家海洋局网站，http://www.soa.gov.cn/xw/dfdwdt/dfjg/201704/t20170417_55588.html，最后访问日期：2018 年 10 月 14 日。
② 汪涛：《咬定监护不放松——大连市海洋综合管理综述》，《中国海洋报》2017 年 9 月 13 日。
③ 陈君怡：《全国海洋工作会议在京召开》，《中国海洋报》2017 年 1 月 9 日。
④ 安海燕：《加强对取消或下放的审批事项监管》，《中国海洋报》2017 年 7 月 31 日。

标，全方位提升和优化海洋执法的综合保障能力和服务能力。① 我国海洋局东海分局 2017 年度在海洋治理的体系化建设中，强调在监督管理的过程中对检查对象进行随机抽选、不定期地随机派遣相关执法工作人员的"双随机"，以及抽查结果向社会进行公开的"一公开"。②

2017 年 9 月，海洋局颁布了关于在海洋治理中引入"湾长制"的指导意见，确立了这一制度的原则、任务和实施措施，要求尽快落实具体安排。所谓湾长制是海湾治理的责任认定制度，逐级落实各级党委海洋环境保护的责任，目前已在河南、山东、江苏、海南、浙江等沿海省份所属海湾开展湾长制的试点，是一种落实陆海统筹、兼顾河海、协同合作、共同治理的新型治理模式。③

无居民海岛的审批办法明确规定，对海岛的管理和保护必须促进海岛的生态文明建设，推动生态化的发展。我国无居民海岛诸多，是我国近期及中远期拓展海洋发展空间，助推海洋经济强劲发展的重要平台，对海岛生态平衡的维护意味着我国海洋事业的治理具备了明确的体系化特征。④ 同时，2017 年度保护海岛生态环境的"十三五"规划的出台，意味着这一领域的海洋生态文明建设开创了全新的格局，综合管理已经成为我国海岛管理的新目标，使得约束和引导对海岛的保护具备了制度上的基础。⑤ 与此同时，为解决我国海岛上居民的淡水饮用及使用问题，我国主管部门颁布了海岛地区的海水淡化建设工程方案，通过实施海水淡化工程，推动其成为缺水海岛地区的主要供水方式之一，提高海岛水资源的利用率，为我国 489 个有居民居

---

① 国家海洋局东海分局：《加强基于生态系统的海洋综合管理》，《中国海洋报》2017 年 1 月 20 日。

② 《东海分局部署"双随机一公开"工作》，国家海洋局东海分局，http://www.eastsea.gov.cn/zjdh_162/gzdt/201706/t20170629_11922.shtml，最后访问日期：2019 年 1 月 11 日。

③ 赵婧：《落实新发展理念 探索新治理模式——国家海洋局党组书记、局长王宏谈"湾长制"试点工作》，《中国海洋报》2017 年 9 月 14 日。

④ 王宏：《规范无居民海岛开发利用秩序 完善海岛治理体系》，《中国海洋报》2017 年 1 月 6 日。

⑤ 吴琼：《推动海岛工作实现"四新"目标》，《中国海洋报》2017 年 1 月 20 日。

住的海岛提供淡水。①

2017年度我国根据出台的海洋督察的相关方案，组建了首批督察组，并分成六个小组，分别进驻北到辽宁，南至福建与广西的沿海各地，重点解决填海管理、减灾与防灾等海洋治理中存在的破坏稳定运行的问题。② 9月24日，六个督察组全部进驻完毕。在此期间，督察小组将开通电话举报，与主管及相关工作人员进行交流，调阅资料检查，同时进行现场核查，以及组织巡查。③ 在海洋督察中，海洋局在海洋工程中的用途转变和拆除，以及海洋石油勘探的特定化学剂使用，撤销了事先的审批环节，加强了对作业过程的监管，并对发生污染事故的作业，按照相关法律进行处罚。④ 截至8月24日，六个督察小组全部完成省级层面的第一阶段督察工作。⑤ 9月7日，海洋督察的第三小组对东海特定海域进行了海陆空全方位的立体督察。⑥ 海洋督察的制度化建设是推动海洋领域生态文明建设的重要保证。⑦

海洋治理的体系化不仅表现为综合化、系统化等整体性动向，更体现在海洋各领域的制度建设精细化趋势上。2017年3月，我国第一个针对海岸线保护的政策《海岸线保护与利用管理办法》的出台，正是海洋治理精细化的具体呈现。该办法将自然海岸线的保有率设定为管理的核心目标，实施生态红线式的管控，建立海岸带保护的倒逼机制，引入以区域为单位的限制批准与督察的方法。⑧ 该办法是海洋治理领域的重大改革举措，对各级主管部门的职责进行督导，对海岸带的开发、利用和保护提供了协调

---

① 赵建东：《三年内有效缓解海岛居民用水问题》，《中国海洋报》2017年12月14日。

② 赵建东：《国家海洋督察全面启动》，《中国海洋报》2017年8月23日。

③ 《首批国家海洋督察组完成督察进驻工作》，国家海洋局东海分局，http://www.eastsea.gov.cn/zjdh_162/gzdt/201710/t20171010_12500.shtml，最后访问日期：2019年1月11日。

④ 王自堃：《国家海洋局强化两项事中事后监管措施》，《中国海洋报》2017年10月12日。

⑤ 郭海：《国家海洋督察组进入下沉阶段》，《中国海洋报》2017年9月11日。

⑥ 汪涛：《立体"扫描"启东海域》，《中国海洋报》2017年9月11日。

⑦ 吴琼：《建立实施海洋督察制度的重大意义》，《中国海洋报》2017年1月24日。

⑧ 路涛：《〈海岸线保护与利用管理办法〉出台》，《中国海洋报》2017年4月5日。

整合的依据。①

同时，2017 年 4 月，我国海洋局等相关部门联合发布了十部针对防止近岸海域环境污染的相关方案，以严格标准控制污染源，清除不合理及违法的排污口，确定了 2020 年水质须达到的标准，对湿地面积（8 亿亩）、自然海岸线（不低于 35%）的保有率，以及对海水养殖的面积提出了明确上限（220 万公顷），加强了对近岸海域的水质的监督管理。②

2017 年度法制建设的推进也体现在相关深海立法中。2017 年 4 月，海洋局、国土资源部等六个部门联合发布关于深海海底的资源勘探规划，该规划将全面调整我国在"十三五"期间的大洋与深海勘探的各领域实践活动，为我国全球深海治理提供制度建设方面的支撑。深海勘探活动是我国"十三五"期间海洋领域的重大工程之一，深海勘探领域的法制建设对我国维护深海与大洋的国家权益与安全有着重要而深远的意义。③

此外，2017 年，我国对于填海工程和海岸工程等建设项目所占用的海域面积也进行了控制指标的设定，旨在促进海岸带资源的最优化利用，并提升海岸带与相关海域的开发效率。这一海域使用面积的指标适用于基础设施建设、娱乐设施建设、航道建设和渔业相关基础设施建设中。④ 此外，2017 年度我国还对临时性的海洋倾废提供了简化管理各环节的服务，力求在海洋治理的制度建设中为各方提供便利。⑤

2017 年度，河北省举办涉韩渔船船东与船员的培训，邀请专家就入渔的形式、政策以及中韩两国间的渔业协定进行详尽的讲解，以提高渔民进入相关海域的安全意识、守法意识。⑥

---

① 王宏：《加强海岸线保护与利用管理 构筑国家海洋生态安全屏障》，《人民日报》2017 年 4 月 10 日。
② 赵建东：《〈近岸海域污染防治方案〉印发》，《中国海洋报》2017 年 4 月 20 日。
③ 王宏：《继往开来 推动深海事业走向新辉煌》，《中国海洋报》2017 年 5 月 4 日。
④ 安海燕：《从严控制建设项目用海填海》，《中国海洋报》2017 年 6 月 5 日。
⑤ 安海燕：《对临时性海洋倾倒区管理再规范》，《中国海洋报》2017 年 7 月 31 日。
⑥ 《河北省举办 2017 年涉韩入渔培训》，中国渔业政务网，http：//search. agri. gov. cn/agrisearch/search_ yzj. jsp，最后访问日期：2019 年 1 月 11 日。

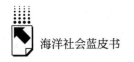

（五）海洋科技进展更趋纵深发展

与此同时，海洋科技领域的制度安排、规划布局也呈现出更纵深化的发展趋势。2017年5月，国土资源部与科技部等联合公布了"十三五"期间海洋科学技术领域的创新规划。该规划为"十三五"期间的海洋科技发展树立了明确目标，通过对深海前沿科学技术及其配套技术的研发，研制钻采与精确勘探的相关技术设备等，以期完善海洋科技体系，提升创新能力。①

我国海底勘探技术的发展也对我国参与国际制度安排起到促进作用。2017年5月11日，我国大洋矿产资源研发会与国际海底管理局共同决定，延长我国与国际海底管理局签署的勘探合同，进一步推进我国对国际海底的多金属结合矿区的勘探活动。双方在国家海洋局领导的见证下签署了合同延期的双边协议。②

与此同时，2017年度我国海洋科技实践的发展整体呈现出针对特定课题突破攻坚的特征。2017年5月，我国在神狐海域所进行的天然气水合物——可燃冰的开采成功实现了点火测试，目前产量稳定，井底情况良好。地球上可燃冰存储量丰富，是未来最大的能源储藏库。我国在该领域的科技进展对人类社会具有重要意义。③

2017年2月，"向阳红09"船搭载"蛟龙"号出航，进行第38次中国大洋航行试验。此次航行，将是"蛟龙"号第一次对位于印度洋北部海域的典型性热液区进行勘探。此次勘探将通过10次下潜，获取样品，以了解该海域的资源布局与潜力。④ 此次勘探过程中，"蛟龙"号还对南海、雅浦海沟、马里亚纳海沟等海域展开了前沿勘探调查，完成了7次大深度的下潜，下潜深度均超过6000米。航行于6月9日完成。与以往相比，此次

---

① 王中建：《提升我国海洋科技整体实力》，《中国海洋报》2017年5月19日。
② 方正飞：《国际海底多金属结核矿区勘探合同延期》，《中国海洋报》2017年5月12日。
③ 杨建超：《全球天然气水合物勘探开发方兴未艾》，《中国石化报》2017年6月2日。
④ 王自堃：《蛟龙号：新的挑战在前头》，《中国海洋报》2017年2月9日。

"蛟龙"号的勘探活动跨区域度最大，连续勘探作业的时间最长。[1] 9月16日，由我国自主研发的载人潜水器的专用性支持母船正式开始建造，"蛟龙"号为我国深海的大深度下潜作业做出了重要贡献，是我国的国家重器。这一母船建成后，我国将具备在全球范围内进行无限制航行的能力，将对我国在深海大洋的精密化调查提供重要的技术支持。[2]

2017年，我国新型远洋科考船"科学"号执行南海综合科考航行，进行海洋系统中能量物质的交换研究，推进我国战略性先导专项，显示了我国海洋科技领域对重大课题突破攻坚的重视。[3]

海洋科技在渔业领域也有深入发展。2017年10月，山东赴伊朗从事捕捞的远洋渔船从台州起航。这一批远洋渔船是我国渔业公司专为捕捞特定种类的经济鱼类而投资建造的远洋渔船，投入使用电力推进的系统，年净收益预期可达5000万元人民币。[4]

我国海洋执法在2017年进一步体现了海洋技术的专业化特点。5月，作为500吨位级的环境监测船，中国海监201号执法船正式于武汉建成下水。据悉，该类活动于近海岸的环境监测船共建造了12艘，"中国海监201"是第一艘建成下水的监测船。该批次监测船具有很强的针对性，有助于加强近岸海域的环境监测管理与规范。[5]

（六）极地事业的发展规划日趋系统化、长期化

我国极地事业也在2017年度呈现出持续性发展的特征。2017年2月9日，我国雪龙号科考船完成了对南极地区的科考任务。此次考察是我国在南大洋的调查科考中纬度最高的作业任务。此次科考中所获取的沉积物，将用

---

① 刘诗瑶：《蛟龙再探海》，《人民日报》2017年2月7日。

② 周超：《蛟龙号载人潜水器支持母船开建》，《中国海洋报》2017年9月18日。

③ 张旭东：《"发现"号在南海采集到大量冷泉生物》，《科技日报》2017年7月26日。

④ 《国内首批电推渔船赴伊朗南部海域作业》，中国渔业政务网，http://jiuban.moa.gov.cn/sjzz/yzjzw/yyyyzj/zhyyyy/201710/t20171017_5842601.htm，最后访问日期：2019年1月11日。

⑤ 吕宁：《近岸环境监测船"中国海监201"下水》，《中国海洋报》2017年5月4日。

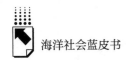

于分析该海域的冰川、气候、海洋生物演变相关的研究。① 9 月，"雪龙"号首次穿越了北极地区的西北方新通道，北美与东北亚的经济圈因这一航道的开通而更加紧密相连。此外，"雪龙"号在科考中获取了诸多海洋环境方面的一手数据与资料，填补了我国在该海域研究上的不足与空白，助推了我国在相关海域适航性能的系统性评价。② 10 月 10 日，"雪龙"号顺利返回上海港，完成了此次极地科考活动。③ 11 月 8 日，"雪龙"号再次驶离上海港，前往南极地区进行考察活动。此次科考活动将途经新西兰，至中山站，经戴维斯海，到阿蒙森海，进行相关作业，预计航程为 3.6 万海里。④

我国北极科考队在北冰洋中央航路的沿线放置了气球，以获取海冰的相关观测记录，并收集该海域的海底数据，开展调查站点的作业，获取水文等相关数据，进行适航性能的相关评价，同时对该海域的漂浮垃圾、核素与新型污染样本进行采集，以综合评估该海域的生态环境，弥补我国相关科考领域的空白。此次航行过程中，3 名加拿大科学家参与了海底地貌的合作调查，增进了相互间的交流，为今后在极地事业中的持续性合作奠定了基础。⑤

在"雪龙"号从事科考活动的同时，我国对极地事业的规划、政策及其他制度安排也在有序进行中，为我国在极地的实践活动提供必要的法律基础。⑥ 2017 年 5 月，我国政府的南极事业白皮书正式对外公布。《中国的南极事业》一书不仅对我国在南极 30 余年来开拓的事业进行了系统的梳理，更是对我国在极地事务中的立场、愿景目标和行动框架进行了明确的阐述。白皮书还就我国目前在南极为全球治理所做的贡献进行了陈述，主要包括在

① 荣启涵：《中国南极科考队完成罗斯海区域高纬度断面调查》，《人民日报》2017 年 2 月 10 日。
② 吴琼：《"雪龙"船成功穿越北极西北航道》，《中国海洋报》2017 年 9 月 8 日。
③ 崔鲸涛：《中国第八次北极考察队凯旋》，《中国海洋报》2017 年 10 月 11 日。
④ 刘诗瑶：《中国第三十四次南极科学考察队出征》，《人民日报》2017 年 11 月 9 日。
⑤ 《中国第 8 次北极科学考察》，国家海洋局，http：//www.soa.gov.cn/xw/hyyw_ 90/201710/t20171010_ 58205.html，最后访问日期：2018 年 10 月 16 日。
⑥ 吴琼：《中国第 33 次南极考察取得五项重大成果》，《中国海洋报》2017 年 4 月 12 日。

南极地区进行基础设施体系建设，保护南极生态环境，开展国际合作与交流。① 同时，我国政府于 5 月与包括阿根廷、智利、德国、挪威、俄罗斯、美国在内的多国海洋气象环境相关部门签署了双边合作与谅解的备忘录，内容广泛，涉及科学考察、后勤供给、环境管理和人员教育等各个方面。② 在此基础上，各国更是协商通过了对南极进行"绿色考察"的决议提案，该提案将由我国牵头，与各国共同践行。③

（七）海洋领域的国际合作更趋纵深

我国在海洋事务上的国际合作在 2017 年也呈现出深入、务实、专题化等发展特点。

2017 年 3 月 25 日，我国在海南的博鳌成功举办了关于岛屿及其经济的海上丝绸之路论坛，与世界各国共同探讨了海洋经济的国际合作前景。在此次论坛上，我国代表强调了与海岛国家保持稳定经济贸易关系、促进相互人文交流的必要性。与会代表共同探讨交流了海洋灾害的预防与减少、海洋资源环境的保护等方面的合作，并就合作的机制建设达成共识。④

2017 年 11 月，我国外交部赶赴伦敦，进行 2017 年度的中英两国外交部的海洋法与国际法相关事务磋商，就"一带一路"、国际海底管辖、海洋生物多样性等问题进行了深入的意见交流。⑤

2017 年 9 月，我国海洋局负责人在与外交部负责人的会谈中指出，2017 年中欧在海洋领域的合作呈现稳步发展的态势。2017 年被共同定为中欧的蓝色年，中欧间将有望结成长期蓝色伙伴关系。⑥ 2017 年 4 月，第四届

---

① 赵宁：《国家海洋局发布〈中国的南极事业〉》，《中国海洋报》2017 年 5 月 23 日。
② 赵宁：《积极实践南极条约倡导的国际合作》，《中国海洋报》2017 年 5 月 26 日。
③ 赵宁：《倡导"绿色考察" 保护南极环境》，《中国海洋报》2017 年 6 月 2 日。
④ 陈君怡：《推进岛屿共同体建设》，《中国海洋报》2017 年 3 月 27 日。
⑤ 《外交部条法司长徐宏率团赴伦敦出席中英外交部国际法和海洋法事务磋商》，外交部网站，https://www.fmprc.gov.cn/web/wjbxw_ 673019/t1512570.shtml，最后访问日期：2019 年 1 月 11 日。
⑥ 方正飞：《推动中欧海洋合作关系向纵深发展》，《中国海洋报》2017 年 9 月 18 日。

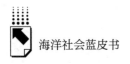

国际北极论坛在俄罗斯举行，我国领导人与俄罗斯领导人举行会晤，并就扩大双方在北极各领域事务的交流合作、扩大基建、开拓落实相关航线等问题进行了具体而深入的研讨。①

2017年度国际合作所呈现出的专题化特征同样表现在我国与小岛屿各国之间。9月21日，该会议在我国福建平潭顺利召开。来自各大洲的12个岛屿国家派遣代表出席了会议。我国作为主办方，提出了平等互信地共同承担和参与海洋治理、打造蓝色经济的利益共同体、以合作与共赢为准则等四点建议，旨在据此与岛屿各国共同构建多层次的高效率合作交流机制。会议经讨论通过了《平潭宣言》，致力于海洋开发利用的可持续发展与蓝色家园的建设。②

同时，我国在2017年的国际合作中更加凸显"全球海洋治理"主题。2017年12月于广东湛江举办的中国海洋经济博览会，充分展示了我国深潜、监测、海上执法用船，科考用船，以及无人操纵船等高精装备，显示了我国参与全球海洋治理的理念与内涵。此次海博会被评为中国海洋第一展。③

（八）海洋事务的国际合作交流务实性更趋显著

2017年，我国在海洋事务上的国际合作也呈现出更趋务实、开放、多元的态势。2017年年初，我国发表白皮书《中国的亚太安全合作政策》，明确而清晰地表达了早日达成南海地区行为准则的态度。南海局势向着务实、开放的方向进展。④ 在多次磋商和务实的探讨过程中，有关南海海域的各方行为宣言在2017年不断推进，南海的海域秩序正在朝着有

---

① 方正飞、赵宁、陈君怡：《中国愿为北极发展与合作发挥更大作用》，《中国海洋报》2017年4月6日。
② 赵建东、赵宁：《中国—小岛屿国家海洋部长圆桌会议召开》，《中国海洋报》2017年9月22日。
③ 《2017中国海洋经济博览会即将在中国湛江开幕》，《中国海洋报》2017年11月29日。
④ 吴正龙：《"南海行为准则"谈判有望破局》，《北京日报》2017年3月14日。

序的方向发展。①

从发展过程和结果来看，我国在国际合作中务实、开放的合作态度确实带来了与南海地区各国关系切实有效推进的结果。2月，我国与东盟各国共11方参加的关于落实《南海各方行为宣言》的第19次工作组会议在印尼举行。各方就海上务实合作与南海行为准则框架的推动进行了磋商，与会各方均表达了希望在年内达成框架的意愿。②

我国在2017年与南海各国切实推进多边合作的同时，在双边关系上也有所进展。3月，我国外交部领导人赴越南，与越南副外长举行磋商，落实双方高层间的重要共识，深化治党经验的交流，扩大经贸人文合作交流，并共同推动中国—东盟的伙伴关系达成共识。③

8月，我国外交部部长王毅出席中国—东盟的"10 + 1"外长会议。会议上，我方提出了中国与东盟各国间的2030年愿景蓝图，加强"一带一路"倡议与东盟各国规划的对接，进行产能合作，建设自贸区，推动区域合作，维护自由贸易体制等建议，力推我国与东盟的区域合作取得实质性成果。④

2017年10月，我国海警船3306号继两年前在马来西亚与东盟各国间共同举行了海上搜救演习以来，第二次与东盟各国进行救灾演练。此次演练地点设在湛江地区的外部水域。演习由东盟各国多方参与，是至今为止，我国与东盟之间举行的多方海上搜救演习中规模最大的一次。⑤

我国在处理南海问题涉及中美关系时，同样秉承开放、合作、对话的态度。尽管在南海问题上，美国仍然不时在南海推行"航行自由"的相关行

---

① 钟声：《对话协商，拥抱南海美好未来》，《人民日报》2017年5月22日。
② 张红：《南海局势将迎来关键转折点》，《人民日报》（海外版）2017年2月27日。
③ 《中国和越南举行外交磋商》，外交部网站，https：//www. fmprc. gov. cn/web/wjbxw_673019/t1443703. shtml，最后访问日期：2019年1月11日。
④ 丁子：《打造更高水平的中国—东盟战略伙伴关系》，《人民日报》2017年8月7日。
⑤ 贺林平：《中国—东盟举行史上最大规模海上联合搜救实船演练》，人民网，http：//society. people. com. cn/n1/2017/1031/c1008 – 29619080. html，最后访问日期：2019年1月11日。

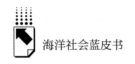

动，但两国交流并未中断，而是切实地通过演习与互访舰艇等行动，致力于增强对分歧的管控与互信。2017 年 6 月，美国驱逐舰"斯特雷特"号与我国黄山舰，在湛江以东的海域进行了联合演练。此外，双方在美国舰艇访问的期间内，还组织了诸多活动，促进双方友谊，增强互相信任，消除双方的误会。中美联合演习结束后，我国舰艇编队又从三亚出航，前往俄罗斯的圣彼得堡等地，参加 2017 年度中俄海上联合演习的首阶段行动，充分显示了我国在海洋事务的国际交流中全面开放与合作的态度。①

2017 年 6 月，我国与日本的第七次海洋事务的高级别磋商对话在日本举行，双方负责人分别派遣有关人员参加，并就尽快启动海空联络机制等防务问题进行了务实有效的交流与探讨。② 12 月，第八次中日两国间高级别的海洋事务磋商在上海举行。③ 双方相关部门参加了磋商会议，就东海安全与执法，经济、法律、防务等问题进行了合作式的探讨。④

我国在海洋事务的国际合作中所秉承的开放务实的态度，在 2017 年度也获得了理想的效果。2017 年，芬兰成为北极理事会的轮值国，北极理事会是北极事务的各国政府间合作论坛。芬兰外交部负责人在接受采访时表示，中国与芬兰在北极等各领域有着广泛的合作机会与广阔的前景，目前两国领导人已经就经贸、能源、低碳等合作议题签订了三份合作备忘录，芬兰欢迎中国参与北极理事会的各项工作。⑤

同样，我国在南海问题上的开放、合作、务实态度也获得了东盟国家的积极回应。对于 12 月我国南海网推出的一份有关我国南海岛礁基础设施建设的解读报告，菲律宾总统杜特尔特指出，对中国的善意，菲律宾选择继续相信。这份报告指出，我国的岛礁建设旨在满足各种民事需求，履行政府对

---

① 章节：《中国舰艇外交展现开放自信》，《中国国防报》2017 年 6 月 23 日。

② 《中日举行第七轮海洋事务高级别磋商》，外交部网站，https：//www. fmprc. gov. cn/web/wjbxw_ 673019/t1474441. shtml，最后访问日期：2019 年 1 月 11 日。

③ 《中日举行第八轮海洋事务高级别磋商》，外交部网站，https：//www. fmprc. gov. cn/web/wjbxw_ 673019/t1517003. shtml，最后访问日期：2019 年 1 月 11 日。

④ 《中日举行第八轮海洋事务高级别磋商》，《中国海洋报》2017 年 12 月 7 日。

⑤ 周超：《"欢迎中国参与北极理事会事务"》，《中国海洋报》2017 年 7 月 7 日。

渔业生产、船舶航行、生态资源保护、海上防灾减灾与搜救等的职责以及必不可少的防卫职责。① 我国海洋事务国际合作的深入细化也呈现在海洋相关博览会的举办上。2017 年 11 月，我国青岛市举办了第 22 届国际渔业博览会，共有 1500 余家来自 45 个国家及地区的企业参会，展示捕捞、加工、养殖的各类渔业设备，吸引世界各地的渔业相关客商前来洽谈合作事宜。②

（九）海洋事务处理上负责任大国态度更趋明确

我国外交在 2017 年延续了 2016 年海洋维权中坚定明确的态度与立场。2017 年 2 月 13 日，外交部在记者会上谈及美国航母群在总统特朗普上任后一次次的南海巡逻时指出，我国维护海洋权益与主权领土的态度与立场始终坚定，并坚持致力于和平解决与当事国间的争议。我国的岛礁建设与军事化没有关系，并指出在南海派遣军舰挑拨、炫耀的国家才是该地区军事化问题的最大助推因素。7 月 2 日，面对擅自闯入我国领海的美国导弹驱逐舰，我国军舰及战斗机立即采取行动，对擅入美舰进行警告及驱离。③

对于日本政府的 2017 年《防卫白皮书》中对日本周边海域安全问题的渲染和对中国军事活动的肆意评论，我国政府明确回应，我国维护海洋权益和国家领土主权的意志不会改变，我国在本国领海上将会进行常态化的合法活动。④

我国对海洋权益的维护在 2017 年进一步展现了我国负责任大国的态度。4 月，我国外交部部长王毅指出，我国的海洋利益目前已遍及世界各国，境外注册企业及在海外生活工作的我国公民日益增加，装有我国货物的货船航行在世界所有重要国际航道上，因此我国有充足的理由提高自身国防能力，维护世界和平。我国在 2017 年度第二艘航空母舰的建成下水正是这一负责

---

① 《面对这份南海报告 菲律宾称继续信赖中国善意》，新浪网，http://news.sina.com.cn/w/2017 - 12 - 26/doc - ifypxmsr0721586.shtml，最后访问日期：2019 年 1 月 11 日。
② 《第 22 届中国国际渔业博览会在青岛隆重开幕》，《中国水产》2017 年第 11 期。
③ 《外交部发言人陆慷就美国"斯坦塞姆"号导弹驱逐舰擅自进入中国西沙群岛领海事答记者问》，外交部网站，https://www.fmprc.gov.cn/web/fyrbt_673021/dhdw_673027/t1474743.shtml，最后访问日期：2019 年 1 月 11 日。
④ 宗和：《中国坚定维护领土主权和海洋权益》，《中国海洋报》2017 年 8 月 11 日。

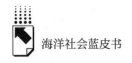

任大国态度的体现。①

我国积极参与国际事务的大国形象已经在各方面收获效果。在 2017 年度联合国秘书长提交给安理会的索马里海盗的相关问题报告中，多次提及中国在应对海盗威胁中发挥的保障航道安全的作用。②

二 2017年我国海洋执法与海洋维权的特点

（一）对海洋权益更趋于系统化的方式进行维护

2017 年度我国海洋事业各领域的权益维护都呈现出更趋系统化的发展特征。首先，海洋事业与国家发展规划之间的同步性更受重视。海警的海洋执法工作在这一年更加重视国家安全的战略统筹作用，海警建设被纳入整体国家安全建设的统筹之中。各级政府普遍重视海洋事业的目标、任务安排。无论是海水淡化事业，还是海岛生态环境的治理与规划等各项海洋事业，都更注重与"十三五"规划进程保持同步。

其次，对各领域海洋事务的管理更倾向于纳入海洋事业整体体系之中。2017 年度各级政府主管部门对各项具体海洋事务、海洋发展中存在的问题，都更倾向于将之纳入海洋事业发展的体系中进行管理和治理。

再次，海洋权益维护的系统化特征也表现在各领域海洋事业的制度化建设进程中。无论是海岸带的保护和利用，还是近岸海域环境污染的防治，以及深海勘探的相关立法，都体现了法制化进程加速推进、海洋事业体系化法治的特点。

最后，极地事业在这一年度的推进也充分显示了持续性特点。"雪龙"号科

---

① 《2017 年 4 月 27 日外交部发言人耿爽主持例行记者会》，外交部网站，https://www.fmprc.gov.cn/web/fyrbt_ 673021/jzhsl_ 673025/t1457372.shtml，最后访问日期：2019 年 1 月 11 日。
② 《外交部：我军派出 26 批护航编队 有力保障国际贸易航道安全》，新浪网，http://news.sina.com.cn/w/2017 - 10 - 27/doc - ifynffnz2911654.shtml，最后访问日期：2019 年 1 月 11 日。

考船在南极和北极的科考活动中都重视基础数据的收集与分析，注重海域适航性能等系统性评价。我国南极事业白皮书的出版，以及与各国签订的关于极地事业的谅解备忘录和决议案，也是极地事业体系化、持续化特点的体现。

（二）对海洋利益的维护相比以往更具针对性

2017 年度，我国对海洋利益的开发、利用、保护和争取更加具有针对性，相关工作的开展务实特点十分显著。首先，针对性表现在具有明确任务目标的行动力的提升上。海洋执法能力的提升正是这一特征的体现。海警在这一年对非法渔业、海砂挖采活动的取缔，对海上走私的打击，对海上搜救的投入等提升执法力度的行为都显示出明确的目的性。

其次，针对性也体现在目的明确的海洋执法力量的技术提升上。海监新型舰艇所使用搭载的新技术设备显然是为满足海洋公益、海洋维权事业的需要；海警适合远洋的大型巡逻舰无疑拓宽了我国海上巡逻力量所能覆盖的海域面积；大吨位监测船的建成也使得我国南海等海域的海洋调查和环境监测质量得到显著提升。

再次，针对性也体现在我国深海勘探等重要海洋科技的纵深发展上。我国在大洋深海海底对可燃冰的开采技术持续突破攻坚，显示了我国对能源开采技术的长期培养的计划性；"蛟龙"号的深度、长时间下潜预示着我国深海大洋相关技术正向着精密化方向不断推进。

另外，对海洋权益维护的针对性也体现在渔业等传统海洋生产实践活动中。搭载电力推进系统的新型渔船的建造正是为了适用于特定海域、特定鱼类的捕捞，目的指向十分明确。

同时，针对性也表现在我国海洋事务的国际合作事业中。我国在这一年的海洋领域的国际合作主题明确深入，态度务实，取得了一系列实质性的成果，意味着我国国际合作的海洋事业正在向着更具针对性的方向发展。

（三）跨领域海洋事务合作趋势显著

2017 年度，我国海洋事业的各领域之间呈现出比较明显的跨领域合作

态势。首先，我国海洋执法领域在 2017 年度联合执法中动向显著。各级海上巡航执法都采取了海事局、海警、海监、国土资源厅等多部门联合执法的形式。同时，我国各级政府对海洋环境的治理也采取了一体化管理形式，对海砂非法挖采、海洋倾废、休渔期监管等行为进行统一管理。国家海洋局及其各分局通过建设"一站多能"，提升对海洋事业的支持能力、服务能力，强调海洋执法的管控力和综合保障力。

其次，在海洋治理的责任认定上，更趋于强调综合责任制度的建设。"湾长制"正是以陆海统筹、协同合作、共同治理为目标的责任认定制度。而海洋督察制度建立的初衷也正是为了进行海陆空全方位的立体式督察。

另外，海洋科技领域的发展同样体现了跨领域的综合化特征。"向阳红 01"在这一年度的海洋科考活动，旨在对浮游海洋生物、海洋漂浮垃圾、海水中所含的放射性元素等项目进行综合考察；[①] 此外，"向阳红 09"之后，"向阳红 03"的科考活动同样致力于大洋深海海域的环境与生态的综合考察。[②]

（四）海洋事业的国际合作更趋务实

2017 年，我国海洋事业的国际合作在延续以往强调对话机制建设等特征之外，显示出更趋务实的发展特点。务实的态度和行动不仅体现在《中国的亚太安全合作政策》等国际合作的政策纲领中，同样体现在海洋事务国际合作的实践中。落实《南海各方行为宣言》的工作在 2017 年获得了很大程度的推进。在 2017 年度，我国无论是与南海各国的双边关系，还是与南海各国间的多边合作都取得了切实的进展。合作集中在产能合作、自贸区建设、区域合作等能产生实质性合作的领域。在处理南海问题所涉及的中美关系时，我国同样秉承开放、合作、对话的态度。通过共同演习和舰艇互访等形式增强互信，管控分歧。同样地，2017 年度我国在处理东海问题所涉及的中日关系上，也围绕东海安全与执法，经济、法律、防务等问题展开了

---

① 王晶：《我国海洋科考迈出新步伐》，《中国海洋报》2017 年 8 月 30 日。
② 郭松峤：《"向阳红 03"船厦门起航赴太平洋》，《中国海洋报》2017 年 7 月 13 日。

切实的合作。

务实、多元的国际合作所取得的效果也是显而易见的。我国在海洋事务的国际合作中开放务实的态度受到了北极国家的欢迎，我国与芬兰在2017年度签订了三份合作备忘录，主题都围绕经贸、能源、低碳等具体合作议题。我国的岛礁建设因注重渔业生产、船舶航行、生态资源保护、海上防灾减灾与搜救等民生需求，因而获得了菲律宾等南海国家一定程度的理解。2017年度青岛举办的第22届国际渔业博览会更是因捕捞、加工、养殖等齐全的渔业设备的展示而吸引了世界各地相关的渔业客商前来洽谈。

三　问题与反思

（一）海洋维权与国家发展规划的契合度有待进一步提升

我国海洋维权与海洋执法在2017年继续保持了与国家发展战略的同步性，显示了近年来我国海洋事业可持续发展的动向。但值得注意的是，在21世纪已经过了近二十年的今天，国际格局变动显著，我国在经济、政治、文化等各领域的软实力与硬实力都已有显著提升，国家发展战略一直在随着国内外环境、因素的变化而不断进行调整，我国的海洋事业也应该注意与时俱进，根据国家发展规划、倡议以及国际环境的变化而进行调整与顶层设计，将海洋执法等维护国家海洋权益的事业有效融入21世纪海上丝绸之路等国家发展的规划之中，进一步提升海权维权与国家发展规划的契合度。

（二）海洋事业的机制化建设仍有很大提升空间

我国海洋权益维护、海洋事业的体系化发展在2017年度得到了显著提升，各领域的海洋事业都显现出体系化建设、机制化建设的动向。然而，体系化建设是一项长期工程，我国海洋事业各领域的规范制定仍不完善，制度实施仍有阻力，监督处罚的责任认定还有欠缺，一体化依然任重道远。2017年度，海洋执法的跨部门、综合化发展取得了一定的成果，然而，目前阶段

离磨合成熟、有效运作还有相当的距离。海洋事业的可持续发展需要我们将各层面各领域的海洋利益都纳入制度体系中进行维护、争取和管理，对存在的问题进行预防和解决，加快完善涉海法律法规的体系与配套的政策和制度，规范权力的运行，加强监督和运行体系的完善。[①] 海洋事业的体系化、机制化进程仍有很大的提升空间。

（三）海洋科技事业的突破攻坚仍然任重道远

2017年，我国海洋科技既在重要课题的攻关上取得了实质性的进展，同时又使得海洋执法的力度因技术设备的加强而获得提升，然而这并不意味着我国海洋科技已经能够满足国家发展所需。国家综合实力的提升需要从海洋中获取能源、生物、航道和空间，对海洋的开发、利用和保护的实践活动又将有助于我国成为海洋大国、海洋强国。因此，我国目前的海洋科技水平显然不足以支撑我国成为海洋开发、利用能力强大的国家，如何将重点领域的突破攻关和海洋科技的多元化发展相结合，仍然是我们需要认真思考的问题。海洋科技事业的突破攻坚仍然任重而道远。

（四）海洋事业的国际合作需要加大开放力度

近年来，我国在海洋事业的国际合作上所秉承的开放、多元、务实的态度取得了一系列积极的效果，使得我国在极地事业、南海问题等重要领域的国际合作上取得了实质性进展。然而，我国海洋事务国际合作的很多方面仍然处于起步阶段，开放、务实的态度带来的国际合作的积极发展态势并不等于目前的国际合作已经满足了"一带一路"建设等国家发展的需求，而海洋利益维护中的多边、双边关系依然存在诸多未解决的问题。我国海洋事业的国际合作仍然需要进一步开放，向着更多元化的方向发展，满足国家发展的各方面需求。

---

① 《法治海洋建设取得新进展新成效》，《中国海洋报》2017年6月19日。

　　我国海洋权益维护与海洋执法的事业在 2017 年度取得了一系列积极的、实质性的进展，形成了诸多令人期待的新动向，同时也延续了我国以往的方针、政策与立场，但提升空间仍然很大，有待解决的海洋事业的既有问题和新问题仍然很多，我国海洋维权与海洋执法之路依然任重而道远。

参考文献

安海燕：《从严控制建设项目用海填海》，《中国海洋报》2017 年 6 月 5 日。

安海燕：《对临时性海洋倾倒区管理再规范》，《中国海洋报》2017 年 7 月 31 日。

安海燕：《加强对取消或下放的审批事项监管》，《中国海洋报》2017 年 7 月 31 日。

白俊丰：《试论总体国家安全观于海警的战略意义》，《公安海警学院学报》2017 年第 2 期。

陈君怡：《全国海洋工作会议在京召开》，《中国海洋报》2017 年 1 月 9 日。

陈君怡：《推进岛屿共同体建设》，《中国海洋报》2017 年 3 月 27 日。

崔鲸涛：《中国第八次北极考察队凯旋》，《中国海洋报》2017 年 10 月 11 日。

丁子：《打造更高水平的中国—东盟战略伙伴关系》，《人民日报》2017 年 8 月 7 日。

方正飞、赵宁、陈君怡：《中国愿为北极发展与合作发挥更大作用》，《中国海洋报》2017 年 4 月 6 日。

方正飞：《国际海底多金属结核矿区勘探合同延期》，《中国海洋报》2017 年 5 月 12 日。

方正飞：《推动中欧海洋合作关系向纵深发展》，《中国海洋报》2017 年 9 月 18 日。

郭海：《国家海洋督察组进入下沉阶段》，《中国海洋报》2017 年 9 月 11 日。

郭松峤：《"向阳红 03"船厦门起航赴太平洋》，《中国海洋报》2017 年 7 月 13 日。

贺林平：《中国—东盟举行史上最大规模海上联合搜救实船演练》，人民网，http：//society. people. com. cn/n1/2017/1031/c1008 - 29619080. html，最后访问日期：2019 年 1 月 11 日。

刘诗瑶：《蛟龙再探海》，《人民日报》2017 年 2 月 7 日。

刘诗瑶：《中国第三十四次南极科学考察队出征》，《人民日报》2017 年 11 月 9 日。

吕宁：《近岸环境监测船"中国海监 201"下水》，《中国海洋报》2017 年 5 月 4 日。

路涛：《〈海岸线保护与利用管理办法〉出台》，《中国海洋报》2017 年 4 月 5 日。

荣启涵：《中国南极科考队完成罗斯海区域高纬度断面调查》，《人民日报》2017 年 2 月 10 日。

王宏：《规范无居民海岛开发利用秩序　完善海岛治理体系》，《中国海洋报》2017 年 1 月 6 日。

王宏：《加强海岸线保护与利用管理 构筑国家海洋生态安全屏障》，《人民日报》2017 年 4 月 10 日。

王宏：《继往开来 推动深海事业走向新辉煌》，《中国海洋报》2017 年 5 月 4 日。

王晶：《我国海洋科考迈出新步伐》，《中国海洋报》2017 年 8 月 30 日。

汪涛：《立体"扫描"启东海域》，《中国海洋报》2017 年 9 月 11 日。

汪涛：《咬定监护不放松——大连市海洋综合管理综述》，《中国海洋报》2017 年 9 月 13 日。

王中建：《提升我国海洋科技整体实力》，《中国海洋报》2017 年 5 月 19 日。

王自堃：《蛟龙号：新的挑战在前头》，《中国海洋报》2017 年 2 月 9 日。

王自堃：《国家海洋局强化两项事中事后监管措施》，《中国海洋报》2017 年 10 月 12 日。

吴琼：《推动海岛工作实现"四新"目标》，《中国海洋报》2017 年 1 月 20 日。

吴琼：《国务院授权国家海洋局开展海洋督察》，《中国海洋报》2017 年 1 月 23 日。

吴琼：《建立实施海洋督察制度的重大意义》，《中国海洋报》2017 年 1 月 24 日。

吴琼：《中国第 33 次南极考察取得五项重大成果》，《中国海洋报》2017 年 4 月 12 日。

吴琼：《"雪龙"船成功穿越北极西北航道》，《中国海洋报》2017 年 9 月 8 日。

吴正龙：《"南海行为准则"谈判有望破局》，《北京日报》2017 年 3 月 14 日。

严东：《全国首个省级海洋与渔业执法"十三五"发展规划出台》，《福建日报》2017 年 1 月 5 日。

杨建超：《全球天然气水合物勘探开发方兴未艾》，《中国石化报》2017 年 6 月 2 日。

赵建东：《〈近岸海域污染防治方案〉印发》，《中国海洋报》2017 年 4 月 20 日。

赵建东：《国家海洋督察全面启动》，《中国海洋报》2017 年 8 月 23 日。

赵建东、赵宁：《中国—小岛屿国家海洋部长圆桌会议召开》，《中国海洋报》2017 年 9 月 22 日。

赵建东：《三年内有效缓解海岛居民用水问题》，《中国海洋报》2017 年 12 月 14 日。

赵婧：《落实新发展理念 探索新治理模式——国家海洋局党组书记、局长王宏谈"湾长制"试点工作》，《中国海洋报》2017 年 9 月 14 日。

赵宁：《国家海洋局发布〈中国的南极事业〉》，《中国海洋报》2017 年 5 月 23 日。

赵宁：《积极实践南极条约倡导的国际合作》，《中国海洋报》2017 年 5 月 26 日。

赵宁：《倡导"绿色考察"保护南极环境》，《中国海洋报》2017 年 6 月 2 日。

张红：《南海局势将迎来关键转折点》，《人民日报海外版》2017 年 2 月 27 日。

章节：《中国舰艇外交展现开放自信》，《中国国防报》2017 年 6 月 23 日。

张旭东：《"发现"号在南海采集到大量冷泉生物》，《科技日报》2017 年 7 月 26 日。

钟声：《对话协商，拥抱南海美好未来》，《人民日报》2017 年 5 月 22 日。

周超：《"欢迎中国参与北极理事会事务"》，《中国海洋报》2017 年 7 月 7 日。

周超：《蛟龙号载人潜水器支持母船开建》，《中国海洋报》2017 年 9 月 18 日。

宗和：《中国坚定维护领土主权和海洋权益》，《中国海洋报》2017 年 8 月 11 日。

《扩大海水利用应用规模》，《中国海洋报》2017 年 1 月 4 日。

国家海洋局东海分局网站：《加强基于生态系统的海洋综合管理》，《中国海洋报》2017 年 1 月 20 日。

《中国海监首架 Y12F 型飞机抵达舟山》，《中国海洋报》2017 年 5 月 26 日。

《法治海洋建设取得新进展新成效》，《中国海洋报》2017 年 6 月 19 日。

《2017 中国海洋经济博览会即将在中国湛江开幕》，《中国海洋报》2017 年 11 月 29 日。

《中日举行第八轮海洋事务高级别磋商》，《中国海洋报》2017 年 12 月 7 日。

《第 22 届中国国际渔业博览会在青岛隆重开幕》，《中国水产》2017 年第 11 期。

《辽宁省海监渔政局参加打击非法采运海砂联席会议》，国家海洋局网站，http：//www. soa. gov. cn/xw/dfdwdt/dfjg/201704/t20170417_ 55588. html，最后访问日期：2018 年 10 月 14 日。

《辽宁省海监渔政局打击非法占用海域采挖海砂首战告捷》，央广网，http：//news. cnr. cn/native/city/ 20170405/t20170405_ 523692814. shtml，最后访问日期：2019 年 1 月 11 日。

《首架中远程特种海上监测飞机"中国海监 B－5002"入列南海分局》，国家海洋局南海分局，http：//www. scsb. gov. cn/scsb/tpxw/201706/fa35359c61314294bbc3c641df1965d7. shtml，最后访问日期：2019 年 1 月 11 日。

《东海分局部署"双随机一公开"工作》，国家海洋局东海分局，http：//www. eastsea. gov. cn/zjdh_ 162/gzdt/201706/t20170629_ 11922. shtml，最后访问日期：2019 年 1 月 11 日。

《中国第 2 艘万吨海警船首航执法 海警 5 年新增百艘舰船》，新浪网，http：//mil. news. sina. com. cn/jssd/2017－06－13/doc－ifyfzhac1859553. shtml，最后访问日期：2019 年 1 月 11 日。

《首批国家海洋督察组完成督察进驻工作》，国家海洋局东海分局网站，http：//www. eastsea. gov. cn/zjdh_ 162/gzdt/201710/t20171010_ 12500. shtml，最后访问日期：2019 年 1 月 11 日。

《国内首批电推渔船赴伊朗南部海域作业》，中国渔业政务网，http：//jiuban. moa. gov. cn/sjzz/yzjzw/ yyyyyzj/zhyyyy/201710/t20171017_ 5842601. htm，最后访问日期：2019 年 1 月 11 日。

《中国第 8 次北极科学考察》，国家海洋局网站，http：//www. soa. gov. cn/xw/hyyw_ 90/201710/t20171010_ 58205. html，最后访问日期：2018 年 10 月 16 日。

《外交部：我军派出 26 批护航编队 有力保障国际贸易航道安全》，新浪网，http：//news. sina. com. cn/w/ 2017－10－27/doc－ifynffnz2911654. shtml，最后访问日期：2019 年 1 月 11 日。

《面对这份南海报告 菲律宾称继续信赖中国善意》，新浪网，http：//news. sina. com. cn/

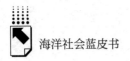
w/2017 – 12 –26/ doc – ifypxmsr0721586. shtml，最后访问日期：2019 年 1 月 11 日。

《2017 年中国海警办理海上治安案件 5000 余起》，中国政府网，http：//www. gov. cn/ shuju/ 2018 –02/25/ content_ 5268674. htm，最后访问日期：2019 年 1 月 11 日。

《国家海洋局首批 3 艘 500 吨级近岸海洋环境监测船入列南海分局》，搜狐网，https：// www. sohu. com/a/202867127_ 543943，最后访问日期：2019 年 1 月 11 日。

《河北省举办 2017 年涉韩入渔培训》，中国渔业政务网，http：//search. agri. gov. cn/ agrisearch/search_ yzj. jsp，最后访问日期：2019 年 1 月 11 日。

《外交部条法司司长徐宏率团赴伦敦出席中英外交部国际法和海洋法事务磋商》，外交部 网站，https：//www. fmprc. gov. cn/web/wjbxw_ 673019/t1512570. shtml，最后访问日 期：2019 年 1 月 11 日。

《中国和越南举行外交磋商》，外交部网站，https：//www. fmprc. gov. cn/web/wjbxw_ 673019/t1443703. shtml，最后访问日期：2019 年 1 月 11 日。

《中日举行第七轮海洋事务高级别磋商》，外交部网站，https：//www. fmprc. gov. cn/ web/wjbxw_ 673019/t1474441. shtml，最后访问日期：2019 年 1 月 11 日。

《中日举行第八轮海洋事务高级别磋商》，外交部网站，https：//www. fmprc. gov. cn/ web/wjbxw_ 673019/t1517003. shtml，最后访问日期：2019 年 1 月 11 日。

《外交部发言人陆慷就美国"斯坦塞姆"号导弹驱逐舰擅自进入中国西沙群岛领海事答 记者问》，外交部网站，https：//www. fmprc. gov. cn/web/fyrbt_ 673021/dhdw_ 673027/t1474743. shtml，最后访问日期：2019 年 1 月 11 日。

《2017 年 4 月 27 日外交部发言人耿爽主持例行记者会》，外交部网站，https：// www. fmprc. gov. cn/web/fyrbt_ 673021/jzhsl_ 673025/t1457372. shtml，最后访问日期： 2019 年 1 月 11 日。

附 录

Appendix

B.18
中国海洋社会发展大事记
（2017年）*

2017年1月1日 我国海洋气象、水文观测、常规海洋环境监测投入业务化运行，南沙三大岛礁海洋环境预报同期发布。

2017年1月4日 国家海洋局和国家统计局在京召开促进海洋经济可持续发展战略合作座谈会。

2017年1月6日 全国海洋工作会议在北京正式召开。

2017年1月7~8日 科考船"海洋六号"成功从南极3550米水深处的海底取得了长达六米多的沉积物样本。

2017年1月8日 中国首架极地固定翼飞机"雪鹰601"成功降落在位于南极冰盖最高区域的昆仑站机场，实现了世界上该类飞机首次在此降落。

2017年1月8日 中国"向阳红10"远洋科考船开始中国大洋第43航

---

* 附录由中国海洋大学国际事务与公共管理学院社会学专业研究生宋枫卓整理完成。

次科学考察的第二航段作业。

2017 年 1 月 8 日 中国海洋发展基金会第一届理事会第二次会议在北京召开。

2017 年 1 月 10 日 国家海洋局印发修订后的《关于无居民海岛使用项目审理工作的意见》。

2017 年 1 月 12 日 全国渔业渔政工作会议在北京召开。

2017 年 1 月 12 日 国家海洋可再生能源资金项目——LHD - L - 1000 林东模块化大型海洋能发电机组项目（一期）在浙江舟山通过专家验收。

2017 年 1 月 16 日 国家海洋环境预报中心召开 2017 年工作会议，发布了《国家海洋环境预报中心"十三五"事业发展规划》。

2017 年 1 月 22 日 国家海洋局正式发布《海洋督察方案》。

2017 年 1 月 23 日 我国首颗 1 米分辨率 C 频段多极化合成孔径雷达卫星"高分三号"正式投入使用。

2017 年 2 月 1 日 执行中国第 33 次南极科考任务的"海洋六号"船完成任务。

2017 年 2 月 6 日 "三龙"聚首探深海活动将在国家深海基地管理中心举行，标志着由"蛟龙"号、"海龙"号和"潜龙"一号组成的"三龙"系列潜水器正式聚首青岛。

2017 年 2 月 10 日 "2016 年海洋生产总值核算基础资料会审会"在广州组织召开。

2017 年 2 月 16 日 国家海洋局生态环境保护司在北京组织召开了控制海上污染物排放许可制度实施工作方案研讨会。

2017 年 2 月 17 日 全国海洋倾废管理工作研讨会在北京组织召开。

2017 年 2 月 19 ~ 24 日 第二次"中英气候变化风险评估项目"指导组会议在伦敦举行。

2017 年 3 月 2 日 国际大气环流重建计划（ACRE） - 中国子计划（ACRE China）第 2 届研讨会在中国香港举行。

2017 年 3 月 16 日 国家海洋局在京召开新闻发布会，发布《2016 年中国海洋经济统计公报》。

2017 年 3 月 17 日 国家海洋局办公室颁布了《2017 年海洋科技工作要点》。

2017 年 3 月 20 日 澳门特别行政区公报刊登行政长官崔世安的批示，设立"海域管理及发展统筹委员会"，进一步妥善推动海域管理及发展。

2017 年 3 月 21 日 我国首条深海海洋可控源电磁探测剖面在南海北部海域成功完成，使我国成为继美国、挪威之后，具备研发大电流水下逆变系统能力的国家。

2017 年 3 月 21 ~ 27 日 南海某登陆舰支队井冈山舰、昆仑山舰组成编队，搭载数架直升机和多艘国产新型气垫艇，奔赴陌生海域开展多方向立体夺控岛礁演练。

2017 年 3 月 22 日 国家海洋局局长王宏在京会见葡萄牙驻华大使若热·托雷斯·佩雷拉，双方就推进海洋领域务实合作进行了交流。

2017 年 3 月 22 日 国家海洋局在北京召开新闻发布会，对外发布《2016 年中国海平面公报》。

2017 年 3 月 23 日 《2016 法治海洋建设情况报告》研讨会在天津市远洋宾馆举行。

2017 年 3 月 23 日 正在执行中国第 33 次南极考察任务的"雪龙"船根据既定航线顺利完成本航次第 4 次"西风带"穿越。

2017 年 3 月 23 日上午 11 点 由国家海洋局南海预报中心制作的南海三大岛礁海洋环境预报信息，正式通过广州海岸电台向整个南海区域播发。

2017 年 3 月 25 日 天宫二号空间实验室海洋应用有效载荷在轨测试海上同步观测试验顺利结束。

2017 年 3 月 25 日 博鳌亚洲论坛 2017 年年会在海南博鳌开幕，21 世纪海上丝绸之路岛屿经济分论坛于当日举行，围绕"海洋经济的新未来：开放与合作"主题展开积极探讨。

2017 年 3 月 27 ~ 31 日 我国代表团在马来西亚吉隆坡参加国际海洋数据和信息交换委员会（IODE）第 24 次大会。

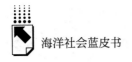

2017 年 3 月 27 日　执行中国大洋科考第 43 航次第三航段任务的"向阳红 10"船圆满结束科考任务抵达毛里求斯路易港。

2017 年 3 月 28 ~ 29 日　第 25 届太平洋海洋科学技术大会在舟山举行。

2017 年 3 月 29 日　国家海洋局在京召开 2017 年全国海洋生态环境保护工作会议。

2017 年 3 月 31 日　国家海洋局在京召开《海岸线保护与利用管理办法》新闻发布会，这是我国首个专门针对海岸线而制定的政策法规性文件。

2017 年 4 月 8 日　《2016 年中国海洋工程年报》在中国海洋工程咨询协会理事会二届二次会议上正式发布。

2017 年 4 月 12 日　北海区海洋生态环境保护工作会议召开。

2017 年 4 月 19 日　国家海洋局海域综合管理司组织召开海上构筑物信息系统建设启动会。

2017 年 4 月 19 日　习近平总书记到广西壮族自治区考察调研指出，要写好新世纪海上丝绸之路新篇章。

2017 年 4 月 22 日　"蛟龙"号载人潜水器在三亚锚地进行全流程演练，为南海 2017 年第一潜做好准备。

2017 年 4 月 26 日上午　我国第二艘航空母舰在大连举行下水仪式。

2017 年 4 月 28 日　第六代深水半潜式钻井平台"海洋石油 982"在大连成功出坞下水。

2017 年 5 月 2 日　世界最大的沉管隧道——港珠澳大桥沉管隧道顺利合龙。

2017 年 5 月 8 ~ 10 日　第二届环印度洋联盟（IORA）蓝色经济部长会议在印度尼西亚雅加达举行。

2017 年 5 月 10 日　围绕"一带一路"建设，国家发改委联合宁波市政府，发布了海上丝路贸易指数。

2017 年 5 月 16 日　"海洋数据信息管理与交换对海洋和海岸带可持续发展及 SDG - 14 的作用"区域研讨会在津顺利开幕。会议期间成功发布了首个由我国研发面向全球的西太海洋数据共享服务系统。

2017 年 5 月 18 日　我国南海神狐海域天然气水合物（可燃冰）试采实现连续超过 7 天的稳定产气，取得天然气水合物试开采的历史性突破。

2017 年 5 月 19 日　全国海洋信息化工作第一次会议在京召开。

2017 年 5 月 22 日　中国—小岛屿国家海洋部长圆桌会议第一次筹备工作会议在京召开。

2017 年 5 月 22 日　中国海洋学会与厦门市海洋与渔业局签署合作框架协议，标志着双方业务合作进一步加深。

2017 年 5 月 25 ~ 26 日　第六届中国海洋能发展年会暨论坛在珠海召开。

2017 年 5 月 26 日　东瓯海洋综合观测平台建设项目通过专家组验收。这也是我国首个位于领海基线外的离岸远距离海上综合观测平台。

2017 年 6 月 1 ~ 2 日　在比利时召开"中欧蓝色海洋年"——预报、数据、监测、规划与指标研讨会。

2017 年 6 月 8 日　2017 年世界海洋日暨全国海洋宣传日开幕式以及 2016 年度海洋人物颁奖仪式在江苏南京举行。

2017 年 6 月 8 日　我国自主研发的 PeneVector-Ⅲ 重型海床式静力触探系统正工作在"深中通道"跨海超级工程勘查现场，标志着我国已完全掌握了海床式静力触探系统技术开发和工程服务的全套技术。

2017 年 6 月 9 日　联合国海洋大会在联合国总部闭幕并通过了成果文件。

2017 年 6 月 12 日　海洋生物资源保护与利用高峰论坛在昆明拉开帷幕。

2017 年 6 月 12 日　青岛海洋科学与技术国家实验室召开"2017 年度黄海浒苔绿潮发展态势"研讨会。

2017 年 6 月 23 日　搭载我国"蛟龙"号载人潜水器的"向阳红 09"试验母船满载成果，完成中国大洋 38 航次科学考察任务返航，标志着 2017 年"蛟龙"号试验性应用航次顺利结束。

2017 年 7 月 16 日　中国社会学会 2017 年学术年会分论坛暨第八届中国

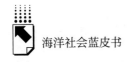
海洋社会学论坛于上海大学宝山校区开幕。

2017 年 7 月 17 日　海上丝绸之路互联互通国际研讨会在大连开幕。

2017 年 7 月 23 日　"北纬 18°的海洋狂欢——2017 中国（陵水）国际潜水节"在海南省陵水黎族自治县正式开幕。

2017 年 7 月 25 日　琼州海峡水上飞机首飞成功，推动半小时交通圈建设。

2017 年 7 月 29 日　受第 9 号台风"纳沙"和第 10 号热带风暴"海棠"影响，国家海洋局启动海洋灾害二级应急响应。

2017 年 8 月 2 日　2017 东亚海洋合作平台青岛论坛市场运营合作伙伴签约仪式在北京举行。

2017 年 8 月 16 日　第二届中国南海（三亚）开渔节隆重举行。

2017 年 8 月 16～18 日　2017 海上风电领袖峰会在江苏省南通市召开。

2017 年 8 月 18 日　海洋科学技术奖奖励委员会第五次会议在京召开。

2017 年 8 月 22 日　第十一届海峡两岸海洋科学研讨会召开。

2017 年 8 月 31 日　海洋信息系统高峰论坛在天津滨海新区举行。

2017 年 9 月 6 日　中国第八次北极科学考察队乘"雪龙"船进入波弗特海，标志着我国考察队首次成功穿越北极西北航道，开辟了北美经济圈（大西洋沿岸）至东北亚经济圈海上新通道。

2017 年 9 月 12 日　"2017 国际海洋创新发展论坛暨 2017 年国际海洋创新创业大赛启动仪式"在山东青岛国际博览中心举行。

2017 年 9 月 21 日　我国首次举办的中国—小岛屿国家海洋部长圆桌会议在福建平潭召开。

2017 年 9 月 24 日　《国家海洋创新指数报告 2016》在浙江温州召开的第四届中国海洋发展论坛上发布。

2017 年 9 月 26 日　在中国沿海湿地保护网络年会上，《中国沿海湿地保护绿皮书 2017》发布，这是我国沿海湿地健康状况的第一份"体检报告"。

2017 年 9 月 29 日　远望 3 号完成遥感三十号 01 组卫星海上测控任务。

2017 年 10 月 14 日　中国海洋发展研究会"海洋外交与战略专业委员会"东南亚海洋事务研究基地揭牌仪式暨"岛礁建设、南海局势与 21 世纪海上丝绸之路安全"圆桌研讨会在广西民族大学举行。

2017 年 10 月 30 日　中葡蓝色伙伴关系与 21 世纪海上丝绸之路研讨会在北京召开。

2017 年 10 月 30 日~11 月 2 日　青岛海洋科学与技术国家实验室组织召开了 2017 年第 11 期鳌山论坛——"东北印度洋及其周边地区沉积与构造演化"主题研讨会。

2017 年 10 月 31 日　中国海洋学会 2017 年学术年会在青岛召开。

2017 年 10 月 31 日　中国—东盟国家海上联合搜救首次实船演练在湛江外海海域举行。

2017 年 10 月 31 日　十二届全国人大常委会第三十次会议听取了关于《中华人民共和国海洋环境保护法》等 11 部法律的修正案（草案）的议案说明。

2017 年 11 月 2 日　农业部在厦门举办了第二届中国休闲渔业高峰论坛暨休闲渔业品牌发布活动。

2017 年 11 月 1 日　全球气候变化与国际合作深远海装备技术学术会在青岛西海岸召开。

2017 年 11 月 3 日　2017 第六届世界海洋大会在深圳大鹏新区开幕。

2017 年 11 月 3~9 日　2017 厦门国际海洋周举行。

2017 年 11 月 8 日　中日海洋对话会在海口召开。

2017 年 11 月 17 日　国家海洋局海底科学重点实验室 2017 年度学术年会暨第五届学术委员会第一次会议在杭州召开。

2017 年 11 月 23 日　为期两天的 2017 深海能源大会在海南省海口市召开。

2017 年 11 月 28 日　由国家海洋局海洋发展战略研究所主办的海洋发展战略论坛（2017）在京召开。

2017 年 11 月 28 日　"全球变化与海气相互作用"专项国际合作项目

"印度洋—太平洋海洋环境变异与海气相互作用"进展总结交流会在青岛召开。

2017 年 11 月 30 日　2017 世界海洋大会暨海洋发展黄岛论坛在青岛西海岸新区举行。

2017 年 12 月 5 日　"第四届中韩海洋合作论坛"在海口召开。

2017 年 12 月 5 ~ 6 日　第八轮中日海洋事务高级别磋商在上海举行。

2017 年 12 月 7 日　为期两天的首届中欧蓝色产业合作论坛在深圳开幕。

2017 年 12 月 8 日　"中国—欧盟蓝色年"闭幕式在深圳举行。

2017 年 12 月 9 ~ 11 日　中国环境与发展国际合作委员会 2017 年年会在京举行。

2017 年 12 月 14 日　2017 中国海洋经济博览会在湛江举行。

2017 年 12 月 16 日　首届海洋区域科学研讨会暨第四届海洋经济与海洋城市创新发展论坛在集美大学举行。

2017 年 12 月 21 日　国家海洋局对外公布了《关于开展编制省级海岸带综合保护与利用总体规划试点工作的指导意见》。

2017 年 12 月 22 日　国家海洋局和国家国防科技工业局联合发布《海洋卫星业务发展"十三五"规划》。

2017 年 12 月 24 日　我国自研水陆大飞机 AG600 首飞。

2017 年 12 月 27 日　中华人民共和国第十二届人民代表大会常务委员会第十三次会议审议通过了《中华人民共和国船舶吨税法》。

2017 年 12 月 28 日　中国极地科学技术委员会在京成立。

Abstract

Report on the Development of Ocean Society of China (2018) was the fourth blue book of ocean society which organized by Marine Sociology Committee and written by experts and scholars from higher colleges and universities.

This report made a scientific and systematic analysis on the current situation, achievements, problems, trends and countermeasures of ocean society in 2017. In 2017, China's marine industry continued to grow steadily. The systematic development of marine society was characterized. The practice of marine development, utilization and protection was more consistent with the national top-level design. The marine industry showed a deepening trend in institutionalization. However, many aspects of China's marine social system are still not perfect, and the shortcomings in the marine hard power and marine soft power are still obvious. The various aspects of marine society are structurally contradicted due to the unsynchronized development. To realize the benign operation and coordinated development of the marine society, we must further increase the social participation of the marine industry, continue to promote the systematic construction of the marine society, and pay attention to the basic construction of the marine industry.

This report was consisted of three parts: the general report, branch reports and the special topics. The report has carried out scientific descriptions and in-depth analysis on topics such as marine environment, marine management, marine education, rule of law, marine public service, marine folk culture, coastal and distant fishery, marine ecological civilization demonstration area, marine supervision, coastal area planning, Maritime Silk Road, maritime law enforcement and maritime right maintenance and finally put forward some feasible policy suggestions.

Contents

I   General Report

Abstract: In 2017, China's marine industry continued to show steady growth. The systemization of marine society continued to strengthen. The development of the marine industry remained in the same direction as the national top-level design. The institutionalization of the marine industry has made great progress. Practice activities in marine fields tend to develop in depth. At the same time, the systematic construction of China's marine society still faces many difficulties and challenges since its inception; the shortcomings of marine hard power and marine soft power are still obvious; the development of various areas of marine society is not synchronized, and various structural contradictions have become prominent. To this end, the development of China's marine industry needs to further increase social participation and continue to promote the systematic construction of the marine society. China has to be committed to the basic construction of marine undertakings in all aspects to stimulate the vitality of the marine society and promote the sustainable development of the marine industry.

Keywords: Marine Society; Systematic Construction; Sustainable Development

II   Segment Reports

B. 2   China's Marine Public Service Development Report

Cui Feng, Shen Bin / 015

Abstract: 2017 was an important year for the implementation of the "13th Five-Year Plan", which gave a new situation to the development of marine public services. Marine search and rescue had been continuously strengthened, marine investigation and forecast had been fully launched, and marine disaster prevention and mitigation system had been continuously improved. It projected the top-level design had been constantly improved and the cooperation between departments had been constantly strengthened, and the international cooperation had become more prominent China's wisdom, the ocean new territory had been exploited continuously development characteristics. However, the awareness of national marine public service needed to be improved, and the development of the third party support needed to be refined and specialized.

Keywords: Marine Public Service; Marine Search and Rescue; Preventing and Reducing Marine Hazards

B. 3   China's Marine Folklore Development Report

Wang Xinyan / 037

Abstract: In 2017, with the in-depth implementation of China's maritime power strategy, the maritime consciousness of the Chinese people has been continuously enhanced, and the development of marine folklore has presented four new trends: the marine folk customs are more abundant; the Guangxi Beibu Gulf area and the Hainan Lake Gate have become marine folklore development. The rising star; the marine folk industry is developing rapidly and the space is large; the

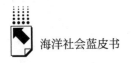
interdisciplinary phenomenon of marine folklore research is obvious. Of course, there are also problems such as insufficient interpretation of the meaning of marine folk symbols, unbalanced regional development, and weak development of other marine folk affairs except sea god beliefs and sea rituals, which need to be solved one by one in the next development. The development of marine folklore in the future should be closely integrated with the development of marine society, so that multi-subjects should participate together, deepen, protect and pass on; promote "constructive destruction" and "developmental destruction"; attach importance to and deal with many groups of relationships; Strengthen the translation of marine folk culture, make full use of big data and modern network technology to promote the development of marine folklore.

Keywords: Marine Folklore; Marine Sacrifice; Marine Culture Industrialization

B. 4   China's Marine Environment Development Report

Zhao Ti / 050

Abstract: In the year of 2017, the quality of China's marine environment showed a stable but positive trend. Based on the indicator data of 'Bulletin of China Marine Ecological Environment Status' issued by State Oceanic Administration, this paper will analyze nine main indicators of yearly development status from marine cleanliness, the amount of marine resources, marine ecological health status and the degree of natural form stability. Compared to the last year, two main indicators improved significantly, one indicator deteriorated and the rest of them showed a stable but positive trend. With the experience enrichment, China has made a deeper understanding of marine ecological and environmental protection. This is reflected not only on the name revise of the Bulletin, but also a more elaborate and systematic of monitor content. However, China's career of marine ecological protection is promoting in a systematic and detailed way, but the current marine environment is facing a critical situation. Efforts to seek multilateral cooperation on the international marine environment and to strengthen regional cooperation on the marine environment could be effective ways to break this bottleneck.

Keywords: Marine Environment; Ecological Environment Protection; Environment Monitor; "Bulletin of China Marine Ecological Environment Status"

B. 5 China's Ocean Culture Development Report

Ning Bo, *Guo Jing* / 066

Abstract: after 2016's promotion and leap, and the general picture and prospect of China's ocean culture map, ocean culture entered the stage of theoretical extension and practical expansion in 2017. By paying close attention to the history and present of ocean culture resources, and the kaleidoscope investigation, it turned to pay more attention to the quality promotion and development of ocean culture. It is manifested in the numerous theoretical studies, which begin to migrate from the macro and meso level to the micro level. Scholars' theoretical concerns are also more diversified and deeper. Especially the theoretical exploration gradually changed from the fixed-point observation, the investigation of phenomena and facts into the comparative vision. Through comparison, it leads to deep thinking on the more essential and characteristic contents of ocean culture. As a result, it corrects the previous partial understanding, returns to the essence of the problem of ocean culture. At the practical level, the interest in research has shifted from appealing to the relevant government departments to pay attention to the marine culture, and turning to the attention to specific places and problems. It begins to think about how to transform ocean cultural resources into cultural products by what means and how to arouse people's interest and enthusiasm in the consumption of ocean cultural products. These gratifying trends are leading to the qualitative extension and the theory promotion, and its theorization, systematization and scientization of ocean culture's discipline system.

Keywords: Ocean Culture; Ocean Civilization; Ocean Cultural Industry

B. 6　China's Ocean Education Development Report

Zhao Zongjin, *Liu Yanan* / 080

Abstract：The 21st century is the century of oceans. It is the era of human beings'comprehensive development and utilization of oceans. The report of the Eighteenth National Congress of the Communist Party of China puts forward the strategic goal of building a powerful maritime country. Marine powers should have strong comprehensive national strength, which is highly related to national marine consciousness. The promotion of national ocean consciousness must depend on high-quality ocean consciousness education. In 2017, on the basis of the 13th Five-Year Plan, China has further strengthened and improved the work of ocean awareness education for all. Although some achievements have been made, there are still some problems：the basic ocean education is relatively weak；the development of higher ocean education is not balanced；the strength of vocational ocean education is weak；and the relevant policies of public ocean education are not perfect. Finally, in view of the existing problems, suggestions are put forward from the aspects of education, teaching, propaganda system, economic input, policy support and international exchanges.

Keywords：Marine Education；Maritime Consciousness；Marine Education Policy

B. 7　China's Marine Rules of Law Development Report

Li Enqing, *Bai Jiayu* / 093

Abstract：China made two important advances in ocean legislation in 2017. On the one hand, under the reform requirements of the state's administration of decentralization, *Marine Environment Protection Law of the People's Republic of China* (Amendment 2017) abolished the administrative examination and approval system for sewage outlets into the sea, and emphasized the strengthening of the supervision of the sewage discharge into the sea. *Regulations of the People's Republic of China on the Dumping of Wastes at Sea* (2017 Revision) also optimized the management of the country's dumping of seas, improved the relevant supporting systems, and introduced supporting measures. On the other hand, China has implemented the rule of law for the management of ocean observation sites and the management of ocean observation data, and has promulgated *the Measures for the Administration of the Ocean Observation Data* and *the Measures for the Administration of the Ocean Observation Stations.*

Keywords: Marine Legislation; Government Streamlining; Ocean Observation

B. 8　China's Marine Management Development Report

Wang Guanxin, Gao Facheng / 106

Abstract: 2017 is an important year for the 13th Five-Year Plan. China's marine management is guided by the strategic guidance of "Marine potestatem", "Blue Economy" and "Maritime Silk Road". This paper expounds the connotation, development and institutional basis of "marine management", and based on the development of marine management in China, it sorts out the new regulations and theoretical explorations of marine ecological construction, marine functional area planning and marine law enforcement in 2017. It presents the following characteristics: marine ecology is the core of marine management; the marine management system is still under construction, mainly focusing on the implementation of marine legislative supplements and marine administrative supervision. At the same time, marine management is also faced with challenges such as the urgency of marine ecology, the changing international environment of the ocean, and the overlapping of functions of the marine management system. In the future, China's ocean management will present a balanced development of the blue economy and ecological environment, the coordinated development of land and sea management and the comprehensive development of sea power

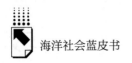
capabilities. In order to cope with these challenges and trends, while promoting the integration and optimization of marine legislative work, marine management system construction, and marine law enforcement forces, China should also pay attention to the indicators of citizens' marine awareness, marine talents, and marine public services.

Keywords: Marine Management; Integrated Marine Management; Marine Management Systems; Marine Ecology

Ⅲ Subject Reports

Abstract: Although the protection of China's intangible cultural heritage has achieved initial results, the protection of Marine intangible cultural heritage is still in the elementary stage of development. This paper systematically reviews the important progress of this year's work on the marine intangible cultural heritage from four aspects: institutional guarantee, industrialization development, academic research and popularization of knowledge. Under the current social background, the continuous transition of Marine cultural space has posed an important challenge for us to carry out the work of Marine intangible cultural heritage protection. In addition, the intervention of administrative forces and market factors has gradually standardized and programmed the protection of marine intangible cultural heritage, which violates our idea of living heritage that we emphasize. In the future, the inheritance and protection of the marine intangible cultural heritage will face great challenges.

Keywords: Marine Intangible Cultural Heritage; Intangible Cultural Heritage; Marine Cultural Space

B. 10　China's Deep Sea Fishing Development Report

Chen Ye, Dai Haoyue / 140

Abstract: It is in 1985 that the fleet of China National Fisheries Corporation went to the fishing around the waters of the Atlantic Ocean in West Africa, which marked the beginning of Chinese deep sea fishing. In the history of more than 30 years of development, Chinese deep sea fishing experienced six stages e. g. blank period (1949 – 1971), active preparation period (1972 – 1984), initial period (1985 – 1990), rapid development period (1991 – 1997), adjustment period (1998 – 2006) and optimization period (2007 to present). Supported by a series of fruitful incentives and supporting policies, Chinese deep sea fishing achieved fruitful results, and deep sea fishing in coastal provinces and cities flourished. Tuna, squid and mackerels are the main species of Chinese deep sea fishing. Fishing for Antarctic krill are tested in recent years. There are still some problems in the development of Chinese deep sea fishing. Further supports from the government, good international environment and coordination between domestic and international markets are essential for the development of Chinese Deep Sea Fishing Development.

Keywords: Deep Sea Fishing; Encouragement Policy; Fishery Agreement; Laws and Regulations

B. 11　China's Maritime Silk Road Construction Development

Report　　　　　　　　　　　　　　　　　*Liu Qin* / 158

Abstract: Based on Connectivity of People, the construction of Maritime Silk Road in 2017 has carried out multi-directional and depth interactive actions. There are certain academic discoveries and research advances in history excavation, integration of seaports, sea god communication, marine migration, sounds outside region, and educational exploration. Combined the needs of 21st

Century Maritime Silk Road, it is found that further research is urgently needed marine society history in introspection perspective, and in others perspectives, quantitative methods and contributions of think tanks. It is hoped that the research results can better meet the construction needs of the 21st Century Maritime Silk Road.

Keywords: Connectivity of People; Maritime Silk Road; The Belt and Road Initiative

B. 12　China's Coastal Regional Planning Development Report

Dong Zhen, Ye Chaonan / 181

Abstract: During the year of 2017, China's coastal regional planning had experienced a continual developing transformation. The 13rd five-year Plan, report of 19th National Congress of CPC and B&R Initiative still consists the key logic for China's coastal regional planning. Regions of Bohai Sea Ring, Yangtze River Delta and Pearl River Delta still play important roles among sphere of regional planning, too. On province level, several plannings had been made to follow the main planning of country. In future, China's coastal regional planning should focus on Spatial Collaborative Governance, Ecological Planning and Gulf/Coastal regional planning for further improvement.

Keywords: 13rd Five-year Plan; Regional Planning; Coastal Regional Planning

B. 13　China's Coastal Fishermen and Fishery Development Report

Wang Libing / 190

Abstract: In 2017, the overall development of fishery development in China's offshore fisheries was good, and the output value of fishery economy continued to show a growth trend. The per capita income of fishermen also maintained a good growth. In 2017, the problems faced by China's offshore fishermen and fishery development are mainly based on structural imbalances, but problems such as marine ecological damage, environmental pollution and inadequate management remain. Therefore, optimizing marine fishery production structure, strengthening marine ecological environment monitoring and protection, and further improving marine fishery planning and management should be important measures to solve and improve the development of offshore fishery and fishermen in the future.

Keywords: Offshore; Fishermen; Fishery; Production Structure

B. 14 China's Marine Ecological Civilization Demonstration Zone Construction Development Report

Zhang Yi, Ma Xueying / 202

Abstract: The construction of the marine ecological civilization demonstration zone focuses on intensive use of marine resources and effective protection of the marine environment, and has achieved some achievements in marine economic development and marine environmental protection. However, in the process of industrialization and urbanization, with the increase of marine economic activities, the reduction of resources and system degradation pressures faced by marine ecosystems is increasing, which not only poses risks to the marine ecological environment, but also challenges the sustainable development of the demonstration areas. In recent years, the state has successively issued opinions on the construction of marine ecological civilization demonstration zones, and launched the first marine surveillance for marine environmental protection. Local governments have also increased investment in the construction of demonstration zones. In view of the status quo and existing problems of marine ecological civilization construction in coastal areas, the demonstration area needs to adhere to

the principles of linkage management, ecological priority, point and face combination, and public participation, through sound institutional design, scientific development methods and extensive social participation. Further realize the comprehensive promotion of marine ecological civilization construction, and then form a large-scale pattern of comprehensively promoting the construction of demonstration zones.

Keywords: Marine Ecological Civilization; Demonstration Area; Urban Development; Sea Harmony

B. 15　China's Coastal Protection and Development Report

Liu Min, Yue Xiaolin / 218

Abstract: Since 2017, China's coastal protection has made remarkable achievements in system construction and concrete practice. The construction of the rule of law at the central government level has been solidly promoted, and the practice of coastal zone protection at the local government level has risen steadily. Institutional innovation and policy implementation of coastal zone protection have been effectively combined. However, in the development of coastal zones at the local government level, the inherent contradictions of economic development and marine environmental protection still plague many coastal areas, especially the unrestricted reclamation, which makes the ecological environment damage of coastal zones very serious. So, we need to coordinate the relationship between coastal development and marine ecological environment. Therefore, we must establish and practice the concept of green development, strengthen and improve the coastal zone protection by strengthening social participation, establishing the overall governance system, and improving the government-led coastal zone protection model, so as to achieve the simultaneous development of coastal zone protection and development.

Keywords: Coastal Zone Protection; Coastal Zone Development; Green Development

B. 16   China's National Ocean Inspector Development Report

Zhang Liang / 231

Abstract: The National Ocean Inspector is a hierarchical supervision system for the marine resources and environment at the national level. Its purpose is to urge local governments to implement the statutory responsibilities of sea island resources supervision and ecological environmental protection, thereby improving the marine resources and environmental supervision system. The State Oceanic Administration established the first batch of six marine inspectors with the focus on the special inspection of reclamation, in late August 2017 it entered the six provinces (autonomous regions) of Hebei, Fujian, Jiangsu, Liaoning, Guangxi and Hainan. In mid-November 2017, the second batch of five inspectors formed by the State Oceanic Administration conducted marine inspectors in five provinces (municipalities) of Shandong, Zhejiang, Tianjin, Guangdong and Shanghai. Overall, the National Marine Inspector in 2017 achieved the following results: it establish a hierarchical supervision system for the protection of marine resources at the national level, and it sank the inspector to the people's government in the district, at the same time it pays attention to the implementation of the "three-dimensional inspector" of "sea, land and air", focusing on social supervision and side-by-side reform in the process of supervision. On the other hand, There are also a series of problems in the National Marine Inspector, for example, the marine integration inspector needs to be strengthened, the marine inspector legislation needs to be improved, the independence of the marine inspectorship needs to be further protected, and the durability of the marine inspector's effectiveness needs to be strengthened. Looking forward to the future development of national marine inspectors, the main countermeasures include: strengthen marine integration supervision and achieve cooperation in the protection of regional marine environmental resources; Advance the marine inspector legislation and realize the rule of law in marine inspectors; Define the power relations between the State Marine Inspectorate and the local government and its marine administrative department to ensure the independence of

the marine inspectorate; Establish a resident agency of the marine inspectorate in the local government to ensure the durability of the effectiveness of marine inspectors.

Keywords: National Ocean Inspector; Marine Inspectorate; Integrated Inspector; Rule of Law Inspector; Independence of the Power of Marine Inspector

B. 17 China's Maritime Law Enforcement and Maritime Right Maintenance Development Report

Song Ning'er, Zhang Cong / 252

Abstract: Maritime rights and interests belong to the sovereignty of the country and have an important impact on national security and political and economic development. Actively safeguarding maritime rights and interests and improving marine law enforcement capabilities are the only way to maintain national sovereignty and inevitable choice for realizing a maritime power. In 2017, China's marine law enforcement and rights protection maintained China's long-standing policies and positions. Meanwhile, with the development of marine development, utilization and protection activities, many new trends have been formed, resulting in a series of significant changes. China's marine law enforcement and rights protection have many new characteristics: the maintenance of maritime rights and interests has become more systematic; the maintenance of maritime interests has been more targeted; the trend of cross-disciplinary cooperation in ocean affairs has been remarkable, and the international cooperation in marine undertakings has become more pragmatic. At the same time, it summarizes some problems existing in China's marine law enforcement and marine rights protection, including: the fit between marine rights protection and national development planning needs to be further improved; there is still much room for improvement in the institutionalization of marine undertakings; realizing marine science breakthrough is still a long way to go, and the international cooperation in the marine industry needs to be more open.

Keywords: Marine Rights; Marine Law Enforcement; The Belt and Road

Ⅳ   Appendix

❖ 皮书起源 ❖

"皮书"起源于十七、十八世纪的英国,主要指官方或社会组织正式发表的重要文件或报告,多以"白皮书"命名。在中国,"皮书"这一概念被社会广泛接受,并被成功运作、发展成为一种全新的出版形态,则源于中国社会科学院社会科学文献出版社。

❖ 皮书定义 ❖

皮书是对中国与世界发展状况和热点问题进行年度监测,以专业的角度、专家的视野和实证研究方法,针对某一领域或区域现状与发展态势展开分析和预测,具备原创性、实证性、专业性、连续性、前沿性、时效性等特点的公开出版物,由一系列权威研究报告组成。

❖ 皮书作者 ❖

皮书系列的作者以中国社会科学院、著名高校、地方社会科学院的研究人员为主,多为国内一流研究机构的权威专家学者,他们的看法和观点代表了学界对中国与世界的现实和未来最高水平的解读与分析。

❖ 皮书荣誉 ❖

皮书系列已成为社会科学文献出版社的著名图书品牌和中国社会科学院的知名学术品牌。2016年,皮书系列正式列入"十三五"国家重点出版规划项目;2013~2018年,重点皮书列入中国社会科学院承担的国家哲学社会科学创新工程项目;2018年,59种院外皮书使用"中国社会科学院创新工程学术出版项目"标识。

中国皮书网

（网址：www.pishu.cn）

发布皮书研创资讯，传播皮书精彩内容
引领皮书出版潮流，打造皮书服务平台

栏目设置

关于皮书：何谓皮书、皮书分类、皮书大事记、皮书荣誉、

皮书出版第一人、皮书编辑部

最新资讯：通知公告、新闻动态、媒体聚焦、网站专题、视频直播、下载专区

皮书研创：皮书规范、皮书选题、皮书出版、皮书研究、研创团队

皮书评奖评价：指标体系、皮书评价、皮书评奖

互动专区：皮书说、社科数托邦、皮书微博、留言板

所获荣誉

2008 年、2011 年，中国皮书网均在全国新闻出版业网站荣誉评选中获得"最具商业价值网站"称号；

2012 年,获得"出版业网站百强"称号。

网库合一

2014 年，中国皮书网与皮书数据库端口合一，实现资源共享。

权威报告·一手数据·特色资源

皮书数据库
ANNUAL REPORT(YEARBOOK)
DATABASE

当代中国经济与社会发展高端智库平台

所获荣誉

- 2016年，入选"'十三五'国家重点电子出版物出版规划骨干工程"
- 2015年，荣获"搜索中国正能量 点赞2015""创新中国科技创新奖"
- 2013年，荣获"中国出版政府奖·网络出版物奖"提名奖
- 连续多年荣获中国数字出版博览会"数字出版·优秀品牌"奖

成为会员

通过网址www.pishu.com.cn访问皮书数据库网站或下载皮书数据库APP，进行手机号码验证或邮箱验证即可成为皮书数据库会员。

会员福利

- 使用手机号码首次注册的会员，账号自动充值100元体验金，可直接购买和查看数据库内容（仅限PC端）。
- 已注册用户购书后可免费获赠100元皮书数据库充值卡。刮开充值卡涂层获取充值密码，登录并进入"会员中心"—"在线充值"—"充值卡充值"，充值成功后即可购买和查看数据库内容（仅限PC端）。
- 会员福利最终解释权归社会科学文献出版社所有。

社会科学文献出版社 皮书系列
SOCIAL SCIENCES ACADEMIC PRESS (CHINA)

卡号：123279778231
密码：

数据库服务热线：400-008-6695
数据库服务QQ：2475522410
数据库服务邮箱：database@ssap.cn
图书销售热线：010-59367070/7028
图书服务QQ：1265056568
图书服务邮箱：duzhe@ssap.cn

基本子库
SUB DATABASE

中国社会发展数据库（下设 12 个子库）

全面整合国内外中国社会发展研究成果，汇聚独家统计数据、深度分析报告，涉及社会、人口、政治、教育、法律等 12 个领域，为了解中国社会发展动态、跟踪社会核心热点、分析社会发展趋势提供一站式资源搜索和数据分析与挖掘服务。

中国经济发展数据库（下设 12 个子库）

基于"皮书系列"中涉及中国经济发展的研究资料构建，内容涵盖宏观经济、农业经济、工业经济、产业经济等 12 个重点经济领域，为实时掌控经济运行态势、把握经济发展规律、洞察经济形势、进行经济决策提供参考和依据。

中国行业发展数据库（下设 17 个子库）

以中国国民经济行业分类为依据，覆盖金融业、旅游、医疗卫生、交通运输、能源矿产等 100 多个行业，跟踪分析国民经济相关行业市场运行状况和政策导向，汇集行业发展前沿资讯，为投资、从业及各种经济决策提供理论基础和实践指导。

中国区域发展数据库（下设 6 个子库）

对中国特定区域内的经济、社会、文化等领域现状与发展情况进行深度分析和预测，研究层级至县及县以下行政区，涉及地区、区域经济体、城市、农村等不同维度。为地方经济社会宏观态势研究、发展经验研究、案例分析提供数据服务。

中国文化传媒数据库（下设 18 个子库）

汇聚文化传媒领域专家观点、热点资讯，梳理国内外中国文化发展相关学术研究成果、一手统计数据，涵盖文化产业、新闻传播、电影娱乐、文学艺术、群众文化等 18 个重点研究领域。为文化传媒研究提供相关数据、研究报告和综合分析服务。

世界经济与国际关系数据库（下设 6 个子库）

立足"皮书系列"世界经济、国际关系相关学术资源，整合世界经济、国际政治、世界文化与科技、全球性问题、国际组织与国际法、区域研究 6 大领域研究成果，为世界经济与国际关系研究提供全方位数据分析，为决策和形势研判提供参考。

法律声明

"皮书系列"（含蓝皮书、绿皮书、黄皮书）之品牌由社会科学文献出版社最早使用并持续至今，现已被中国图书市场所熟知。"皮书系列"的相关商标已在中华人民共和国国家工商行政管理总局商标局注册，如LOGO（ ）、皮书、Pishu、经济蓝皮书、社会蓝皮书等。"皮书系列"图书的注册商标专用权及封面设计、版式设计的著作权均为社会科学文献出版社所有。未经社会科学文献出版社书面授权许可，任何使用与"皮书系列"图书注册商标、封面设计、版式设计相同或者近似的文字、图形或其组合的行为均系侵权行为。

经作者授权，本书的专有出版权及信息网络传播权等为社会科学文献出版社享有。未经社会科学文献出版社书面授权许可，任何就本书内容的复制、发行或以数字形式进行网络传播的行为均系侵权行为。

社会科学文献出版社将通过法律途径追究上述侵权行为的法律责任，维护自身合法权益。

欢迎社会各界人士对侵犯社会科学文献出版社上述权利的侵权行为进行举报。电话：010-59367121，电子邮箱：fawubu@ssap.cn。

社会科学文献出版社